实践应用型学前教育专业精品教材

幼儿行为观察与分析

主　编　韩映虹　张　玉
副主编　康立超
参　编　杜学文　文素俭

中国人民大学出版社
·北京·

图书在版编目（CIP）数据

幼儿行为观察与分析 / 韩映虹，张玉主编 . -- 北京：中国人民大学出版社，2024.3

实践应用型学前教育专业精品教材

ISBN 978-7-300-32431-9

Ⅰ. ①幼… Ⅱ. ①韩… ②张… Ⅲ. ①幼儿－行为分析－幼儿师范学校－教材 Ⅳ. ① B844.12

中国国家版本馆 CIP 数据核字（2024）第 016376 号

实践应用型学前教育专业精品教材

幼儿行为观察与分析

主　编　韩映虹　张　玉

副主编　康立超

参　编　杜学文　文素俭

Youer Xingwei Guancha yu Fenxi

出版发行	中国人民大学出版社		
社　　址	北京中关村大街 31 号	**邮政编码**	100080
电　　话	010－62511242（总编室）		010－62511770（质管部）
	010－82501766（邮购部）		010－62514148（门市部）
	010－62515195（发行公司）		010－62515275（盗版举报）
网　　址	http://www.crup.com.cn		
经　　销	新华书店		
印　　刷	涿州市星河印刷有限公司		
开　　本	787 mm × 1092 mm　1/16	**版　　次**	2024 年 3 月第 1 版
印　　张	14.25	**印　　次**	2024 年 3 月第 1 次印刷
字　　数	280 000	**定　　价**	49.00 元

前言

幼儿期是个体一生发展重要的基础阶段，也是个体终身成长的关键时期。在各式各样的蜕变中，每位幼儿都在具有个别差异的前提下，以不同的速度长大。在幼儿教育活动中，“观察幼儿”就是通过观察了解幼儿的表现和需要，明确他们的具体学情特点，进而给予有针对性的引导和帮助，使幼儿的主体地位得到良好的发挥，实现健康全面的成长发展。观察既是一种外在行为，也是一种研究方法，是支持幼儿发展的逻辑起点。

本书以幼儿行为观察与分析概述、幼儿常规活动观察与分析、幼儿教育活动观察与分析、0～3岁婴幼儿行为观察与分析、特殊儿童行为观察与分析为主线，通过对幼儿行为的分析与解释深化幼儿教师的专业发展。本书全面地介绍了幼儿发展特点、自身兴趣与优势及家庭情况等，指导幼儿教育工作者在明确幼儿发展需要后为其制定合理的支持策略；同时运用观察方法记录幼儿的常规活动，明确幼儿进餐、如厕、睡眠、过渡时间行为的观察要点及内容。本书系统地介绍了集体教育活动、区域活动等各类教育活动的观察与分析要点、注意事项、观察过程以及分析方法。此外，本书全面地介绍了0～3岁婴幼儿在动作和心理方面的行为特点及代表性案例，案例以家庭场景为主、托幼机构为辅，从动作、语言、认知、情绪和社会性等方面介绍了观察与分析幼儿行为的方法。本书也介绍了特殊儿童的概念及分类标准，并在特殊儿童发展性障碍、身体功能障碍及其他大类中选择了有代表性的类型，介绍了各类型特殊儿童的行为特征及鉴别标准。

由于幼儿行为观察意义重大，因此本书编者在多年研究的基础上，吸收了当前国内外幼儿行为观察最新理论和研究成果，收集了大量的家庭、托幼机构等场域的实例，这些实例具有较强的理论性、实践性和应用性。

本书有以下几方面的特点：

1. 根据《3-6岁儿童学习与发展指南》分析、解释幼儿的行为，并提供有效的应对措施。

2. 提供大量生动、真实的案例，通俗易懂。

本书章节目录明确清晰，在各章后设有本章小结以及同步练习，帮助读者更好地检验学习成果。本书设有案例导入，能够激发读者阅读兴趣，拓宽知识面。编写分工如下：张玉老师撰写第一章，文素俭老师撰写第二章，康立超老师撰写第三章，杜学文老师撰写第四章和第五章，韩映虹教授统稿，张玉老师负责终稿修改及相关视频的提供。

在编写本书过程中，编者有幸获得许多同行的关心和鼓励，在此表示感谢！感谢天津市河北区华夏未来第一幼儿园、天津市华夏未来天人智慧幼儿园、北京市朝阳区朝花幼儿园等机构在本书编写过程中提供案例。

时间有限，书中有错漏之处在所难免，敬请广大同行和读者批评指正！

编者

目录

第一章

幼儿行为观察与分析概述

学习目标

知识目标

1. 了解幼儿行为的意义及幼儿身心发展特点。

2. 了解幼儿行为观察的意义、类型、原则。

能力目标

1. 掌握幼儿行为观察的实施过程。

2. 能客观地进行幼儿行为观察记录与分析。

素养目标

1. 通过学习幼儿行为观察的意义及原则，觉察幼儿教师个人的观察风格。

2. 通过了解幼儿行为观察和分析过程，认识到观察与幼儿教师专业成长是相辅相成的。

案例导入

中班幼儿建构区的同伴互动

区域活动中，中班幼儿达达、林林和幂幂都选择玩积木，林林和幂幂合作搭积木，达达则独自玩耍。林林和幂幂搭好一个房子后，跑来看达达，幂幂问："你在搭什么？"达达像没有听见一样，仍低着头搭自己的积木。幂幂接着说："你搭的这个快要倒了。"达达仍低头不语。这时林林走过来，伸手拿了一块积木搭在达达的积木上。这时候达达满脸通红突然大喊一声"啊呀！"一下子推倒了自己的积木，一边坐在地上，一边大声哭喊着："都是你给我破……破坏了，我要告诉我妈妈……"

问题：从以上观察记录中，你看到了什么？感受到了什么？此记录是否全面客观？我们如何观察幼儿以及如何通过观察记录分析和评价幼儿呢？

党的二十大报告在"实施科教兴国战略，强化现代化建设人才支撑"中指出，教育、科技、人才是全面建设社会主义现代化国家的基础性、战略性支撑。这里的教育既包括对幼儿教师的培养，又包括幼儿的全面发展。幼儿教师只有通过观察才能了解幼儿，才能促进幼儿人格的健全和技能的提升。同时，幼儿期是个体一生发展中重要的基础阶段，也是个体终身成长的关键期。在环境的影响下，幼儿既遵循基本的规律，又各自具有独特的自发性。由于幼儿主要通过外在行为表达自我，语言表达能力尚处于发展中，父母以及幼儿教师都必须通过幼儿的行为来了解幼儿，因此，在观察与记录之前掌握幼儿行为发展的特点和影响因素至关重要。

第一节　幼儿行为发展特点概述

一、幼儿的概念

对幼儿进行观察与记录前，观察者要先对幼儿进行界定。

出生至满 28 天内为新生儿期；28 天至满 1 周岁为婴儿期；1 ～ 3 岁为幼儿期；3 ～ 6 岁为学龄前期。

本书以 0 ～ 6 岁幼儿作为行为观察与记录的讨论样本。0 ～ 3 岁为婴幼儿期，孩子一般会在家庭或婴幼儿成长中心、托儿所等机构接受照顾或教育；个别 2 ～ 3 岁幼儿被安置在托班或入园预备班；3 ～ 6 岁为幼儿期，孩子一般在幼儿园中接受保育和教育。

二、幼儿行为的意义

大多研究者将行为定义为一个人的一言一行、一举一动，是可被观察、被描述、被记录的外在表现。行为只能代表被观察者的一小部分，内在情绪、思考、意愿、意志力、个性很难被直接观察到，而这些内在心理活动也是要观察和了解的重点，因此观察者必须根据行为事实的资料来猜想、假设、评估或推测。幼儿行为意指幼儿所表现出的一切活动。幼儿的行为可以在不同的发展阶段被不断地重组与塑造。在遗传和环境潜移默化的交互作用下，幼儿的行为具有其个体所特有的内在含义。

对学前教育而言，既没有具体教材，也没有统一的课程标准，教育的目标不以成人观念为中心，而强调幼儿本位。因此，不管面对的是独立的幼儿还是幼儿群体，幼儿教师都要考虑幼儿的发展水平与个体差异，此时观察就是唯一而且最有价值的资源。从生理角度可见，0 ～ 6 岁的幼儿遵循相似的身体发展规律，如身高、体重等，但每个个体在受精卵时就具有个体差异性。从心理角度来看，行为主义心理学派认为行为是可以观察、可以测量的外显反应或活动，如幼儿的表情、精细动作、合作行为等，因此可以通过刺激与强化的方式有计划地教导幼儿的行为。0 ～ 6 岁幼儿的心理与行为遵循相似的成长和发展规律，如语言表达、注意力水平、思维能力、情绪状态等。精神分析学派代表人物弗洛伊德提出“冰山理论”，即人的心理有意识、前意识、潜意识三个层面。幼儿会有各种各样的行为表现，如午餐时的精细动作、娃娃家的同伴互动、入园分离时的情绪变化等。通过这些行为表现，才能从“潜意识”去推测分析幼儿行为的意义和真正的需求，解释幼儿的思想或个性，对教育工作才有实质意义。弗洛伊德提出，早年的抚养者及所提供的环境影响着幼儿，如家庭氛围、夫妻关系、父母教养方式等，这也决定了每一位第一次走进幼儿园的幼儿，都带着先天气质和后天家庭养育背景，因此幼儿的心理与行为，如语言表达、兴趣、社会交往方法等方面是具有个体差异性的。

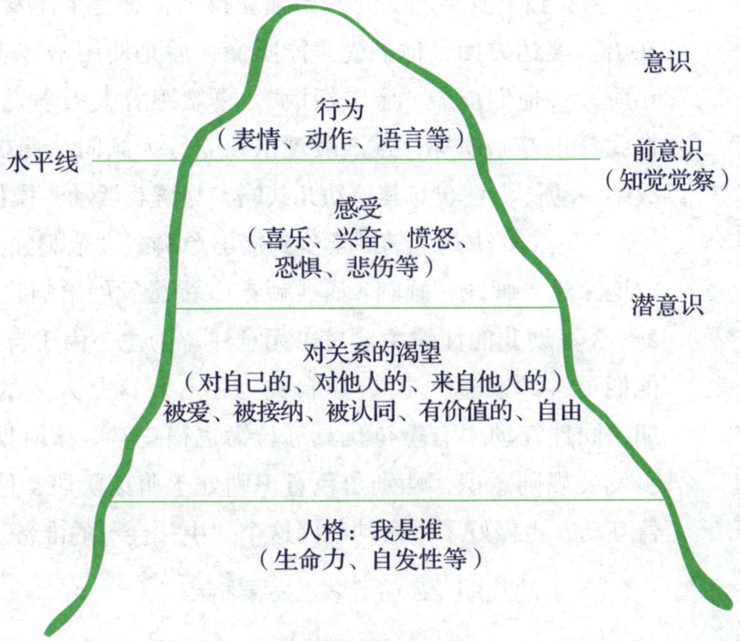

冰山理论示意图

从社会学层面看，幼儿同时受政治、文化及经济水平的影响。幼儿是一个完整的人，我们要用“全人教育”的理念理解幼儿。生理—心理—社会模式三者互相影响、生理和社会模式共同影响幼儿的心理与行为，而且互相之间持续、循环地影响。

三、0～6岁幼儿的发展特点

人的心理活动是十分复杂的。虽然幼儿心理活动的发展基本遵循以下规律，但并不完全相同。观察不同阶段的幼儿的行为，可以发现各阶段幼儿具有许多共同的生理与心理特点，依照年龄阶段划分，分别具有下列主要的发展特点：

（一）婴幼儿期（0～3岁）发展特点

自出生到出生后的28天，从响亮的第一个哭声开始，幼儿肺部和血液自主呼吸运动就开始了。新生儿出生后一旦受到声音或皮肤的刺激便会有全身的反应，比如手脚无目的地挥动，因为此时新生儿的各个感觉仍未分化；在生理层面，新生儿主要表现为吃和睡，他们天生具备觅食、吮吸、吞咽等生理反射，而心理层面更多的是对母亲的依赖。6～10个月的幼儿咀嚼能力提升，可以开始增加辅食，大肌肉动作与小肌肉动作、手眼协调等相辅相成地发展（视频1和视频3），对重要抚养人有了社会性微笑（视频2），10～12个月的幼儿开始会用语言、手势或表情，能指认自我身体部位，喜爱家庭成员和熟悉的人并开始练习站立。

视频1　4个月婴儿认识和调控自己的身体

1岁到1岁半的幼儿开始独立行走，这是个体发展的里程碑。在语言表达方面，他们先是能听懂，后是使用语言表达。在电报句阶段，他们能说“宝宝饭饭”，喜欢跟着大人学说话、念儿歌；自我意识开始萌芽，逐渐表现出独立行为倾向，喜欢自己独立完成某一动作，喜欢与其他幼儿共同参与游戏活动，模仿性强。

视频2　3～4个月婴儿和成人的互动

2～3岁幼儿从蹒跚学步到能够单脚式“金鸡独立”；从无目的地涂鸦、画线、画圆（如视频4），慢慢发展出画脸、身体和脚；2～3岁幼儿的注意主要是以无意注意为主。由于自我意识增强，他们更多地表达“不”，以自我为中心。这是人生的第一个叛逆期，同伴互动中有争抢玩具等行为也很正常。该时期，幼儿正逐步发展规则意识，性别角色意识则处于萌芽阶段，他们渴望与同伴互动，也做好了进入幼儿园这个“小社会”的准备。

视频3　6～8个月婴儿身体认知及精细动作

（二）幼儿期（3～6岁）发展特点

3～4岁的幼儿大肌肉动作迅速发展，能在跑动或玩玩具时避开障碍和墙角；自主意识进一步提升，能进行独立进餐、穿衣等一日常规活动；语言的发展也初具社会功能，能初步根据自己的需求进行同伴互动，能用语言表达自己的感受；团体游戏一般也是从这个年龄段开始，但仍以平行游戏为主，合作游戏较少；小班幼儿可能会有不爱说话、不好意思主动交流等情况。对于个体而言，语言、情绪和社会性有密切联系，如果语言的发展出现障碍，幼儿会感到难以交友、难以参与团体活动或是执行成人发出的相对复杂的指令。幼儿倘若不能理解或运用语言，可能容易有急躁、挫败等情绪，久而久之可能有情绪障碍等。幼儿初入园时若无法表达紧张的情绪，可能会出现问题行为，如尿床、口吃、抽动等，这时需要幼儿教师的理解与接纳。

视频4　2岁幼儿的涂鸦

4～5岁是各项能力发展的飞跃期，是幼儿言语、社会性和情感发展的关键期。此阶段，幼儿大肌肉动作较为敏捷，如能两脚交替且信心十足地上下楼梯、能独立穿衣脱衣，但精细动作仍需要提升，如系鞋带和扣纽扣等。幼儿心理活动活跃，思维活泼、意愿强，但此阶段幼儿自我意识发展迅速，且与语言表达需求和沟通的能力发展速度不同，有待平衡。此阶段，由于情感的不稳定和言语的夸张，幼儿也会更依赖老师，告状行为较多。

5～6岁的幼儿各方面成长的速度减缓，大肌肉动作方面控制感增强，身体的协调性很好，精细动作提升，能够熟练地控笔。如果环境适合幼儿成长，他们会表现得很自信、有自控力、有自我成就感；在有一定的独立意识后，他们能够融入更大的团体。幼儿的思维和感受均有较大发展，幼儿教师可以激发他们对新事物、新观念的兴趣，引导他们通过探究与学习来宣泄自己的情感。6岁幼儿精力更加旺盛，偏好战斗类游戏，他们不断体验各种身体动作，也在重复中练习动作和沟通方式。

幼儿园中的各项活动

对于幼儿身心发展特点，《3-6岁儿童学习与发展指南》中将幼儿发展划分为5个领域和32个目标，在每个目标下还有典型表现，幼儿教师可以更清晰地看到不同年龄阶段幼儿的各项发展目标。

四、幼儿身心发展特点

每个幼儿都是独立的个体，按照自身的步调成长。如果我们想要给幼儿提供最好的机会而促进幼儿的发展，那么我们需要了解的是：各个阶段的幼儿是如何发展的；对每个发展阶段的幼儿应抱有怎样的期待；如何因材施教；怎样为幼儿提供不同的环境，从而既满足幼儿的需求又可以发挥他们的潜能。

（一）幼儿身心发展的方向性和顺序性

正常情况下，心理发展具有一定的方向性，按由低级到高级、由简单到复杂的顺序进行。婴幼儿先学会控制自己的大肌肉动作，再学会控制手部手指的精细动作，这是动作发展的远近规律和大小规律；婴幼儿是先认识生理自我，再认识心理自我，最后发展到认识社会自我。幼儿的思维是从简单的具体形象思维向复杂的抽象逻辑思维发展。幼儿的语言发展是从听懂口头语言到表达口头语言再到表达复杂的书面语言。这些发展都是具有方向性和顺序性的。

（二）幼儿身心发展的连续性和阶段性

幼儿心理年龄特征是在一定社会和教育条件下，在幼儿发展的各个不同年龄阶段所形成的一般的、典型的、本质的心理特征。学前儿童从出生到成熟大约经历了胎儿期、新生儿期、婴幼儿期、幼儿期，这些时期之间是连续的，又是具有本质区别的。各阶段之间既不能跨越，也不能倒退，因此每个前期的阶段都为后期的阶段奠定生理与心理的发展基础。成人在前期未能给幼儿提供好的养育环境时，可能会导致幼儿的情绪发展过程被打断，需要后期加倍的努力才能重新启动发展，因此重视阶段之间的连续性很重要。基于连续性和阶段性的原则，抚养者和幼儿教师均应在自我和专业成长的基础上，熟悉幼儿不同阶段的生理照护方式和心理发展特点，在亲子互动和师生互动中促进幼儿各阶段健全人格的发展。

（三）幼儿身心发展的不平衡性

幼儿各种心理机能的发展速度不同，这种不平衡性表现在两个方面。一是同一个心理活动在不同阶段的发展速度是不相同的。心理机能的变化速度不同，存在关键期，即敏感期。敏感期是指幼儿各心理机能的发展有一个最佳年龄段，如 2 岁是秩序感发展关键期。如果在敏感期提供适当的条件，就会有效地促进幼儿这方面的身心发展，如果错过了这一时期，将来很难弥补。二是不同的心理活动发展间具有不平衡性。有一些心理活动在较早时期就能达到较高的发展水平，有些心理活动则要成熟得晚些。例如：言语能力在幼儿期就已经发展到了较高的水平，而抽象逻辑能力则要到青年初期才能逐步发展起来。

（四）幼儿身心发展的个体差异性

幼儿身心发展的个体差异性主要指不同个体在心理发展过程中表现出来的心理状况、速度和水平等方面的差别。有的幼儿创造力发展较好而语言表达能力发展较慢，有的幼儿喜欢阅读、绘画而有的幼儿喜欢唱歌、跳舞。在语言表达能力上，有一些幼儿在 3 岁的时候就能够流畅地表达自己的意愿，而有一些幼儿要到 5 岁后才能够流畅表达。虽然同一年龄阶段的幼儿无论在身体还是在心理方面都存在共同趋势和规律，但是由于遗传因素、家庭养育环境、经济水平和社会文化环境等方面的影响，每个幼儿有自己的发展轨迹。幼儿的个体差异性还表现在有特殊问题行为，他们有或多或少复杂且奇怪的行为，有的是内心困扰的外部显示，有的仅仅是一种独特的个性特征表现。对这部分特殊幼儿进行融合教育是主要的发展趋势，个别幼儿需要在康复中心进行行为训练，并结合心理治疗、家庭治疗等。早发现早干预是重要的原则。

五、幼儿心理发展的规律

（一）从低级到高级

刚出生的婴儿心理活动主要是生物性的活动，如吃奶、排泄、睡眠等，因为此时婴儿的任务是生存下来，对于抚养者，特别是母亲极度依赖。随着婴儿一天天长大，在母亲的怀抱中，婴儿不断整合各种感知觉，知道自己可以完全依赖和信任母亲，慢慢地在与母亲等抚养者及环境的相互作用的过程中，其心理活动逐渐发展起来，产生较高级的人类的心理活动，如言语、想象等，从最初的不完备发展到完备，从不分化发展到分化。

（二）从被动到主动

婴儿在刚出生后只能完全依赖抚养者才能生存下来，是被动接受照顾的，最初其受到生理需求的制约，饿了就要哭闹，表现出比较强的被动性特点。随着婴儿一天天长大，他们在足够依赖母亲的过程中有了信任感、自主感、自我意识，能管理自己的生理需求，生理性制约的作用逐渐减弱，表现出一定程度的自制力。例如：幼儿可以自主排便、独立如厕、饿了也能表达和等待一会儿，主动约束和控制自己的能力逐步提高。视频5中的幼儿从小进行亲子阅读，到了1岁4个月，幼儿从亲子阅读逐渐发展到自主翻书。

视频5　1岁4个月幼儿自主翻书

（三）从无意到有意

幼儿的心理活动的成长像逐渐浮出水面的冰山，幼儿的年龄越小，其潜意识部分越多，因此低龄幼儿还不能有意地把心理活动与具体的目的联系起来。例如：婴儿困了就会无意识地哭闹，他们依赖抚养者的照顾，抚养者觉察到这是“困”的信号；随着心理活动水平逐步提高，幼儿能够意识到自己是困了才很不舒服，所以会主动抱着玩具去睡觉，此时他们在意识层面知道自己的需求了，慢慢地，他们的心理活动有了一定的目的性，幼儿心理活动的有意性就逐渐发展起来了。3岁前幼儿的注意主要是无意注意，3～6岁幼儿注意的特点

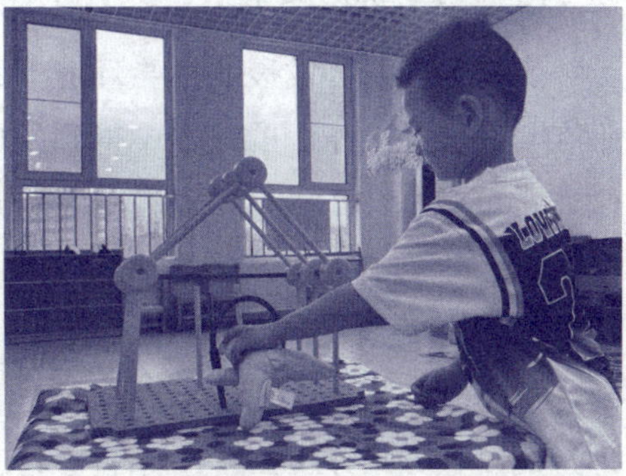
3岁幼儿在搭建积木时表现出的有意注意

仍然是无意注意占优势，有意注意逐渐开始发展。3～4岁幼儿有意注意集中的时间大约为3～5分钟；4～5岁为10分钟左右；5～6岁幼儿有意注意迅速发展，在适宜条件下，注意集中的时间可延长到10～15分钟。

（四）从不稳定到稳定

由于受到生理成熟水平的限制，幼儿心理活动的发展是不成熟的，“孩子的脸，像天气一样，说变就变”说的就是这个道理。幼儿的心理活动的表现不稳定，非常容易受到外界环境和自身状态的影响，会因为暂时的快乐忘记烦恼，也特别容易信任他人，因此幼儿教师经常能体会到幼儿对自己的依恋。同时，幼儿情绪表现也是逐渐从不稳定到稳定，如两名幼儿刚刚还因争抢玩具大哭大闹，不一会儿两人就重归于好了。因此幼儿的心理活动的发展是逐步稳定的过程。

六、影响幼儿心理发展的因素

（一）遗传因素

遗传是指把上一代或几代长期形成的生物特征，传递给下一代的生物现象。这些生物特征包括生理结构、身高体重、感觉器官、神经类型的特点等。幼儿在遗传的过程中又体现出了独特的个体差异，如身体结构、活动机能、神经活动类型的特点等，各方面的差异又为幼儿发展的个体差异奠定了基础。尽管双胞胎在外表上极为相似，且很多方面都保持一致，但是在遗传上，还是有一定的区别的。在生理层面，幼儿出生后身体的各部分器官和机能迅速发展，促进了心理活动水平的不断提高，如婴幼儿会爬后探索的机会和空间明显扩大，他们在爬行中增加了平衡感、手眼协调和对身体的掌握感，在探索空间过程中形成了客体恒常性的知觉特点；又如2岁幼儿随着咀嚼能力的提升，能控制自己的口腔肌肉，为接下来的“语言爆发期”做好了生理准备。

（二）社会环境因素

影响幼儿身心发展的社会环境因素有家庭环境、早教或幼儿园教育。幼儿的心理是在与环境相互作用的过程中得到发展的，环境包括自然环境和社会环境。当代心理学非常重视0～3岁幼儿家庭养育对其心理的影响和制约，而3岁后进入幼儿园是幼儿练习与家庭暂时分离，融入集体社会的关键时期。《中华人民共和国家庭教育促进法》第十七条规定：“未成年人的父母或者其他监护人实施家庭教育，应当关注未成年人的生理、心理、智力发展状况，尊重其参与相关家庭事务和发表意见的权利，合理运用以下方式方法：（一）亲自养育，加强亲子陪伴；（二）共同参与，发挥父母双方的作用；（三）相机而教，寓教于日常生活之中；（四）潜移默化，言传与身教相结合；（五）严慈相济，关心爱护与严格要求并重；（六）尊重差异，根据年龄和个性特点进行科学引导；（七）平等交流，予以尊重、理解和鼓励；（八）相互促进，父母与子女共同成长；（九）其他有益于未成年人全面发展、健康成长的方式方法。”家庭对幼儿的影响，就是在这种“润物细无声”的潜移默化的影响中形成的。幼儿园的教育理念、幼儿教师的性格特点及专业能力、幼儿园的物理环境等都影响幼儿的成长。

（三）幼儿自身因素

心理学家认为如果外界环境是稳定的、有促进作用的，幼儿就可以在愉悦的情感状态中去探索，不断发展自己的各项能力。这体现了幼儿的自发性，也是影响幼儿心理发展的内在因素。

幼儿心理发展的自发性来源于幼儿与客观环境相互作用的过程。幼儿有发展性的需要、有成长的动力，若新的需要与旧的心理水平或心理状态之间产生了不一致、不平衡，这时幼儿就会进行一系列的探索活动，以满足新的需要，从而打破原有的水平，如此循环往复，幼儿的心理活动就逐渐向前发展了。例如：幼儿学会了“坐”这个动作以后，视野扩大了，有许多好玩的东西进入了他的视线。但是，由于行动不能自如，有些想要的东西拿不到，这就构成了原有的发展水平与新的需要之间的矛盾，因而促使幼儿努力学习“爬”的动作，最终他们在 7 ～ 8 个月左右掌握了“爬”的动作，使自身身心发展进入了一个新的阶段。幼儿教师要看到幼儿内在成长的需要是根本的动力，成人不能过多要求或打断，为幼儿提供时间、空间、材料、安全的环境即可。幼儿自身的各种心理因素是相互影响、相辅相成的，如兴趣、需要、气质、能力、性格等。这些心理活动彼此之间不是独立的，当情绪情感比较愉悦时，幼儿有充足的时间和精力去做自己感兴趣的事，效率也会变高，即使遇到困难了，也能调动思维或精细动作，并在不断重复的尝试中解决。

第二节 幼儿行为观察概述

幼儿行为观察是对幼儿的行为进行观察，是在对幼儿行为了解的基础上，对他们的个性、兴趣和需要等不同方面进行了解，其目的是方便调整教育行为和教育策略，促进幼儿的全面发展。

幼儿的外在行为表现反映了其身心发展特点及内在意识，如情绪情感等。为了最大限度地了解幼儿内在真实的需要，观察者从幼儿外在的行为入手，通过幼儿行为进行观察、记录、分析、评价，不仅可以了解幼儿行为模式及发展水平，还可以为广大早期教育工作者、幼儿教师及幼儿家长提供教育指导策略，促进幼儿全面发展。

一、幼儿行为观察的意义

观即看，察即思考、反思。观察是幼儿教师必备的一种技能，这种技能的掌握会让幼儿教师在一日生活、区域活动、集体活动中注意幼儿的行为表现，思考幼儿行为背后的意义，评估幼儿发展的水平，并为有针对性地提出教育建议奠定基础。

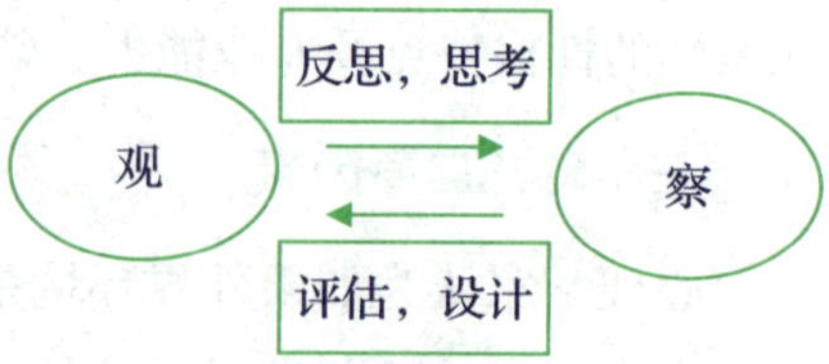

观察的含义

幼儿行为观察的意义重大，可以从幼儿、幼儿教师及幼儿园教育三个方面来体现。

（一）促进幼儿的全面发展

观察的最终目的是了解幼儿，因为幼儿无法直接用语言表达自己的感受，而且幼儿的行为反应往往是最真实和直观的，所以观察是能直接了解幼儿行为特点和发展水平的途径。通过观察可以了解幼儿正常行为的发展，如依恋行为、游戏行为、追求成就行为和社会适应等；通过观察也可以了解个别幼儿的特殊行为。还可以通过团体发展指标来了解个别幼儿的发展水平，即在团体中比较个体的过程，这样有利于幼儿教师对幼儿因材施教，在了解的基础上才能做到尊重幼儿的个体差异性。同时，幼儿可能在语言、思维方面发展较好，但大肌肉动作和精细动作可能不足；或者对比《3-6岁儿童学习与发展指南》中的发展情况，幼儿在艺术领域的创造性表达较多，但在语言领域方面欠缺，或同伴交往少。只有通过观察才能了解每个幼儿在各领域的现实发展水平，发现幼儿有待发展的部分，幼儿教师才能进行有针对性的教学，从而促进幼儿的全面发展。

随着融合教育的兴起和发展，对于特殊儿童的个人观察和亲子观察也至关重要。特殊儿童出现问题行为往往与早期养育方式有关，如2岁幼儿不会喊妈妈等。因此，对于0～3岁幼儿的亲子观察很重要，幼儿教师可以及时提醒和指导父母调整养育方式。对于已经表现出特殊问题行为的幼儿的观察及其亲子互动之间的观察，幼儿教师可以观察特殊行为特点、发展过程，找出可能的产生原因等。目前幼儿园融合教育中，幼儿教师对个体的特殊行为的观察及评估能及时发现幼儿问题，实现“早发现，早干预”的重要治疗原则。应特别注意的是，幼儿教师要谨慎，不能“贴标签”，因为有些幼儿表现出特殊行为是为了向成人发出信号。目前我国关于孤独症的诊断和治疗也开始应用“亲子观察”的方式。特殊儿童的观察记录案例详见第五章。

（二）促进幼儿教师的专业成长

观察是幼儿教师了解幼儿最常用的方法之一，也是评价幼儿学习和发展的有效途径之一。首先，观察有利于促进幼儿教师提升教学能力，增加课程设计的创造力。观察是幼儿教师的一种重要技能，就像幼儿教师的教学技能一样。例如：幼儿教师通过观察幼儿的行为，理解其行为产生的原因是对小毯子的依恋，是幼儿把小毯子当作了继妈妈之后的一个依恋客体，由此就可以在班级里面进行集体语言活动《阿文的小毯子》，让幼儿一起参与讨论，表达自己是否有依恋的小物品，介绍给大家；或者通过主题活动的形式，让幼儿充分体验自己与小物品之间的情感；也可以加入绘画、手工、角色扮演等延伸活动。此过程也促进了幼儿教师专业知识的积累，久而久之可以形成具有个人特色的主题课程。其次，促进班级管理的效率。幼儿教师观察的对象是幼儿的言行举止，通过观察、解释幼儿的行为，也能促进幼儿教师理解幼儿、看见幼儿，这有利于师生密切关系的建立。幼儿在信任的关系中能更好地配合班级管理。最后，观察有利于家园合作的有效沟通。观察记录是幼儿教师与家长建立良好关系的方法，它让家长了解自己的孩子处于被关注之中；幼儿教师观察到幼儿在活动中有重大发展，有利于家长建立对幼儿教师的信任感。

（三）提升幼儿园教育的整体质量

幼儿教师通过观察幼儿行为能够了解他们的兴趣需求，能够了解幼儿的关注点，更能够发现幼儿的个体差异，了解其发展个性特征、兴趣。同时，幼儿园可以基于观察培养教师。新教师大多都学习了学前教育的理论知识，但缺少实践经验，观察的过程利于其将实践与理论相联系。

此外，观察有利于幼儿教师之间的合作学习。对于幼儿行为的观察，幼儿教师不仅作为观察者的角色存在，有时也会成为被观察的一员，如观察其他幼儿教师的课程可以吸取别人的观察经验，在互相学习中提高观察能力、反思能力等。

二、幼儿行为观察的类型

（一）日常观察和专业观察

幼儿教师无时无刻不在观察，这是幼儿教师的“本能”。在日常生活中，幼儿教师经常会因好奇对一个事物进行观察，然而这种观察非常随意，既没有目标，也很难得出科学客观的结论，这就是日常观察。日常观察没有目的，它就是幼儿教师在看到幼儿发出行为时，主观进行判断并进行主观解释。家长对于幼儿的观察就是典型的日常观察。当然，在幼儿园中，幼儿教师更是时时刻刻都在观察幼儿的一举一动，许多时候这种观察没有观察记录、没有计划，就是通过自己的经验得出判断，这些都称作“日常观察”。

与日常观察不同的是，专业观察是为了科学研究或者职业研究而进行的，必须找到明确的目的，然后对所收集的信息进行专业的判断，从而得出专业的结论。幼儿教师有目的的观察或者研究者的观察基本上都是专业观察。

日常观察随意、简单、方便、灵活、开放，但是容易出现主观臆断。专业观察严谨、专业，但是缺乏灵活性和开放性。

（二）开放式观察和封闭式观察

以观察的结构性质与控制程度为标准，幼儿行为观察可以分为开放式观察和封闭式观察两种类型。

开放式观察，也被称作“非正式观察”。这种观察方式既没有固定的结构，也没有周密的观察计划以及过程，是开放的、弹性的观察。观察者在进行开放式观察之前会列出一个观察提纲，这种观察可以在观察的过程中，根据具体情况逐渐修改提纲。观察者在观察的过程中灵活记录，记录内容简略，但是必须对观察资料进行理性分析，在分析后也可修正观察过程。这种观察方式更取决于观察者自身的感性经验，观察过程较为简单，如观察者利用日记描述法、轶事记录法等方式观察，就属于开放式观察。

观察对象：达达（男孩，5岁）

观察日期：2021年6月25日

观察者：主班苗苗老师

观察地点：教室

集体语言活动——讲绘本《一园青菜成了精》时，达达很专心地听，一会儿盯着绘本，一会儿看老师的表情，老师提问的时候，达达能够礼貌地举手，等待老师邀请他回答。在玩抢答游戏时，达达总是第一个举手，有时会跟两旁的幼儿谈论有趣的细节。

以上案例是一个开放式观察记录的案例，幼儿教师在记录时并没有严格统一的结构，只是将看到的幼儿行为如实地记录下来，从而根据记录分析幼儿的行为特点及产生的原因并提出对策建议。

封闭式观察是一种控制的、具有严密结构的观察方法。这种方法通常运用于科学研究，主要目的是取得量化的数据，从而进行科学的分析。封闭式观察比较严谨，在观察前就要做好计划，明确观察行为并且对观察行为进行操作性定义，制定观察表格，确定观察的场景、内容、记录方法等。正因为封闭式观察严谨，所以能够得到科学的量化数据供研究者分析。在实际观察中，取样法以及等级评定法通常为封闭式观察的方法。

封闭式观察的优点是结构严密，具有较高的信效度，时间短，效率高，能够收集大量的量化的统计数据；缺点是观察过程缺乏灵活度，资料收集不够全面。开放式观察的优点是没有固定的结构，灵活，能够调动观察者个人敏感的观察能力；缺点是容易在观察中偏离目标。

（三）参与式观察和非参与式观察

根据观察者与被观察者的互动关系，即以观察者是否参与被观察者的活动为标准，可以将幼儿行为观察分为参与式观察和非参与式观察两类。

参与式观察是观察者参与被观察者活动过程中进行的观察。观察者不同程度地加入被观察者的群体和组织中，共同生活并参与日常活动，从内部观察并记录被观察者的行为表现与活动过程。幼儿教师与幼儿之间有较多的活动，通过密切的接触来观察幼儿的言行，从而进行记录。在这种情况下，幼儿教师能够控制整体观察过程，所以参与式观察的一个优点就是幼儿教师能够根据观察目标调整自己的观察进度和观察内容。有时幼儿教师也可以与幼儿交谈，可以依据皮亚杰认知提问法，与幼儿讨论所观察到的情况时，只要幼儿教师有所提问，幼儿都会以某种合理的方式给出自己的理由或解释，用这种方式来探究幼儿的思维过程，而不是简单地对结果或者回答进行评估。参与式观察的缺点是参与观察的幼儿教师对幼儿非常熟悉，所以在观察中容易产生主观观点，而且参与式观察比较费时费力。

非参与式观察就是观察者不参与被观察者的活动，不干预其发展变化，以局外人的身份从外部来进行观察并记录其行为表现和活动过程，观察者也可能是另一名不参与观察的人或者是一名外来的研究者。为了保证观察的客观性及真实性，最好进行隐蔽的观察，即在被观察者在不知晓的情况下进行观察。在条件允许的情况下，观察者可以使用摄像机对现场进行录像，也可以运用单向玻璃进行观察。目前一些幼儿园在活动室或其他幼儿活动场所设置了摄像头，也可以用来进行非参与式观察。

相较而言，非参与式观察的观察者更容易集中注意力，专心地观察，所以这种观察方式比较省时省力，并且观察的结果也比较客观。但也会因为环境条件的限制或者其他原因，观察者在观察时不能看清楚被观察者的行为。有些情况下，幼儿教师成为幼儿活动中的参与者，有利于在实践当中接触幼儿的内心，真正地了解和解释幼儿行为背后的原因，得到客观有效的结论。无论是参与式观察还是非参与式观察，幼儿教师都必须认清自己的角色，始终保持客观中立的立场。

（四）直接观察和间接观察

以观察是否有中介物为标准，可以把观察分类为直接观察和间接观察。

直接观察是指观察者通过感官（眼、耳、鼻、舌、身）在现场直接进行观察。这种方法比较简单，能够了解行为和现象发生的背景和脉络，所得资料具有很高的真实性、生动性、客观性和丰富性，能够形成对事物的整体认识。此方法的缺点是观察者的在场或者被观察者意识到自己的行为正在被观察，有可能影响被观察者的行为表现和心理状态，从而影响观察者所获得的资料以及从观察资料中得出的结论的真实性和客观性。

间接观察是通过对实物的观察，来追索和了解过去所发生过的事情，故又称为“实物观察法”。该方法的观察者以“旁观者”的身份对被观察者进行观察。间接观察的优点在于：观察的时间、空间得到极大的扩展。同时，由于观察是间接的，被观察者的行为不会受到观察的影响，可以收集到反映被观察者的真实行为的资料。而它的缺点则在于：因为没有直接观察到行为的发生，所以收集的资料的效度不能保证，无法评价所观察的标志和痕迹是否真正反映了所要研究的行为和现象；即使能够反映，也很难判断这种行为和标志或痕迹之间的关系是否具有普遍性。因此，间接观察一般作为其他方法的辅助手段来使用。

（五）长期观察、短期观察和定期观察

以观察的时间长短为分类标准，可以把观察分为长期观察、短期观察和定期观察。

长期观察指的是在较长的连续时间内对被观察者行为进行观察。长期观察的观察时间较长，能够全面、细致地对被观察者的行为进行观察，更加真实、准确地记录被观察者的行为并进行分析，但是比较费时、费力，不容易坚持下来。值得注意的是，当被观察者感觉不舒服时要及时停止。我国著名教育家陈鹤琴采用日记描述法对他自己的第一个孩子连续跟踪 808 天（从出生之日起），详细记录下孩子的身心发展变化以及对各种刺激的反应情况，并且拍了几百幅照片。

大多数观察的事例都属于短期观察，也就是在比较短的时间内对被观察者的行为进行观察。这种观察省时、省力，非常方便，而且能够在短时间内收集资料，并进行分析。它的缺点就在于，短期观察只能对短时间看到的行为进行分析，难以获得全面、深入的了解，可能会误解被观察者行为背后的原因。

定期观察就是定时观察，是指在某个固定的时间段对被观察者进行观察，如在每周三上午 9:00—11:00 的区域活动时间进行观察，这种观察一般是针对同一种观察行为而言的。定期观察不止观察一次，所以能够对观察结果进行验证，具有较高的信度，但不容易看到被观察者行为发展的连续性。

三、幼儿行为观察的原则

观察幼儿行为时应该注意以下原则，以防止不恰当的观察方法在一定程度上影响甚至阻碍幼儿的身心发展。

（一）自然性原则

观察者在进行幼儿行为观察的过程中应该尽量避免引起幼儿的注意。为了保证幼儿在自然状态下真实地表现，幼儿教师可以注意观察的位置，如为了记录幼儿的语言可以坐在幼儿的背后去听和记录。如果是新任幼儿教师或较陌生的幼儿教师，可能会让幼儿有紧张情绪，可以坐在一个隐蔽的位置，或者采用单向玻璃对幼儿行为进行观察，还可以利用录像机等设备来对幼儿的行为进行记录。

同时，幼儿教师应尽量不让幼儿知道有人正在观察和记录他们，不让幼儿了解观

察的真实意图，这样才能有效地避免幼儿做出一些虚假行为，从而获得真实可靠的资料。所以，对幼儿行为的观察一定要在自然状态下进行。所谓的自然状态，也就是对所观察的现象或行为，不加任何人为的控制。例如：观察幼儿进餐情况，就应该在幼儿日常进餐、吃点心等过程中进行，应在其熟悉的环境中进行。即使是实验观察也只是控制了环境，在观察过程中幼儿的表现是自然的，这样能使幼儿自发地、客观地表现。

（二）客观性原则

幼儿教师在对幼儿行为进行观察时，应该对每个幼儿进行非判断性的观察，即对幼儿行为进行客观描述，不能带有个人的主观倾向；同时应积极看待幼儿。做到以上几点需要幼儿教师提高自己的观察能力、客观记录的能力，在大量观察训练的基础上觉察自己的观察风格，同时相信幼儿都具有“积极发展”的倾向。幼儿教师在观察时只有遵循客观性的原则，才能更好地促进幼儿全面发展。

（三）计划性原则

幼儿教师在观察前需要制订详细、周密的计划，在观察时结合幼儿的实际情况进行合理取舍。因为幼儿的行为有时是一次性的，如幼儿争抢玩具行为、哭闹行为、害羞行为等发生得比较快而且很久之后才会再发生一次，如果没有计划，在观察的过程中很容易漫无目的或手忙脚乱，而且会错失观察良机或出现记录时事件不连贯等情况。幼儿教师观察时目的性强，观察就能流畅地进行，并能收集到有针对性、有效的资料，能为进一步分析、评价幼儿提供有效的信息，从而更准确地了解幼儿行为的产生原因及发展水平。

（四）全面性原则

在进行幼儿行为观察时，幼儿教师应该围绕观察目的细心观察，把和观察目的有关的幼儿行为都记录下来，防止遗漏重要信息。幼儿是一个整体，幼儿某一行为的发生、发展是有前因后果的，所以围绕观察目的对事件的记录要全面，观察和记录清楚事件或行为的来龙去脉，有利于分析和评价幼儿。

（五）专业道德与保密原则

专业道德与保密意识是所有观察活动中不可忽视的原则。首先，观察时要遵循保护幼儿身心健康的原则。不管进行什么样的观察，一定要遵循专业道德，保护幼儿的身心健康。幼儿教师必须留意幼儿的感受，不可以在研究中对幼儿造成伤害，这种伤害既包括生理上的也包括心理上的，如因为幼儿发现幼儿教师在观察他，导致其过度紧张而出现口吃，幼儿教师应停止观察，在适当的时间和幼儿进行讨论。其次，不做横向比较，避免偏见。幼儿教师在观察过程中，当观察到幼儿问题行为或发展缓慢时，不能存有偏见，不管在什么时候，一定要避免将该幼儿和其他幼儿做比较，因为观察的目的是促进幼儿的发展，而对同一幼儿的纵向比较可以帮助幼儿教师看到幼儿的进步。最后，幼儿教师要注重保护幼儿的隐私、权利。

四、幼儿行为观察的记录方法

幼儿教师的工作比较烦琐细致，有时无法对观察到的现象马上做出合理的解释，此时可以及时地记录下观察到的事实或暂时的判断，以便后期整理、分析、评价等，从而更客观地了解和帮助幼儿提升。记录可以使幼儿教师对自己所观察到的事情更加熟悉。通过文字或统计数据，将自己看到的、听到的行为记录下来，这样能加深自身对这些资料的印象。记录实际上是一个将现象变成文字或者符号的编码过程，这有利于在记忆中将信息进行归类和储存。记录本身就是一个澄清事实、组织思路的过程，也就是思考的过程。幼儿教师在进行记录的时候，实际上是在进行一系列的决策活动，这反映的是幼儿教师与观察现象之间的一种互动。幼儿行为观察记录方法有连续记录法、表格符号记录法两种。

（一）连续记录法

在实况详录法、轶事记录法、日记描述法以及事件取样法等观察方法中，幼儿教师需要在一段时间内连续记录幼儿的行为。连续记录法在实际运用中有两种情况：第一种是记录当时的、在现场进行的观察，一般用于实况详录法、事件取样法；另一种是对已经发生的行为事件进行描述性追记，一般用于日记描述法、轶事记录法等。连续记录法最常见的是用纸笔记录，采用以文字为主、图像为辅的记录方式。连续记录法的突出优点就在于能够将行为的经过、细节最大可能地记录下来。连续性是连续记录法的第一个特点，指的是按照行为事件发生的先后描述行为发生发展的过程。第二个特点是描述性。连续记录法记录的是对行为事件发生过程的描述，幼儿的语言、表情、动作、姿态等，都以或详细或简略的方式进行记录。如上所述，连续记录法主要是以文字的方式进行，因为是幼儿教师有选择地记录，所以大部分是对幼儿行为事实的描述。如果幼儿教师有个人的主观想法或判断、感想等，可以记录在纸的侧面的"解释"部分。连续记录法的缺点就是幼儿教师要在有限的时间内，根据幼儿的行为，快速并且还要尽可能完整翔实地记录，这对幼儿教师来说，无疑是相当困难的事情，也是需要时间进行训练才能掌握的技能。

"你们这些人快出去，你们都踩到我的线了。"星星用手在空中挥舞着，又说，"还有你，你也不许进来。"他拿着棍子指了指地上的"领土"。老师经过星星的同意，让小小进去，后来又说让明明也进去，他说："小孩可以，大人不可以。"然后他用一块木板推土。栋栋对星星说："请把我的木板还给我。"星星说："我踩一下。"他用右脚使劲踩木板，说："我踩十下，你给我数着。1、2、3……10。"栋栋表情有些委屈地问星星："你为什么就喜欢我啊？"星星回答："我有时候也不喜欢你，像现在这样我就喜欢你。"栋栋有点伤心地对老师说："星星不喜欢我。"星星在一旁大笑："哈哈哈哈哈哈哈，你太娇气啦。"他又补了一句："这些人也太娇气了。"栋栋说："我有时候也会哭的。"星星说："这些娇气的笨人，我可不跟你玩了。走！"拿着他的木板起身离开。星星拿着木板到另一边一直戳地上的土，栋栋对他说："请你把木板快还给我。"星星没有回应，而是继续说着："快看虫子动了。"栋栋又重复一遍："星星请把木板还给我。"

1. 记录的格式

记录纸的页面设置：左边记录事实，右边记录个人的感受和想法。

为了在深入分析时能够提供更清楚的信息，幼儿教师进行记录时须掌握六 W 要素以完成对事件或行为的描述。六 W 要素具体指：

（1）谁（who）：幼儿的基础资料，如姓名、性别、年龄、家庭、出生顺序等。信息资料越充分，就越能在日后进行完整的分析，也能更客观地明晰这些因素对幼儿行为发展产生的影响。

（2）何时（when）：观察时间，如观察日期，有利于回顾幼儿的发展过程及总结经验。观察时间，写明具体时间点或哪一个阶段，如下午 2:00—2:30 幼儿起床时间，可以帮助幼儿教师看到幼儿行为的发展变化的时间脉络。

（3）何地（where）：对观察环境、地点的描述，如户外种植区或室内阅读区、益智区。

（4）和谁（whom）：观察情境，观察对象和谁产生的行为或语言互动。

（5）为什么（why）：观察目的，决定幼儿教师的行动方向。确定观察目的后还要确定 1 ～ 3 个观察目标，观察目标是计划观察的具体细节。

（6）过程情形（what）：观察记录的内容，如动作、姿势、表情、言语、行为等。记录时，一个新的话题被提出来，可重起一个段落，尽可能地把幼儿说的原话记录下来。

观察记录示例如下：

观察记录

序号：7

姓名：伊伊

性别：女

出生年月：2015 年 5 月 6 日

年龄：5 岁

班级：大一班

家中排行：头胎（二胎是 2 岁的弟弟）

观察目的：在角色扮演区的同伴交往表现

观察目标：在角色扮演区中，能否与其他幼儿互动、合作，以及互动的行为表现

观察地点：活动室内

观察情境：自然情境

观察日期：2020 年 5 月 11 日

观察时间：上午 9:00—10:00

观察者：王老师

观察记录：

上午 9:20—9:22

辰辰、伊伊和明明走到了角色扮演区，伊伊对他们说："我当妈妈，你当爸爸，你当医生，小白兔受伤了，怎么办？"伊伊边说边抱起小白兔，很着急的样子，眼睛看着辰辰，表情很惊讶。辰辰说："快把他放在床上，我去找医生！"伊伊说"好"并走到床边把兔子放在上面，还抚摸着它的毛发说："别担心别担心，一会就好了。"明明说："让我来，我给它听听。"并拿起"听诊器"开始治疗。

观察分析：伊伊的语言表达基本能达到沟通的目的，能与同伴合作，有爱心。她与其他小朋友互动如何？

2. 记录的过程

在做好了记录的准备之后，就要开始记录了。在运用连续记录法的过程中，有些问题是必须注意的。

（1）快速记录。在伊伊的案例中，幼儿教师的原始记录为：扮演区，辰辰（爸爸）、伊伊（妈妈），明明（医生），小白兔受伤，医院（床），抚摸，听诊。

在连续记录时如果确定了观察对象（伊伊），除了要描述观察对象的动作及言词，还要记录当时的情境中其他人对她的回答和反应。如果其他幼儿的反应与观察对象有关的话，也都应该记录下来，好的连续记录让人有"身临其境"的感觉。

（2）用客观的语言进行记录。连续记录法的特点是主要运用文字进行记录。文字记录提供的是有关观察活动的一个文本，为幼儿教师和学习者未来理解观察中的"事实"提供依据。因此，幼儿教师在做记录时，应尽可能运用正确的词汇和文字进行记录，以便保有原本动作、对话时的情境和含义，尽量做到具体、清楚、通俗、客观地对观察到的行为进行描述。所谓"主观"的记录，是指记录中的叙述是带有个人感情的、评论的叙述，也反映每位幼儿教师不同的观察风格。幼儿教师要了解自己的观察风格，不断提升自己"客观"记录的观察技能。在记录过程中，主观意识的参与应该说是无法避免的，而且从某种程度上来说，观察记录中也需要主观的参与。观察记录中的主观性就是人的感知及短暂的判断，在第一手的记录工作中不必勉强避开，可以在事实记录旁记录下来。虽然主观的想法不一定正确，但是，观察不是仅仅一次而已，

观察之后的分析将使幼儿教师在下一次观察时更能掌握要点。在对几次观察记录进行分析之后，幼儿教师能将观察时的感受逐渐修正到较为正确的层面。以下一些词汇分别带有客观性和主观性。

客观：他盯着前面，他双手托着下巴，他嘴里哼着。

主观：他的打扮精致，他面带怒气，他无可奈何，他动作轻巧。

“精致”这个词是没有客观标准的，不同的人对“精致”会有不同的想法。而“他双手托着下巴”则是客观描述。因此，在进行观察记录的时候，应该使用具体的、客观的语言，不要用抽象性、概括性的或者总结性的词语。

在观察案例中，在记录时的客观性原则就是具体描述所看到的，如“低着头，眼睛一直看着自己的作品”容易记录成“很认真的”，“他没有抬头，眼睛看着画，有点着急地说”容易记录成“他生气地说”，而这种形容词的描述可能会有主观猜测，也可能不容易让读者想象当时幼儿具体的行为表现。

在记录行为程度时也容易带有主观性，幼儿教师也会犯经验判断的错误，如以下对行为程度的描述：“小刚总是很暴躁，一刻也坐不住。”“他不停地从椅子上跳下又跳上，连续做了约十几次。”很明显，第一种描述是主观判断，甚至反映了幼儿教师的消极态度。第二种描述则更加客观，“连续的反复动作”甚至能够让阅读这段记录的人获得一段叙述性的影像，是事实性的。因此幼儿教师应该有意识地去将主观的陈述转化为客观的陈述（见表 1－1）。

表 1－1 观察记录中的主观陈述与客观陈述

主观陈述	客观陈述
他很喜欢……	这个孩子说……
他看上去没有……	他选择了……
他并不擅长……	他用了 10 分钟来做……
我觉得……	我观察到他每周会有一次……
这个孩子在……方面做得很好	我看到他连续地……
他不愿意……	这个孩子在……上……
……	……

（二）表格符号记录法

表格符号的记录是以已经设计好的观察工具来记录行为出现的次数频率、强弱程度、行为类型等，以作为了解幼儿行为、比较个体差异、识别团体与团体差异等的方法。简言之，表格符号记录法就是运用表格或各种符号进行记录。表格符号记录法主要有三种形式，即频数记录法、等级记录法和符号记录法。

1. 频数记录法

频数记录法是将观察内容按照规定的行为分类维度及各种行为定义，将行为列成表格式清单，在观察现场根据幼儿的行为当即作出判断，对行为出现的次数进行记录，发生一次就记一次，以打“✓”或写“正”字等形式记录频数。在时间取样法、检核表法等方法中，均须记录行为出现的频率。频数记录法记录的内容包括记录行为有无发生、记录行为发生的次数。

（1）记录行为有无发生。频数记录法通常会使用是或否的记录；或发生了的行为处就打“✓”，表示这种行为确实已经发生过了。这种记录方式简便快捷，可以事后记录，处理数据时也简单很多。此方法以记录结果作为幼儿教师班级管理或保教活动的参考，但只能得到有限的信息。

（2）记录行为发生的次数（见表 1－2）。频数记录法不但要记录行为有没有发生，还要记录这种行为发生了几次，也就是行为发生的频率。只要行为发生就要进行记录，行为发生一次就记录一次。必须在现场记录行为发生的次数，将要记录的行为在表格中体现出来。

表 1－2　咬指甲动作记录表

观察日期：10.24　观察对象：伊伊　年龄：3 岁　性别：女　地点：娃娃家区域　记录者：林老师

日期	开始记录时间	结束记录时间	次数画记	总计	备注
2023 年 10 月 24 日	9:53	10:53	正正	10 次	
……					
2023 年 12 月 30 日	9:50	10:50	正	5 次	

此案例中，如果某次伊伊咬指甲时间较长，可以在备注中标注具体时长。在时间取样法、检核表法等方法中都会用频数记录。

2. 等级记录法

等级记录法也是量化的记录方法，是对观察到的行为表现进行评定的一种方法。幼儿教师大多是根据自己对幼儿平时的行为表现的总体印象作出评定。观察表上呈现提前设计好的维度和行为，幼儿教师根据程度选项来针对每一行为作判断，判断该行为发生的等级、强弱、频率等，在适当的程度选项上作出记号，如打“✓”。记录时一般是用数字“1，2，3，4”，字母“A，B，C，D”，或者文字“优，良，中，合格，不合格”来表示不同的等级。

幼儿教师在对幼儿的行为事实已经有确切的认识的基础上，可以不需要现场观察，以回忆或反省的方法将行为事实记录下来。幼儿教师使用等级记录法时，虽然需要时间来思考每一位幼儿的行为程度，但也要尽量客观，以便准确掌握幼儿的情况，并能分析个体差异，后续也可为个别辅导提供资料。

3. 符号记录法

在现场进行观察记录时，观察的行为多种多样。当观察对象比较多时，一套简便的记录方法能帮助幼儿教师把复杂的观察信息快速地记录下来，如记录集体活动过程中幼儿对幼儿教师提问的反应。幼儿教师可以运用预先规定好的符号代码来进行记录。这种就是符号记录法。例如："建构游戏中合作行为记录"，其目的是记录参与活动的幼儿的合作行为，因此设计符号代码如下：A = 提出建议；B = 接受建议；C = 礼貌索要；D = 交换材料（角色）；E = 寻求帮助；F = 共同完成。

五、常用的观察方法

（一）描述法

1. 日记描述法

日记描述法是针对某一个幼儿长期地进行跟踪观察，以日记的形式记录下所观察到的情境，是原始且易掌握的一种观察方法。日记描述法的主要任务是有顺序地客观记录幼儿，如在身体、语言、认知、社会情绪等方面所展现的新行为及与新行为有关的所有事物，以了解其行为与发展的变化历程和影响因素。达尔文正是使用日记描述法撰写了著作《一个婴儿的传略》。

（1）日记描述法的优点。

1）幼儿教师可以随时记录幼儿在发展过程中出现的重要行为。

2）幼儿教师可以通过观察记录来了解环境对幼儿的行为及发展的影响。

3）幼儿教师可以通过丰富、详细、长时间且连续的记录资料来了解幼儿行为产生或者改变的脉络以及影响因素。

4）幼儿教师可以通过比较保存的数据和日后的观察数据，来了解、建立在时间维度上的幼儿发展、行为的常规模型。

（2）日记描述法的局限。

1）幼儿教师需要和幼儿长期、密切接触，因为长期的接触，所以幼儿教师可能会对幼儿有固定的印象，从而在观察时不易察觉幼儿的变化。

2）文字描述的方式使幼儿教师需要花费较长的时间进行记录，因此对要同时照护许多幼儿的幼儿教师较不适用。

2. 轶事描述法

轶事就是指在日常生活中发生的一些特殊或典型的事件。轶事描述法则是以叙述性的描述方式将在特定环境和情形中的幼儿的行为进行记录的方法，如幼儿教师选择感兴趣或认为有价值的事件进行记录。例如：幼儿美术教师记录不同幼儿在绘画时的表现，可以观察不同幼儿的颜色偏好，此时适合持续记录。相较于日记描述法，轶事描述法将记录的重点从对幼儿连续行为的观察转移到一个引起幼儿教师特殊注意的行为上来，在观察全局的过程中，一些特殊的幼儿将会得到更多关注。

（1）轶事描述法的优点。

1）随时可用，具有很大的弹性。

2）不强调记录时效性。

3）持续记录可提供幼儿学习状况及行为改变情形。

这种方法使幼儿教师更易发现幼儿某些不寻常却具有高度意义的时刻，如不爱表达的幼儿突然在游戏时能很好地用语言交流、注意力不易集中的幼儿突然很安静、认真等。

（2）轶事描述法的局限。

1）记录费时费力，需要幼儿教师平衡教学工作与观察记录工作。

2）只能观察幼儿自发性的行为，需要有较多对幼儿和工作需要的思考。

3. 实况详录法

实况详录法指幼儿教师在某一段特定的时间或地点内，连续地、尽可能详细地将观察对象在情境之内的表现完整地记录下来，根据所观察到的内容进行分类整理，并进行分析的方法。与日记描述法和轶事描述法相比，实况详录法在内容上更为详细和充实，记录过程更加完整。观察对象可以是幼儿个体也可是幼儿群体；在实施过程中，观察对象行为的每一个细节都应被记录下来，包括观察对象及与其互动的人所说的每一句话和所做的每一件事，以及事件发生的整体环境、发生的背景。记录时幼儿教师不应对观察内容进行主观推断和分析评价。数码电子工具的使用有利于实况详录法的实施。

（1）实况详录法的优点。

1）内容详细，利于深入观察。

2）时空限制较小，方便随时随地进行观察。

（2）实况详录法的局限。

1）对幼儿教师有较高的要求。

2）资料分析难度大。

4. 样本描述法

样本描述法是一种机动性强、开放性高的描述方法。样本描述就是将所选定的幼儿的行为按照时间顺序进行详尽的记录。相较于实况详录法将幼儿的行为全面、无选择地记录而言，样本描述法则是有选择地记录，需要幼儿教师在进行观察记录之前已经想好观察目的，也就是说主要记录幼儿发展的某一个方面，如果幼儿的行为和观察目的没有关系，就不需要将其记录下来。在观察时，幼儿教师注意不要让幼儿知道自己是被观察的对象，同时每一次观察的时间不宜过长，尽量以不要超过 1 小时，以免造成幼儿教师因疲惫或者专注力降低，从而影响记录内容的质量；如果长时间观察，可以采用轮流的方式进行。

亮亮的妈妈早上送亮亮来到托儿所，亮亮看到老师便从妈妈的怀里冲出来抱住老师，妈妈对亮亮说："乖乖听李老师的话，妈妈下午 4 点来接你。"说完便转身离开了。亮亮盯着妈妈离开的背影，愣了大约 1 分钟，转身坐到了小椅子上，吮吸着安抚奶嘴。

在这个使用样本描述法记录的案例中，幼儿教师观察的主题是幼儿与家长分离的表现，因此任何与该主题无关的行为都没有被记录下来。值得注意的是，如果幼儿教师的目的是观察幼儿与幼儿教师互动的情况，就需要重点记录幼儿与幼儿教师的动作、面部表情、语言等。

（1）样本描述法的优点。

样本描述法的使用范围非常宽泛，可随时随地进行。随着时间的推移，使用样本描述法所获得的记录随着幼儿的发展日积月累，将前后的资料进行比对可得到幼儿行为改变的进展和成长的记录，在质性分析与诠释上更具说服力。

（2）样本描述法的局限。

使用样本描述法往往会大量消耗幼儿教师的时间和精力，使幼儿教师无法快速获取观察信息。受到注意力分散或书写速度的影响，幼儿教师所观察到的内容可能并不能被一一记录，从而导致疏漏重要细节；每次搜集到的样本较少，无法针对大量样本进行详细记录、统计和分析，因此无法推论整体的现状。

（二）取样法

1. 时间取样法

时间取样法是根据观察目的和行为出现频率，事先设定好时间间距，以此为取样标准，来统计预设的行为是否出现以及出现的频率的一种取样方法。一般情况下，时间取样法适用于观察发生频率较高的幼儿行为，如观察幼儿的生活习惯、情绪变化、互动行为等。

观察时间间距是指每次观察和记录所需花费的时间。例如：假设时间间距为 1 分钟，那么就在 1 分钟之内，进行一次观察和一次记录。观察时间间距为 1 分钟，可进行的时间分配有几种方式：（1）观察 30 秒，记录 30 秒；（2）观察 20 秒，记录 40 秒；等等。设定观察时间间距的目的在于使幼儿教师在相同的时间间距中观察与记录目标行为，从而提高观察数据的信度。

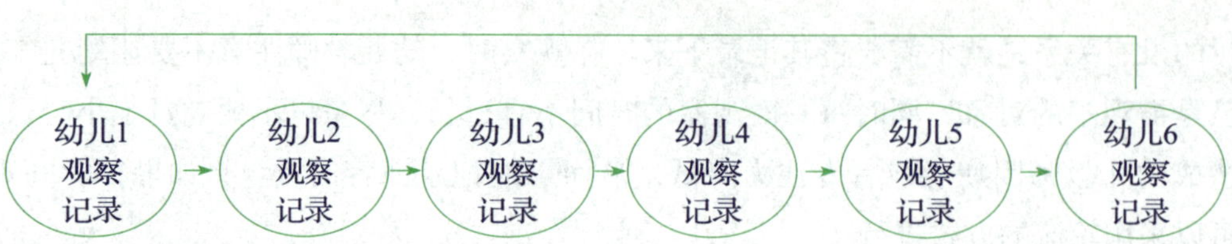

第一轮	0～1分钟	1～2分钟	2～3分钟	3～4分钟	4～5分钟	5～6分钟
第二轮	6～7分钟	7～8分钟	8～9分钟	9～10分钟	10～11分钟	11～12分钟
第三轮	12～13分钟	13～14分钟	14～15分钟	15～16分钟	16～17分钟	17～18分钟

使用时间取样法观察记录的程序

当观察的时间间距较长时，幼儿教师可以有足够的时间更加准确判断行为的类别并做记录，因此所得的资料正确性较高；但相对的，时间间距过于长的话，可能会出现更多的行为类别，从而影响了幼儿教师的判断。当观察的时间间距较短时，幼儿教师不易搜集到更多的数据，因此在数据不够完整的情况下就进行分析推论，会降低数据的信度，甚至会产生错误的结论。

（1）时间取样法的优点。

1）节省资料搜集的时间。

2）获得具代表性的行为样本。

（2）时间取样法的限制。

1）只能搜集到粗略的频率资料。

2）时间间隔由幼儿教师决定。

2. 事件取样法

事件取样法是基于幼儿教师对幼儿的特定行为或特定事件感兴趣，以选择该特定事件进行观察和记录的方法。事件取样法的观察例表见表1-3。事件取样法的特点：观察的行为大部分是发生频率较低的行为；观察期间，无法由幼儿教师规定要观察的时段，只能被动等待行为发生才能开始记录。

（1）事件取样法的优点。

1）以事件为焦点，有助于理解事件本质。

2）明确界定观察目标，便于理解行为成因。

3）适用于特殊幼儿或特殊行为，可提供详细的分析资料。

（2）事件取样法的局限。

1）以特定事件为观察目标，欠缺对其他事件的关联性因素考量。

2）以叙述方式呈现观察资料，分析时不易整理与推论。

3）等待事件发生进行记录，无法控制记录时间。

表 1－3 事件取样法观察记录表

时间	情绪反应	之前发生的事件	参与者	之后发生的事件	分析与评价

（三）评定法

一般来说，评定法就是通过观察幼儿，评定幼儿的行为中是否有这样的行为或者判断幼儿的行为处于什么等级，包括次数统计法、检核表法和评定量表法。这种评定方式一般在新教师了解新班级的整体幼儿情况时或幼儿教师及家长想要了解幼儿的发展水平时使用。

1. 次数统计法

次数统计法是一种了解幼儿某种行为发生的频率和程度，对事件发生的次数进行统计的评定方法。次数统计法适合用来记录那些不需要很多描述性的片段行为。次数统计法可以利用图表的形式将所搜集到的资料展示出来，从而使统计到的信息更加直观地展现出来，如差异比较、频率图表等。

表 1－4 为幼儿社会互动中愤怒反应的次数统计，行为每出现一次则记录一次。

表 1－4 幼儿社会互动中愤怒反应的次数统计

观察对象：迪迪　　年龄：5 岁 7 个月　　观察者：大一班主班老师

幼儿在社交互动中是否经常有愤怒反应	次数	日期 / 评论
1. 拥有权冲突。有人夺走或破坏了幼儿的财产，或侵占了他们的空间。	2	10 月初。 他只是有点生气。
2. 人身攻击。对幼儿的身体所做的事情，如推或敲。	5	9 月。 看到过其他幼儿的攻击性事件。
3. 口头攻击。嘲讽、取笑、侮辱或贬低。	3	11 月初。 与人身攻击一样，对同样大的幼儿。
4. 拒绝。被其他幼儿忽略或拒绝一起玩耍。	0	
5. 服从。有人要求或强迫幼儿做他不想做的事；几乎所有有关服从问题的愤怒都发生在成人和幼儿之间。	0	

通过次数统计，当有人拿走迪迪身边的东西时，迪迪会表现出愤怒，这对于幼儿来说并不少见。当有人袭击他时，他似乎会感到愤怒，这也不罕见。迪迪对这些事件的反应都是在正常范围内，如果有特别愤怒的状态时，幼儿教师可以帮助他表达出这些情绪。

（1）次数统计法的优点。

1）操作简易。

2）易取得量化资料。

3）收到的资料不掺杂幼儿教师的主观意见，准确度和科学性较高。

（2）次数统计法的局限。

次数统计法没有记录事件发生的详细原始数据，因此无法得知行为的细节及其脉络。克服这一局限的方法是与其他方法相结合，如样本描述法。这样，幼儿教师不仅可以立即获得量化数据，还可以考虑对事件的描述，了解事件的原因、后果和情况。

2. 检核表法

检核表法是在幼儿行为观察中使用得较为广泛的一种评定方法。检核表法是幼儿教师将要观察的行为以表格的形式列出，通过观察检验该行为是否出现的一种方法。大多是采用前人设计好的检核表，其中较常用的就是在一定时间内确定幼儿的某种行为活动是否出现的检核表。表 1－5 为某早教中心为调查幼儿依恋行为制作的检核表。

表 1－5　幼儿依恋行为检核表

序号	问题	是	否
1	该婴儿/学步儿是否同父/母亲进行目光交流？		
2	他是否眼望着父/母亲走向门口，或者爬着/走着去追随父/母亲？		
3	他是否发出口头的抗议？是什么类型的抗议？		
4	他用口头还是以肢体的方式说“再见”？		
5	他是否漠视父/母亲或表现得就像父/母亲不在那里？		
6	他对来接他的父/母亲有何反应？		
7	如果他十分悲伤，他能否找到一种自我安慰的方式，比如吮吸拇指、专心地玩一件玩具或者接受保育员的照顾？		

（1）检核表法的优点。

1）可运用于不同的情境中，使用广泛。

2）检核表易于制作、使用，易于识别和检查。

3）可以边观察边记录，也可以事后记录。

4）可以迅速评估幼儿发展现况。

5）短时间内可以收集到大量数据。

6）可以自行发展或是利用现成的工具自行整理出适用的检核表。

7）能与其他观察法合并使用，如时间取样法、事件取样法。

（2）检核表法的局限。

1）检核表内容缺乏描述性，无法呈现问题以外的数据。

2）对检核表中行为的理解程度不确定，可能使观察结果效度低。

3）需要连续观察与协作。

3. 评定量表法

评定量表法是用于观察和记录幼儿某种行为发生的频率或某种能力达到的程度的一种评估方法。该方法和检核表法有着很多共同之处，简单便捷，可以高效地搜集观察到的信息。在表格填写过程中，幼儿教师往往凭借自己的印象，因而在评定过程中往往掺杂了主观评价，容易带有情感偏见，导致评价结果出现偏差。因此，幼儿教师在使用评定量表法进行观察评估之前，需要先对每一个等级的标准进行确认，确保每一条内容都是客观的、易观察的，从而保证所得结果的信度和效度。

评定量表往往由幼儿教师根据事件发生的频率制定出几个对应的等级，如无、极少、偶尔、经常、频繁，完全不符合、有点不符合、一般、有点符合、完全符合。

（1）评定量表法的优点。

1）评定量表使用方便，节省时间。

2）幼儿教师不需要接受特殊训练。

3）观测范围广。

4）便于数据分析。

5）可以判断幼儿行动表现的程度。

6）所花费的时间和精力是有一定性价比的。

7）可在设计学习体验中提供有用的信息。

8）适用于幼儿前后行为的比较。

（2）评定量表法的局限。

1）幼儿教师缺乏对行为的操作性定义或含义的理解，根据自己的感知进行判断。

2）幼儿教师缺乏对实际行为场景的观察，仅凭记忆和印象易出错。

3）幼儿教师表达的行为程度的含义或程度（非常好、普通和不理想，或用数字1、2、3、4、5表示）通常难以一致，带有主观性。幼儿教师的主观价值判断并不一定代表幼儿行为的真正含义。

4）发生晕轮效应，如幼儿衣服有时有些脏，幼儿教师可能会以偏概全，认为幼儿不爱整洁。

在评定法中，幼儿教师应具备正确选用方法、操作工具、熟练运用表格、分析结果，以及统整呈现等在观察幼儿行为与记录方面的技巧。例如：了解幼儿身心发展特点，如幼儿无法长久集中注意力，观察时间不宜过长；有些幼儿会有分离焦虑的现象，他们在刚开始与幼儿教师接触时需要一段缓冲时间，这种情况下幼儿教师可以先与幼儿玩耍，让其与幼儿教师熟悉后再进行观察。

六、使用辅助观察工具的注意事项

在使用电子器材进行录音、录像时，需要注意一些事项。首先，录音、录像的时候需要注意征得幼儿父母的同意。有父母反对用照相机给幼儿拍照，因为录音、录像有永久性和曝光性，会使他们感到不舒服。当幼儿不想被录音、录像时，必须尊重他的意愿。幼儿教师可以先让他接触与了解录音、录像机，减少抵触心理。需要注意的是，一旦录音、录像严重影响幼儿正常行为并导致幼儿出现异常行为或产生抵抗的行为时，幼儿教师应该尊重幼儿个人意愿中断录音、录像。在使用高科技器材进行观察时，很难观察和记录事件的所有细节，因为全面和详细的记录需要大量的人力和物力资源，这种记录将影响并限制幼儿教师对重要事件和行为的关注。

幼儿喜欢别人"记录"自己的积木作品

七、幼儿行为观察的实施

为了保证观察资料的准确性，完成一次完整的观察，可将幼儿行为观察的实施分为不同的阶段，有的专家总结为：看——根据计划，边看边思；记——及时记录，客观书写；思——分析解读，评估水平；做——支持策略，课程设计。总之，幼儿教师都需要做好前期的准备（看）、中期的观察（记）以及后期的分析与对策（思与做）。

（一）前期准备阶段

1. 认知准备

对于幼儿教师来说，在进行观察之前，认知准备是非常重要的。首先，认知是对观察价值的认知。这是指幼儿教师首先认识到观察并不是为了简单地完成任务，或是对幼儿的简单鉴定，而是为了促进幼儿身心的全面健康发展。其次，认知是对观察对象的认知。幼儿教师熟知 0 ～ 6 岁幼儿身心发展特点和相关理论，对幼儿的观察是积极的，通过观察发现幼儿的成就，从幼儿能做或做了什么而不是不能或将不能做什么的角度对其行为进行描述性说明。

2. 对幼儿教师的训练

（1）小组合作模拟。组织多位幼儿教师一起参与训练活动（如观察影片中的幼儿），利于提高观察的信度，即观察所得一致性的程度，从而使幼儿教师具备一套共同经验；同时不同幼儿教师通过讨论可以发现自己的特点和问题。在记录时，每一位幼儿教师要独自完成，不予讨论，等到影片播放结束之后，再审核幼儿教师记录结果的一致程度，以及记录结果和原先所定义的标准是否符合。

（2）个人模拟观察。幼儿教师先熟悉观察的格式和目标行为，然后播放类似的观察情境的录像，每次需要进行行为评定或目标行为记录时则停止播放，让幼儿教师注意该行为，同时探讨事件与目标行为的符合程度，从而促进幼儿教师掌握理解记录的重点，并增强判断的能力。

3. 制订观察计划

观察计划能保证幼儿教师在幼儿行为观察时能够顺利进行，因此必须在观察前完成观察计划。

（1）确定观察目的。在制订观察计划时，幼儿教师应该首先明确自己要观察什么，即确定观察目的。“看见儿童”是很多专家学者特别倡导的，“看见”的意思类似于被理解、被信任、被接纳，观察记录幼儿外显的行为是幼儿教师看见他们内心的一个通道。教育真正的目的是让幼儿成为更好的自己，幼儿教师观察的最终目的是促进幼儿向新的水平发展。一般来说，观察目的受到一些现象的影响，导致幼儿教师想要继续探索这种现象。这些导致深入探究的现象通常是重要的、有价值的和可被观察的。只有通过观察，这些吸引人的现象才能转化为实际记录，因此观察目的是基于幼儿教师的工作需要，基于幼儿的行为发展而确定的。由于幼儿行为是复杂多面的，幼儿教师不可能一次就观察到全部，因此幼儿教师只能针对某些事件或者行为进行深入了解，如玩具整理、饮食行为、自理能力、同伴互动、学习品质、情绪表达等，确定了观察目的可以避免遗漏重要部分以及过多记录无关现象。

确定观察目的主要有以下两种方法：

第一，在观察之前，幼儿教师基于自己的工作需要，结合幼儿心理理论取向和早期教育、学前教育专业相关理论，找到相应的观察点，就可以找到观察目的。理论结合工作实际需要，能较快较准确地确定观察的内容。如幼儿的依恋行为可以基于鲍比依恋理论、行为主义注重幼儿的行为表现、学前儿童游戏理论可以解释不同年龄幼儿游戏类型等。

第二，根据国家颁布的《3-6岁儿童学习与发展指南》等，来确定观察目的，并且根据需要将观察目的分为2～3个子目标，子目标就是个别幼儿或多数幼儿的行为中最显著的问题，然后确定具体行为作为观察的子目标。观察目的也可以根据幼儿教师工作需要确定。观察目的不宜过大，如“观察幼儿甲的社会领域的发展”就过于宽泛，可以精确到“了解幼儿甲如何使用语言作为社会交往的工具”。子目标1：观察记录有互动性质的幼儿的语言行为。子目标2：观察记录幼儿彼此沟通时使用的特殊语言。观察目标是对所要观察的具体行为的陈述，比观察目的更具体，更容易被直接观察到。观察目标是个别幼儿或者群体幼儿行为中最凸显的行为表现，幼儿教师经了解后确定。观察目的决定了幼儿教师所选用的观察及记录的类型和方法，也决定了行为观察的时间和情境等。观察目的也是观察记录分析、提出支持策略和建议的重要依据。

（2）选择观察对象。观察对象一般有两种：群体或个人。一旦选定了观察对象就不宜再改变。观察对象是依据观察目的来选择的，如果想要了解团体的发展水平，如小组区域活动中多名幼儿整体行为表现，或某一特定行为的团体表现，如小班幼儿进餐行为，则选择团体作为观察对象；如果想要了解特定幼儿的多方面行为特点，那么则选择个人作为观察对象。婴儿阶段，通常是针对个人的观察。如果是对群体幼儿的观察，需要幼儿教师有丰富的观察经验和熟练的观察技能，因此，在确定观察对象的数量时，幼儿教师必须考虑自身的能力、熟悉环境的程度、辅助设备的使用、幼儿的年龄、教育和保育教师的合作等因素。通常一位有经验的幼儿教师的观察对象大约为 6 ～ 8 人；若观察经验较少，则观察对象的数量需要再根据幼儿教师自身的能力斟酌减少。

（3）确定观察情境。鉴于观察情境与观察对象的行为间关系十分密切，所以，对于观察情境的理解与描述在轶事记录中十分重要。观察情境包括场所、时间和情景。观察场所指的是观察者的观察空间环境。比如 0 ～ 3 岁婴幼儿的行为容易被空间与环境设施潜移默化的影响，不同的学习情境，也会对他们的行为表现产生不同的影响。一般观察场所在家中客厅、厨房、小区内，或早教机构的植物观察区、动物饲养区、游戏活动区等。3 ～ 6 岁幼儿的主要观察场所在幼儿园，比如小型积木游戏在教室、安吉游戏等中大积木活动一般在室外场地（游戏场）、幼儿如厕行为在厕所等。观察时间指观察者对所要观察的行为在选定的时间内进行记录分析。观察者需要提前规划好观察的时间，如分离焦虑适合幼儿入园时观察，预计观察多久，每个观察对象分配的时间等。观察情景是指观察对象正在进行的具体的活动情形，如积木游戏、同伴互动、手工制作等。如果幼儿有些潜在表现不易在自然情境中表现出来，或表现机会非常少，或观察者想引发某种行为时，这时观察会通过情景进行。

（4）选择取样方法。取样方法取决于观察目的，观察取样最重要的步骤是搜集与观察目的有关系的行为。行为观察是通过对行为事实的搜集，然后针对观察目的进行解释和判断。将观察对象的全部行为都记录是不可能的，即便幼儿教师愿意全天观察，搜集的行为资料也可能比较琐碎、有所重复、很多和观察目的没有关系，最后能用来解释观察目的的仅是其中一小部分的事件，所以观察取样是必要的，这样搜集到的行为资料才能有助于实现观察目的，也可以简化资料搜集的复杂过程。

观察取样的方法可以从两方面考虑，一个是观察时间的界定（时间取样法），一个是观察事件的界定（事件取样法）。在决定如何进行数据搜集时，所有观察都涉及时间和事件两大因素，观察记录的核心内容是事件的发生历程。观察事件的发生会占用某些时间，有的时间长（如吃饭、游戏、学习等），有的时间短（如施予、求助、讥笑、收拾等），有的事件频繁紧密（如注意、情绪、人际互动、动作、语言等），需要使用时间取样法，有的事件只是偶尔发生（如游戏、表演、工作、分享、吵架、破坏等），特定的某些行为如攻击性行为，需用事件取样法。

（5）选择观察记录方法。记录文字的能力是观察操作中最重要的能力之一。幼儿教师的词汇量和写作能力直接影响记录容量。观察记录不仅要求客观、有重点，还要讲究方式方法。记录的材料一般为观察记录表。采用哪一种观察记录的方法、如何对观察资料进行记录也须提前计划好。质性的观察记录通常以文字的方式来记录。具体的记录方法：第一类是连续记录法，大多用文字进行记录。一般运用这种方法记录幼儿个别的、特殊的行为。这种类型的记录方法是从记录的连续性角度来考虑的。这种类型的记录方法在日记描述法、实况详录法、轶事记录法等观察方法中被运用。第二类是运用表格符号记录的方法，也是量化的观察记录法。频数记录法、等级记录法、符号记录法等都属于这一类方法。这种记录方式主要在时间 / 事件取样法、检核表法、等级评定法等观察方法中运用。

当观察到的事实的现象非一般行为，而是某位幼儿独特的、复杂的行为时，幼儿教师可能难以即刻确定具有重要意义的行为。这时幼儿教师就需要用文字先记录下来，观察结束后经过仔细思考才能分析出来龙去脉。量化的观察记录是以已经设计好的观察工具来记录行为出现的次数频率、强弱程度、行为类型等，以了解多数幼儿的行为比较个别差异等。量化的观察用符号记录，所以能够比较迅速地判断并记录。

（6）选择分析和评价的方法。对于表格符号记录的分析一般为定量分析，指的就是数据的量化和数据量化的统计过程。量化分析的优点在于能够同时记录多个样本，所以量化分析可以针对团体进行观察分析。量化分析的限制在于必须取得足够数量的观察资料，才能具有有效性。

（二）实施阶段

当有了以上充足的准备之后，幼儿教师就可以进入正式观察的过程了。一般而言，在实施观察的过程中要注意以下几点。

1. 严格而灵活地执行观察计划

在准备阶段，幼儿教师制订了严谨的观察计划，在实施观察时要严格地按照观察计划进行观察。但是，如果在观察过程中发现观察计划有漏洞或者不明确，可以根据观察目的完善；如果观察对象或者观察行为有变，也可以灵活更换，以更好地达到观察目的。

2. 客观地记录

实施过程中，最重要的就是客观地记录。幼儿教师要觉察自己的观察特点，在观察时要摒弃对幼儿的个人主观评价或偏见，如幼儿教师认为伊伊是很乖绝对不会打人的孩子。如果幼儿教师确实有较重要的个人想法，可以记录在事实记录的旁边，如：“伊伊可能由于不会表达情绪才打人？”。幼儿教师应客观真实地记录幼儿具体的行为表现，即记录幼儿的原话，如 2 岁幼儿说“耳朵掉了兔子”，不应该加工后记录为“兔子的耳朵掉了”。有时由于幼儿行为发展快速，幼儿教师可以用简洁的重点词或符号记录，在结束观察后需要及时补充，以免忘记重要细节。为了更客观地记录，两位幼儿教师可以一起执行同一观察计划，记录同一事件，记录结束后可以研讨反思是否客观地记录了。为了增强观察的客观性，也可以利用设备进行观察记录。

（三）分析与评价阶段

1. 质性分析

质性分析是对观察记录中的文字部分进行分析。实况详录法、轶事记录法等都需要进行质性分析。首先分析幼儿的行为习惯及特质，再运用心理学相关理论来对幼儿的行为进行解释并分析其背后的原因，基于《3-6岁儿童学习与发展指南》等标准评估其行为发展的水平，并科学、准确分析观察记录结果。评价幼儿发展的理论依据是多种多样的，如国家制定的《3-6岁儿童学习与发展指南》及心理学相关理论。

2. 量化分析

量化分析是对事先编码的观察记录表格中的数据进行分析。量化分析一般会有统计数据来支持，利用数据来说明幼儿的行为特征以及幼儿行为背后的原因。

统计由描述性和推论性统计两部分组成。描述性统计仅根据次数或分数分析行为的频率和强弱程度，并使用观察表中的行为来分析观察到的表面行为，或分析环境刺激与行为表现之间的联系，从而分析影响某些行为的因素，如老师的赞美是否增加幼儿正向行为表现的次数、空间的限制是否增加幼儿攻击的行为等。推论性统计则就两组统计样本的行为进行推论，以这两组样本来推论群体之间的差异情形，如甲班及乙班幼儿社会交往能力的差异、男生及女生在文字书写方面能力的差异等。在进行推论时，所选的样本必须具有代表性，能通过少数样本的数据得出大量群体的行为倾向。根据观察记录资料的不同，以及统计和分析方式的不同，量化分析一般可以利用曲线图、直方图、饼图、流程图示等方式呈现。

（四）对策与建议阶段

观察分析与评价结束后，幼儿教师应依据《3-6岁儿童学习与发展指南》或心理学、教育学理论等提出针对性的建议，包括课程设计方案、环境创设、材料投放、家园合作及后续的观察或访谈计划等。如幼儿教师观察完幼儿做美术作品的过程，进行后续的访谈：“你能向我介绍一下你的作品吗？”在得到幼儿肯定的回答后，幼儿教师可以记录幼儿的回答，以便更好地结合前期的观察综合分析评价。当幼儿教师观察幼儿时，有时会发现一些问题，无论幼儿是否表现出某些行为、动作和技能，幼儿教师都应更进一步观察其在某一领域的发展。如果幼儿行为影响其正常生活与交流，较严重时，幼儿教师要与家长或者机构内部的其他专业人员讨论，最主要的是和家长进行沟通，这就是常说的转介。通过转介到心理服务机构，能进一步帮助评估幼儿并及时干预。同时幼儿教师给予家长支持或建议，三方共同努力，为幼儿及时提供环境支持（详见第五章）。

第三节　幼儿行为观察、分析与评价

行为观察的目的是了解幼儿生理与心理发展情况及幼儿的真实需要。观察时，幼儿教师所见的客观事实就是其行为的发生过程，而最重要的则是解释行为的意义、评价幼儿目前的发展水平，为之后的对策建议提供重要参考。

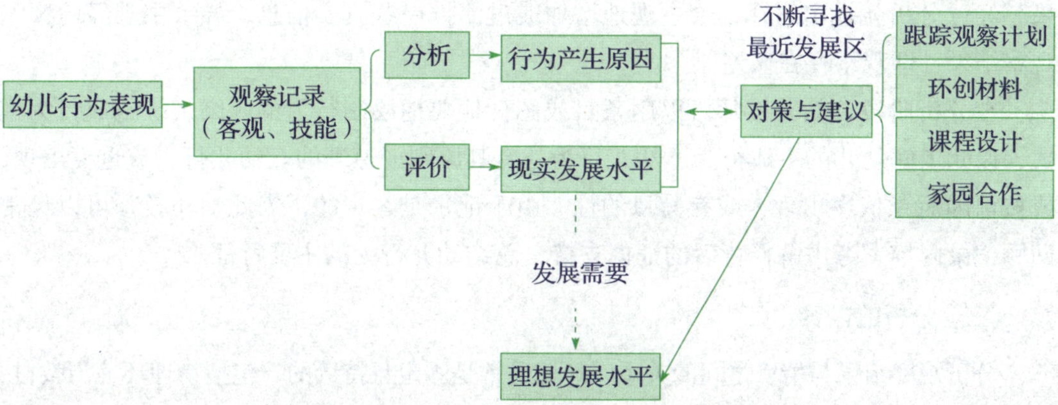

幼儿行为观察分析评价与对策建议的关系

一、观察资料的分析

（一）分析的目的

分析的目的是从观察中找到行为模式。“模式”可能涉及教室内的一日安排，动线及日常规则。而幼儿的行为也会有“模式”，通过观察找到幼儿的行为模式是质性观察分析中最重要的方法之一。有些幼儿教师在观察前并不清楚幼儿的行为，没有理论假设，直接从观察入手，通过对观察记录的归纳，对相关经验进行概括，从而上升为理论。在对幼儿的观察进行质性分析时，有些幼儿教师可以在归类梳理和整体性分析中看到幼儿的部分行为模式，如视频 6。

视频 6　在幼儿园中观察幼儿的行为模式

以观察一位幼儿的攻击性行为为例，甲幼儿在作息转换无所事事时，出现攻击次数最多；甲幼儿和乙幼儿同伴互动时，最常出现攻击性行为；乙和丙对于甲幼儿攻击性行为的反应不一样；甲幼儿在出现攻击性行为前有咬牙切齿、脸通红、握拳、急促呼吸等表现，这些就是行为模式。既然是模式，就必须是通过观察并多次归纳出来的结果，但不能单从一两次的观察就定出模式。找出行为的模式加以解释之后，幼儿教师便可通过教学来改善一些现状。

（二）分析的意义

分析是指幼儿教师有逻辑、创造性、理性思考的过程，而记录则作为证据，显示幼儿教师对幼儿行为背后意义的解释。人本主义心理学强调行为的意义，从表面上看，“人的行为的客观事件”是人的外在行为的表现，但对实际行为的观察是试图揭示其背后的实际意义，而不是可以看到的言语或行为。个人的表面行为是复杂多面的，不易被看出意义，就像有些大人会以“捣乱”“孩子气”等词汇来形容幼儿的行为；经由客观的观察及分析，他们才会知道那些“捣乱”行为或“孩子气”行为背后的原因。如果不经过分析就提出解释，会主观地增加或过滤掉一些真实信息，导致主观经验影响观察结果，即观察存在误差。

在分析阶段，幼儿教师可以用条目或图标扼要地绘制行为的脉络，统整成行为模式，以此了解幼儿的主体行为。幼儿行为是有其原则或道理的。幼儿行为或重复出现，或按前因后果依序出现，或有其目的性。由于记录是客观的，因此幼儿教师可以经常回顾记录内容、考虑解释背后的证据支持，总结幼儿行为的主要特征。

（三）分析的内容

分析观察结果与情境之间的关系。环境通常是固定且持续的，包括物理环境与教材、空间设计和位置，也涵盖了幼儿与成人之间相互反应的线索与刺激。而情境泛指在此环境中所出现的任何事、任何人，同时也涉及地点、时间，甚至心理和生理状况，如课程、作息、情绪、关系、规则等。分析时，必须把行为放进特定的场景中。例如：今天幼儿在早教中心不讲话，有的幼儿教师就认为该幼儿语言发展滞后，但其实原因有很多，包括不适应而情绪低落、在陌生人面前害羞、太累了、身体不舒服、害怕老师等。幼儿不讲话只是代表了这两天的状态，是否真的是语言发展滞后，还需进一步的观察和验证。

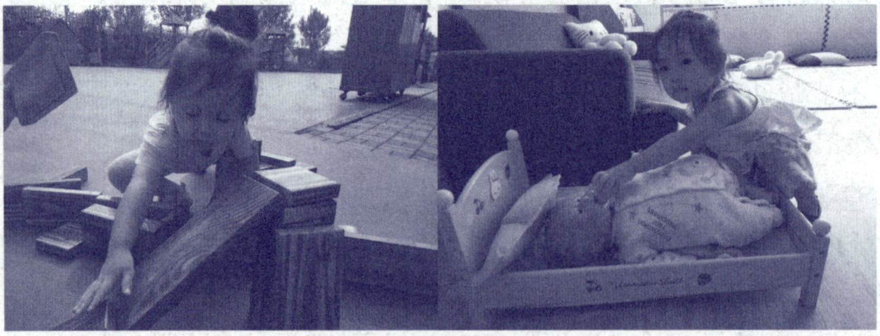

幼儿所处环境与情境

不能脱离环境、情境而对幼儿进行分析。换句话说，幼儿行为与周围的环境、情境有绝对的相关性，可能有些环境容易引起幼儿出现争吵、推搡等负面行为，或玩具不足时抢夺玩具和游移的频率就会提高。若观察情境难度高，除了以文字描述观察当下的情境，也可利用平面图标示幼儿与环境互动的相对位置，在解释资料时幼儿教师便容易了解行为与环境之间的相关性。

（四）分析的依据

对于经过专业训练的幼儿教师来说，经验是其最佳的解释工具。幼儿教师由于长期与幼儿接触，也与不同阶段的幼儿长期相处，对各领域发展及理论都较为熟悉，因此在解释观察结果时，很容易将所见和所知联结起来。虽然通过经验能快速判断出一位幼儿的行为和能力符不符合该年龄的发展，但是过度依赖经验判断也相当容易造成谬误，理论与经验应该双管齐下。视频 7 中的幼儿随着与老师的关系越来越好，从开始的不敢介绍和表达自己的感受，到后来能表达自己心情的变化，这体现了老师的耐心和理解。

视频 7 入园预备班中师生互动——幼儿的自我意识的发展

行为事实由幼儿教师记录下来，能在有限的资料中得出多少有价值的结果，要看幼儿教师用多少种“视角”看幼儿的行为。

（五）行为观察分析的原则

分析就是将幼儿行为的重要意义摘录出来，以简短的语言词汇加以表示，它作为依托于《3-6 岁儿童学习与发展指南》或儿童身心发展理论的佐证记录，使复杂的现象简化为容易了解的重点。

1. 积极性原则

幼儿教师要用发展的和积极的眼光分析幼儿的观察记录。

以本章案例导入为例，如果幼儿教师不能遵循积极性原则，可能会认为“达达不喜欢与同伴交往”“达达不能用语言进行同伴合作”“达达情绪管理能力不足”，但是也有一种可能是“达达专注于自己的游戏”“达达一个人独处时能很享受地玩积木”等，这些分析均基于幼儿教师是否有一个积极的观点，不急于对幼儿“贴标签”。有的幼儿教师会“放大镜式”地找幼儿的问题和不足，这不仅需要幼儿教师觉察自己的观察风格，还要熟知幼儿心理特点，观察了解幼儿行为背后的原因。

2. 客观性原则

客观性十分重要。幼儿教师首先要觉察自己有没有和幼儿相似的行为、体验，因为相似的经验会使幼儿教师以主观情感或经验投射去分析幼儿行为。例如：在观察幼儿的“偏食”行为时，如果幼儿教师本身也有相同的经验，则会用“感同身受”的口吻来描述幼儿的行为；反之，对于幼儿教师自己不喜欢的行为，则可能放大幼儿行为的负面性，反而无法以专业公正的视角来解释观察的结果。分析时如果不客观也有可能会加上幼儿教师自己的情绪。其次是幼儿教师分析时把幼儿的行为错误地诉诸人格，也许幼儿只是在玩游戏，但如果幼儿教师只就行为表现而将之解释为个人特质，如“多多是个内向的不爱说话的孩子”或“小浩是个具有攻击倾向的小孩”，没有考虑行为背后的原因就可能造成误判，也无法真正帮助幼儿学会自己解决问题，促进其自我成长。因此幼儿教师要时刻谨记，分析阶段的思考是创造性及批判性的，是一种理性且富有逻辑的思考。

在分析记录时对有些行为的意义确实有疑惑，幼儿教师若要明确幼儿行为的意义，须再继续看后续行为。分析结果要有持续的“证据”作支撑。

3. 整体性原则

人在判断时常下意识地把不完整的片段做补充，使之趋于完整。这种借由想象来补充，而并非真实的行为，在分析时很可能会导致不够贴切的问题。

非专业的观察者常常会犯的错误是在分析时将问题扩大到人格上，但人是一个整体，整体的各个部分是相互关联的，片段的行为只是个体活动的一部分。就如案例导入中的达达，如果幼儿教师只看这一次观察，只看达达“低头不语”的个别表现就判定他性格孤僻、不喜欢社会交往就是以偏概全了。

对幼儿本身性格评价，就是将片段的行为概括为对整个人格的理解，这无疑是一种偏见。因为幼儿的行为有多面性及发展性，没有任何个别行为的标签可以代表复杂的心理现象。一个幼儿平时都可以分享、助人，但偶尔出现了不愿意分享的行为，幼儿教师直接判断幼儿个性有问题，这是误判。要避免这种错误，最重要的是以全人教育的理念，结合观察记录的前因后果，注意遵循事件的整体性和幼儿发展的全面性。如果观察记录中“语言表达很少”出现的频率很高，幼儿教师仍需要制订后续观察计划，应以质疑的态度继续寻找“语言表达很少”的成因及幼儿是否也有与此相反的情况。

4. 目的性原则

幼儿行为发生受多方面性因素的影响，如幼儿注意力受到认知能力、情绪、内在动机、物理环境、个性品质、文化差异等的影响。幼儿教师在分析之前需要有明确的目的，基于观察目的的分析更具有针对性，使分析时有脉络可寻，同时结合心理学相关理论解释，再根据客观记录找到《3-6岁儿童学习与发展指南》中五大领域对应的目标，对幼儿作出评价。但也并非完全拒绝接受其他层面，而是从目的层面来“透视”表现幼儿注意力的行为。例如：以情绪来分析说话行为，主要的目的即从说话行为中了解情绪的变化及前因后果，可以由动作、内容、关系等的行为表现情绪，可能有“微笑着打招呼”“主动询问”“皱眉沉默”，从而整理出幼儿说话中的情绪表现和变化规律。但是真正的情绪是内隐的，所以若要真正了解幼儿隐藏的情绪，则须经由有计划的观察或通过深度访谈搜集资料。

5. 科学探索的原则

如果观察者对人类行为与发展的看法不正确，自然也就无法掌握观察对象的行为与常模的差异，或该行为的发展意义。幼儿发展理论，是幼儿教师在解释幼儿行为时最重要的知识库之一，且需处于长期更新的状态，如幼儿教师对新的国家政策、新媒体背景下读懂幼儿、学前智库等内容的学习。

质的观察尊重事物的自然性，尊重世界的复杂性和变化性，其目的是要了解幼儿行为的脉络风格或挖掘行为的原因。

（六）分析时应联系目标

当幼儿教师获得了一份观察记录时，其在分析的同时应当有意识地联系目标，通过评价对目标加以细化。与目标的联系可以通过既定的观察行为，也可以是生成性的。但应注意，通过观察记录发现幼儿在哪些领域有发展，而不是根据领域去硬贴硬凑幼儿的表现，也不是凭空想象出来幼儿的发展水平。尤其注意：顺序不要颠倒，先有记录再有评价。

观察对象：文文（女孩，4岁半）

在玩沙区，栅栏左侧有一个流水的水龙头，文文拿着一根凹槽水管放在下面，此时水流距离沙池大约30厘米。文文四处张望着，大喊："谁来帮我一下?"她没有得到回应，跺了跺脚，又喊了两声。这时楠楠跑了过来，问："什么事?"文文把水管递了过去并对楠楠说："你来扶着它。"文文轻轻地把水管放在楠楠手上，转身跑去拿了另一根水管，将两根水管接了起来，此时两根水管组成了一个"V"形。"这里漏水了。"楠楠盯着"V"的底部说。文文看了看水管说："哦！我知道了。"文文开始调整水管的位置，水流终于灌溉到了沙池，整个过程大概用了5分钟。

在这段观察中我们可以找到幼儿在问题解决、语言交流、合作、认知学习、科学探究等领域的表现。以联系《3-6岁儿童学习与发展指南》为例，我们可以将文文的行为对应到社会、健康、科学等领域。由于观察目的是"合作行为"，因此社会领域将是分析的重点。另外，文文在该事件中的重点是解决水管的引流问题，因此她在科学领域的表现也有可能影响其合作的动机、态度等。

（七）多媒体材料分析方法

党的二十大报告中提出"推进教育数字化"，在"办好人民满意的教育"中提出"推进教育数字化，建设全民终身学习的学习型社会、学习型大国"。在多种幼儿观察记录的方式中，幼儿教师也越来越关注使用摄影、摄像、录音等信息技术记录，并运用数字化的软件整理分析，以便更加便捷、直观地整理观察记录并反思，这有利于构建网络化、数字化、个性化的观察体系。

1. 声音材料分析

第一步，利用录音设备完成录音后，幼儿教师应及时择出有价值的内容并进行备份，对录制内容进行时间、地点、事件的标记，分类整理。第二步是将录音转换为观察记录。这并非像录字幕一般对声音实时转录而是加以思考地梳理内容，最后以表格或者轶事记录呈现。在梳理的过程中可以按照逻辑顺序，如事件、互动角色等，将幼儿的语言呈现出来，分析幼儿语言的特点、语言的听说能力、语法的运用情况以及社会性发展等状况。

2. 静态图像材料分析

照片记录幼儿攀岩过程

照片记录幼儿绘画作品

幼儿教师在拍摄完成后，一定要进行后期的处理，可以建档分类保存（可以利用表格），对每一系列甚至每一张照片都应该详细备注，如拍照的时间、地点、简单描述情境的一句话、值得标出的关键词、幼儿的情绪特点。

3. 动态图像材料分析

幼儿教师可以根据录像内容摘取一些重要的画面，制作成静态的照片。因为静态照片更便于传播，利于围坐讨论，一定程度上提高了效率，这也是经常做的一项工作。

影音材料同样也可以利用表格进行整理，或者利用其他电脑技术使影音材料进一步升华。

制作表格，重新整理录像内容。这是实况详录法常用的方式之一，幼儿教师需要在表格中尽可能详细地标记时间、地点、观察对象以及事件发生的背景、过程和结果，并客观记录幼儿的语言、表情、动作等。

多场面对比记录，即画中画。幼儿教师可以利用多台摄像机同时在多角度拍摄，利用电脑技术使其出现在同一画面上，便于作对比性观察。

利用 The Observer XT 软件，对录像中的行为进行编码、统计，并生成频次表格。这便于幼儿教师寻找经常性行为，发现规律，记录幼儿行为的前后变化等。

利用教育软件。这些软件在《3-6岁儿童学习与发展指南》和观察记录之间建立了桥梁，可以对照《3-6岁儿童学习与发展指南》中的子目标对幼儿行为进行分析比较，还可以分类收集不同幼儿在不同时间段的发展走向，记录幼儿行为的前后变化等。这些软件的应用大幅提高了工作效率，支持多种素材记录格式，打破了时间和地点的限制。

这些记录方式分别以声音、静态图像、动态图像作为材料呈现的手段，为幼儿教师提供分析之便。不论是哪种手段，幼儿教师一定要结合理论来深层加工，获取有效信息，增进对幼儿的认识和理解，成为与幼儿、家长和其他人员交流和沟通的基础，成为改进教师教和幼儿学的工具。

二、行为观察的评价

每个幼儿都是独特的，而如何通过衡量指标看到幼儿的发展水平呢？要了解幼儿的发展水平，需要一些指标作为衡量标准，所以首先要建立衡量指标。建立衡量指标也是要通过大量观察才能实现的。教育工作者会抽取大量处于0～6岁的幼儿，通过理论指导及大量观察，编制具有信度和效度的观察评量工具，如《3-6岁儿童学习与发展指南》等，这些工具因为可信也有效，可应用于早教和幼儿园教育工作中。

（一）基于观察目标来评价

为了更有效地通过观察记录了解幼儿发展水平，特别是对照观察目标了解幼儿是否达到了此年龄段的发展目标。只有基于评价，幼儿教师才能进行下一步的教学计划，如提供环境材料、设计课程以帮助满足幼儿发展的需要。因此，观察分析后的评价至关重要。

基于观察目标来评价并不意味着“测验”幼儿，其实质上是客观评价幼儿现实能力的发展水平，基于心理学理论分析其行为背后的意义。幼儿教师可在教育过程中明晰每个幼儿在多个领域的最近发展区，这为下一步教学设计、环境材料的准备提供了方向指引；观察评价也可以作为幼儿档案袋的重要素材；同时可作为加强家园合作的资料。评价的目标最终指向幼儿的全面发展，在此建立的评价可以帮助幼儿教师观察幼儿的多个领域，用积极、全面的眼光看待每一个独立个体。

（二）以《3-6岁儿童学习与发展指南》为导向

评价的根本标准在于为幼儿全面发展服务。近几十年来，我们对幼儿观察与评价的认识从幼儿与幼儿之间的比较转变为将幼儿当下的水平与“标准”比较。这是因为幼儿具有整体性与发展性，这些“标准”就像一个参考体系，有大量研究数据支撑，可以指向任意年龄段幼儿的发展目标，表达一种科学合理的期望。

《3-6岁儿童学习与发展指南》为我国学前教育观察与评价提供了适宜性标准，幼儿教师根据需要生成观察目标并尽可能多地搜集信息，如五大领域目标下的具体行为表现，带有目的地展开观察，即开展以《3-6 岁儿童学习与发展指南》为导向的观察。幼儿教师需要全面把握《3-6 岁儿童学习与发展指南》的整体结构，敏锐地捕捉“关键时刻”，为评价收集更多有利的“证据”，如此做出的观察与评价会更精准；但同时也不能刻板地为了依据《3-6 岁儿童学习与发展指南》而忽视了观察目标和幼儿的全面、整体性发展。

（三）评价幼儿有待提升的部分

幼儿教师可以通过《3-6 岁儿童学习与发展指南》等标准评价幼儿，并发现幼儿有待提升的部分，也可以基于幼儿的最近发展区进行评价，这也是建构主义的思想在实践中的体现。建构主义理论认为，发展是从个体已经具备的发展水平出发，重视已有的经验与所学知识的联系，并且探寻其有待提升的部分。评价对于后续课程设计有重要的作用，而观察是了解幼儿的重要途径。评价与教育都是持续性的过程，同时，评价幼儿有待发展的部分不是一次观察就能完成的，幼儿教师需要把幼儿行为放在具体情境中，确保这是一个在自然状态下的客观情境，排除幼儿行为的偶然性，并尽可能多地收集证据。

在上面的例子中，“‘这里漏水了。’楠楠盯着‘V’的底部说。文文看了看水管说：‘哦！我知道了。’文文开始调整水管的位置”能对标《3-6 岁儿童学习与发展指南》中“社会领域”—“活动时愿意接受同伴的意见和建议”。

通过观察记录可提出对策与建议。文文对身边的现象有好奇心和求知欲，并且有不断探索的学习品质，幼儿教师可以利用其发展优势，在幼儿进行探索时予以鼓励，在幼儿成功时予以赞扬。此外，幼儿教师在设计课程活动时，可以根据幼儿的兴趣设计活动，在活动中提供充足的材料，鼓励幼儿大胆提出假设，并引导幼儿验证自己的猜想，逐步形成科学解决问题的态度，同时充分给予幼儿合作的机会，锻炼幼儿合作解决困难的能力。

（四）运用多种方式评价

在分析阶段可以用制作表格甚至直接使用观察表的方式来辅助分析，评价阶段亦然，常见的评价方式有表格评估、制作学习故事、成长档案袋等。

三、对策与建议

幼儿教师在完成前期的记录与分析后，后续的工作是提出对策与建议。在长期的观察下，幼儿教师可以洞悉幼儿的个性特点与发展水平，明确其发展需要，从而根据观察结果来提出对策与建议。对幼儿进行行为观察的分析与评价后，要有针对性地提出对策与建议，一般流程为佐证的记录，观察到的现象——提出对策与建议，如课程设计、环境材料、跟踪观察、家园合作等方面的内容——达到的观察目的。

在提出对策与建议时需要注意以下四点：

（一）根据目的制定对策

0～3岁的婴幼儿的亲子观察在早期教育中也十分重要。以下是一位幼儿教师进行亲子观察的观察记录，幼儿教师根据自己的观察也思考了对策与建议。

观察对象：林林，林林妈妈

年龄：林林（男孩，2岁11个月）

观察时间：2021年10月10日

观察地点：早教活动室

观察目的：亲子绘画中的亲子互动状况

观察目标：1. 亲子互动中林林如何运用语言进行交流

2. 妈妈在亲子互动中的动作、语言及情绪特点

观察记录：

林林妈妈坐在林林旁边给了他一张白纸。林林拿过红色彩笔打开笔盖，随便地画了一圈又一圈，又拿出蓝色和橙色的笔一圈一圈地重叠着画，他低着头眼睛一直看着自己的作品，林林妈妈也一直静静地看着他画画。林林妈妈好像露出了疑惑的表情但并没有说话打断孩子的思路。大约过了5分钟，林林妈妈伸手去拿笔时不小碰到了林林的胳膊，林林在画到这里的时候（右图）没有抬头，眼睛看着画，有点着急地说："妈妈，你一碰我，我的画就乱了！"此时林林妈妈脸上是有些惊讶和想笑的。林林画完他的作品，让妈妈帮他写上"彩虹飞机"。林林妈妈用大大的手掌握住林林的右手帮他写上，她边写边一个字一个字地读着。写完后林林看了一会儿，好像不太满意，又拿起笔在边上画了蓝色和橙色圆圈，再转向妈妈，让妈妈帮他写上"美丽的蝴蝶飞机，我爱你"。此刻，林林妈妈有点激动地笑着看着林林，林林说："妈妈你能帮我叠成飞机吗？"妈妈说："好嘞！"妈妈边折边和林林开心地说："原来你想做个飞机啊，美丽的蝴蝶飞机来啦！"林林也很坚定地笑着说："是的！"他开始乐此不疲地把飞机扔向天空中，妈妈也和他一起玩了起来。

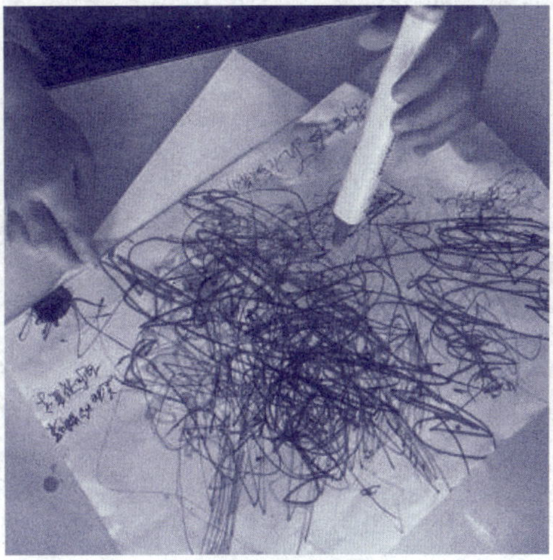

林林的绘画作品

经过20分钟的观察后，幼儿教师对林林妈妈进行了访谈。林林妈妈表述自己开始

比较疑惑“这是又开始乱画了，画的什么他知道吗？”但是忍住没有去打扰孩子，后来孩子说是美丽的蝴蝶飞机时妈妈内心是有些惊讶和激动的。林林妈妈说：“本来觉得是乱七八糟的画，他却很珍惜，在他的世界中这是他的创作，不容别人的破坏，希望别人能理解，他邀请我去欣赏他的作品，我真的感觉到他的快乐，我们都很开心！”幼儿教师根据观察到的细节，也在家园互动方面给出了一些对策和建议：在亲子互动中妈妈能等待幼儿，是信任孩子的表现，孩子在妈妈的关注中也很自在地在用自己的方式表达自己，妈妈的配合以及鼓励让孩子在亲子互动中体会到被肯定和接纳。结合这次亲子观察，幼儿教师进一步进行家园沟通，了解了以往林林妈妈与林林的亲子互动情况，并表述了对于幼儿园中幼儿教师对林林的观察，如积极情绪的表达较多、能跟小朋友互相分享。这也是基于幼儿观察的家园合作的一种方式。

（二）依据“最近发展区”理论制定对策

维果茨基认为人的心理在教育和环境影响下，能够从低的心理水平逐渐转化为更高水平。而幼儿的发展必然需要成人的引导和帮助，这要求我们在制订教学计划时明确幼儿已有水平和目标水平，制定有一定难度的教育内容，面对不同幼儿创设不同的内容。通过观察、分析和评价，幼儿教师已经对幼儿有了充分的了解，在后期对策上也有了初步想法，接下来，幼儿教师需在充分考虑幼儿发展特点的情况下制定适合其发展的课程，反思已有的环境创设、材料和活动等可能存在的问题，通过全面了解幼儿，并充分运用材料、活动、教师支持、同伴支持和特殊资源来完成这项工作，同时结合家园互动和幼儿访谈等。

（三）明确观察对象不同对策不同

观察时，幼儿教师可以了解部分或幼儿整体的发展状况，这与后期提供支持策略时的侧重点有所不同。当幼儿教师要为个别幼儿提出支持策略时，需要考虑其各项能力的发展水平、兴趣与优势、学习品质等个性化的因素。此时，幼儿教师可以依据维果茨基的“最近发展区”理论，基于现有水平看到幼儿某项能力的最近发展区，思考如何促进幼儿个体的发展需要，使其尽力达到最近发展区上限；也可以通过家长或同伴的反馈来制定策略。当幼儿教师要为群体提出支持策略时，要把幼儿的个体行为置于群体之中，需要考虑幼儿所处环境、使用的材料、兴趣、文化背景等因素，少数个体可能不会得到最大化的满足。

（四）制订后续的追踪观察计划

首先，明确前后观察的联系，进一步确定幼儿行为发展脉络。对于幼儿教育工作者而言，每次观察像是一个“珍珠”，幼儿教师需要像“串珍珠项链”一样，在下一次观察的前后明确与上一次观察的联系，将其串联起来。幼儿的后续行为变化是过程性的，跟踪记录幼儿后续表现，呈现出情境式的变化，使幼儿教师能更清晰地看到幼儿行为的发展脉络。关于案例导入时达达的案例，只有通过后续观察才能确定其社会交往的真正状态是怎样的，判断其是因为被打扰了而生气，还是真的不想同伴交往而生气。通过后续观察，幼儿教师能够找出原因所在。

其次，追踪幼儿的进步、教育的质量和策略的效果。在采取相应的教育措施后，幼儿教师应当制订后续的观察计划，以追踪幼儿的进步、教育的质量和策略的效果。幼儿教师制定的活动多种多样，但不一定完全适合幼儿。而通过对幼儿的后续追踪观察，幼儿教师能够对幼儿的活动类型等教育对策及时做出调整，从而更好促进幼儿全面发展。

最后，形成系统的观察成果。在形成这种系统的观察成果时，首先要明确主线，可以是以某名特定的幼儿为主线，可以是以某名幼儿的某个能力发展为主线，也可以是对特定主题的归纳记录。其次是用发展的眼光呈现观察记录，用反思的态度形成教学和课程的设计。最后，应以开放和有准备的心态面对观察成果。在完成系统性观察时，幼儿教师可以适当再提出一些开放性的问题，以尊重自然变化的态度，保证每一次观察的客观性，这也是每一个幼儿教师在进行高水平、高质量幼儿行为观察时所追求的态度。

本章小结

本章介绍了幼儿的概念界定、身心发展特点，幼儿行为观察记录的方法、观察分析与评价的原则、过程及一些注意事项，并介绍了如何提出针对观察后的对策与建议等。

本章通过对幼儿行为的分析与解释来深化幼儿教师的专业发展。观察的分析包括质性分析和量化分析，这两种方法各有特点和利弊，因此在分析时要掌握技巧。

本章通过讨论分析观察记录的原始资料，了解观察分析的过程、手段和方法。观察记录的方法可以分为两大类，即质的观察法（如实况详录法、轶事记录法）和量的观察法（如检核表法、评定量表法）。相应地，分析资料的方法也分为两类：质的分析方法和量的分析方法。在分析过程中，二者有一些共同的步骤。另外，资料的分析并没有一套完全固定的、适用于所有情境的规则和程序。对幼儿行为意义的阐释既是一门科学，也是一门艺术，不可能机械地按照固定的一套程序来进行。

本章总结了运用观察记录提出对策与建议的方法。通过观察，幼儿教师不仅要了解幼儿当下的发展水平，还要全面地把握幼儿发展特点、自身兴趣与优势及家庭情况等，在明确其发展需要后为幼儿制定合理的支持策略。

同步练习

一、选择题

1.(　　)是指观察者在一段时间内持续不断地、尽可能地记录被观察对象所有的行为动作表现。(单选)

A. 事件取样法　　B. 实况详录法

C. 轶事记录法　　D. 时间取样法

2. 幼儿身心发展的特点包括(　　)。(多选)

A. 方向性和顺序性　　B. 连续性和阶段性

C. 平衡性　　D. 个体差异性

3. 以下关于幼儿发展规律的表述错误的是(　　)。(单选)

A. 从低级到高级　　B. 从无意到有意

C. 从主动到被动　　D. 从不稳定到稳定

4. 以下关于幼儿行为观察原则中自然性原则表述正确的一项是(　　)。(单选)

A. 幼儿教师在进行幼儿行为观察的过程中应该尽量引起幼儿的注意

B. 为了记录幼儿的语言应该选择方便幼儿教师记录的幼儿正前方的位置

C. 为了使幼儿表达出真实的自己，应该选择新教师或者陌生人进行观察

D. 幼儿教师采用单向玻璃对幼儿行为进行观察

5.(　　)是一种独特的观察方式，它要求观察者不暴露自己的真实身份，加入被观察者的群体或组织中，进行隐蔽性的观察。(单选)

A. 非参与观察　　B. 参与观察

C. 直接观察　　D. 间接观察

二、判断题

1. 观察不仅是人类通过感觉器官进行感知的过程，而且还是需要通过大脑加工得出结果的过程。(　　)

2. 实况详录法是机动性最强、开放性最高的一种描述方法，所谓样本描述就是将所选定的幼儿的行为按照时间顺序进行详尽的记录。(　　)

3. 直接观察是凭借人的自然器官，如眼、耳等感官在现场直接进行观测，从而获取第一手资料的观察。(　　)

4. 非参与观察由于不干预观察对象的发展和变化，只是从旁对正在发生的行为现象进行记录，因此所得的结论相对客观，但观察内容易表面化，不易获得深层次的信息。(　　)

5. 评定量表法是观察者将要观察的行为以表格的形式列出，通过观察检验该行为

是否出现的一种方法。（　　）

三、简答题

1. 简述幼儿行为观察的含义及意义。

2. 简述幼儿行为观察的基本原则。

3. 简述幼儿行为观察分析的原则。

4. 简述幼儿行为观察提出对策与建议时的注意事项。

四、思考题

1. 试论述幼儿行为观察的实施过程，举例说明。

2. 结合视频案例，小组成员各自进行观察记录，然后互相讨论记录中的疑问和反思。

第二章

幼儿常规活动观察与分析

学习目标

知识目标

1. 掌握幼儿进餐、如厕、睡眠、过渡时间行为观察案例的记录方法。

2. 学会结合不同环节的观察案例，做出科学且合理的分析与解释。

能力目标

1. 能将学到的具体策略应用到实践教学中。

2. 提升处理幼儿生活问题的能力。

素养目标

能够在实际教学中重视幼儿园常规活动。

案例导入

小九的晚间活动

下午四点二十分，晚餐时间到了，小九吃饭是比较快的。大概到四点三十五分左右，小九已经吃完了晚饭。小九自己将餐盘送到洗手间，并在保育员的提醒下，拿抹布将桌子上的剩饭擦干净。小九微笑着，对旁边还在吃饭的浩浩说："看我吃得多快，我在家里都不用爸爸妈妈喂我的。"浩浩开始和小九聊起天来，老师说："小朋友们安静吃饭！"小九和浩浩停止了对话，小九将抹布送回洗手间，回到座位上把罩衣脱下来，然后去取一本书，又回到座位上开始看起来。小九一页一页地翻着书，翻几页之后又扭头对浩浩说："浩浩，你快吃，吃完爸爸妈妈就来接你了。"然后笑一笑，翻了几页书，小九又站起来去书架上换了一本，坐下之后把书立起来，然后手在桌上敲打着说："浩浩，看我的笔记本电脑，我在打游戏呢，爸爸妈妈待会儿就来接我了，回去我要打那个喜羊羊的游戏。"到五点十分左右，老师开始收拾餐盘，幼儿都拿着一本书在翻着，不时向门口瞧一瞧，起身去换书。老师叫小九来面前检查，然后让小九继续回去看书。五点半，园门一开，小九眼睛一直盯着门口，看见爸爸的身影一下子扑到爸爸怀里，转头和老师说："老师，再见！"

问题： 晚餐和离园是幼儿一日生活中的重要环节。吃完晚餐到离园中间有一段时间空隙，试评价案例中的老师在该过渡环节的做法。

第一节　幼儿进餐行为观察与分析

幼儿的进餐活动是幼儿成长过程中的重要环节，直接关系到幼儿身心健康成长和行为习惯的形成。幼儿的进餐行为会受到多方面因素的影响，如进餐环境、幼儿情绪状态、幼儿身心发展特点等。本部分主要通过明确观察幼儿进餐行为的意义，梳理幼儿进餐行为的观察要点及内容，结合具体的行为观察方法来记录幼儿的进餐行为，针对幼儿进餐过程中出现的问题进行分析与解释，力求探寻提升幼儿进餐行为的有效策略。

一、观察幼儿进餐行为的意义

幼儿期是人类接受教育的关键时期，也是一个人各种行为习惯养成的重要阶段。在教育实践中，人们已经意识到各种行为习惯养成的重要性。养成良好的习惯，将直接影响幼儿社会性的发展。幼儿的进餐活动是幼儿一日生活中的重要环节。党的二十大报告提出，坚持以人民为中心发展教育。作为幼儿教师，必须重视幼儿在教育中的主体地位，要把"以幼儿为中心"的教育理念贯穿到幼儿的一日生活中，学会观察、分析幼儿的进餐行为，并能够针对幼儿进餐中的问题行为采取适当的教育策略。

幼儿进餐行为

（一）观察幼儿进餐行为对幼儿一生发展起着至关重要的作用

幼儿时期不良的进餐行为，如挑食、偏食、完全依赖成人等，如果不加以干预，也可能会延续到幼儿成年之后，影响幼儿良好个性及社会性的形成，甚至会影响幼儿身体的正常发育。因此，观察幼儿期的进餐行为，不仅是关注幼儿当前的发展，更是站在幼儿一生发展的角度关注幼儿健康成长。《3-6 岁儿童学习和发展指南》在健康领域—生活习惯与生活能力子领域目标"具有良好的生活与卫生习惯"教育建议中指出，要帮助幼儿养成良好的饮食习惯。例如：幼儿教师要合理安排餐点，帮助幼儿养成定点、定时、定量进餐的习惯；帮助幼儿了解食物的营养价值，引导他们不偏食不挑食、少吃或不吃不利于健康的食品；引导幼儿多喝白开水，少喝饮料。

在幼儿吃饭时，幼儿教师应不过分催促，并提醒幼儿细嚼慢咽，不要边吃边玩。而观察幼儿进餐行为是幼儿教师实施教育的前提条件。因此，在幼儿进餐环节，幼儿教师应观察幼儿进餐行为，针对幼儿进餐的态度、习惯、独立性、专注性等方面进行适时教育，并为幼儿营造温馨舒适的就餐环境、提供均衡营养的膳食，时刻观察幼儿的进餐情绪，真正发挥进餐环节应有的教育价值。

（二）观察幼儿进餐行为是改善教师教育行为现存问题的有效途径

进餐环节中部分幼儿教师的教育方式存在忽视进餐教育、进餐氛围压抑等问题。幼儿教师的问题行为影响幼儿的正常进餐，不利于幼儿身体健康成长。观察幼儿进餐行为，也能有效发现幼儿教师在指导幼儿进餐环节的一些问题行为，有利于教师提升自身素质，提高教育质量，使幼儿教师更关注进餐环节的教育行为，明确进餐环节中应采取哪些教育行为或策略。新时代幼儿教师既要有扎实的专业知识，又要具备正确的教育方法，不忘初心与理想，做有理想、有担当、能吃苦、肯奋斗的新时代好教师。

（三）观察幼儿进餐行为有助于规范家长的教育方式

随着社会的发展，现今社会中易出现父母溺爱孩子、放纵孩子的不良现象，幼儿在园期间反映出来的进餐问题往往和家长的教育理念、教育方式息息相关，甚至存在一部分幼儿在园进餐和在家进餐的状态不一致的情况，在园进餐表现很好，吃饭能做到不拖拉，在家便需要家长喂饭，而且必须边看动画片边吃饭。这种行为差异问题需要家长和幼儿教师进行充分沟通。幼儿教师应向家长指明正确爱孩子的方式，爱并非是包办代替、一味纵容，爱应该是引导幼儿养成良好的行为习惯，让幼儿在真实体验、感受外在环境的过程中掌握社会规则。针对幼儿进餐环节中的一些问题行为，幼儿教师应为家长提供一些关于培养幼儿进餐习惯的建议，同时双方的教育行为应保持一致，共同帮助幼儿养成良好的进餐习惯，共同培养好新时代社会主义建设者和接班人。

二、幼儿进餐行为的观察要点及内容

（一）对幼儿进餐环境的观察

（1）进餐地点在哪儿？（专用餐厅 / 教室）

（2）食物由谁进行分发？（教师 / 幼儿）

（3）幼儿教师是否提供了适合的进餐音乐？

（4）环境是安静的、喧闹的、繁忙的、骚乱的、放松的还是紧张的？

（5）餐具是否轻巧、美观？

（6）食物种类是否多样？

（7）食物的烹饪方式是否适合儿童？

（8）幼儿教师的态度是和蔼的还是严厉的？是鼓励、支持还是批评、呵斥？

（9）有充足的食物吗？食物过多吗？幼儿可以吃完再要吗？

（二）对幼儿进餐情绪的观察

（1）餐前幼儿对食物是期待、无所谓还是抵触？

（2）进餐中幼儿是兴奋、平淡、低落、沮丧，还是坐立不安、紧张？幼儿能否坚持到用餐结束？

（3）进餐中幼儿是否容易受老师或同伴情绪的影响？

（三）对幼儿进餐态度的观察

（1）幼儿对进餐是喜欢、平淡还是抗拒？

（2）幼儿进食时认真或随意程度如何？

（3）幼儿玩食物、扔食物吗？

（四）对幼儿进餐独立性的观察

（1）幼儿能否独立进餐？是完全独立、有时需要成人帮助还是完全依赖成人？

（2）幼儿能否正确使用餐具？

（五）对幼儿进餐专注性的观察

（1）幼儿是专心进餐还是边进餐边说笑，或者东张西望、边吃边玩？

（2）幼儿与别人交谈吗？交谈程度如何？交谈对象是谁？对他来说，社交活动比进餐更有意义吗？

（六）对幼儿进餐速度的观察

（1）幼儿的进餐速度如何？

（2）幼儿在吃饭过程中是狼吞虎咽、细嚼慢咽还是嘴里包饭不下咽？

（七）对幼儿进餐习惯的观察

（1）幼儿在进餐中是否会撒落饭菜？是否有剩余饭菜？

（2）幼儿是否挑食、偏食？严重程度如何？偏向什么类型的食物？

（八）对幼儿进餐食量的观察

（1）幼儿的食量是非常大、正常、还是很小？

（2）幼儿的食量是否稳定？相比其他幼儿如何？

（九）对幼儿餐后行为的观察

（1）幼儿是如何离开餐桌的？是平缓地将椅子推开还是粗暴地将椅子撞开？

（2）接下来幼儿去做了哪些事情？（跑来跑去？和同伴交谈？等待幼儿教师？去阅读区看书？去洗手间？到餐桌前帮忙整理餐具？看着其他幼儿进餐？）

三、幼儿进餐行为的观察案例

（一）采用检核表法观察幼儿的进餐行为

观察案例 2－1

观察目的：帮助小班幼儿养成良好的进餐习惯。

观察对象：小一班幼儿。

观察时间：2020 年 12 月 6 日。

观察地点：小一班教室。

观察记录：见表 2－1。

表 2－1 小班幼儿进餐情况检查记录表

幼儿序号	进餐速度			进餐专注性					进餐独立性		幼儿进餐态度			幼儿进餐食量		
	进餐速度过慢（大于 30 分钟）	进餐速度适中（大于 20 分钟小于 30 分钟）	进餐速度过快（20 分钟以内）	进餐时到处看	坐姿不端正	边吃边玩	进餐时说笑、讲话	进餐时告状	依靠自己独立进餐	需要教师辅助进餐	喜欢	适中	抗拒	较少	适中	较多
1	√			√					√				√	√		
2		√		√					√			√			√	
3			√		√				√		√				√	
4		√								√		√			√	
5	√					√				√			√		√	
6		√				√				√		√			√	
7		√					√		√			√				√
8			√	√				√	√		√				√	

分析与解释：

个性特点影响幼儿进餐速度。一般情况下，进餐速度较快的幼儿，在日常生活中属于性子比较急的类型；进餐速度较慢的幼儿，主要表现为动作缓慢、专注力不高、易受周围环境影响。

佐证记录：进餐速度较快的幼儿，在日常生活中的如厕、盥洗、穿衣等环节中，也会表现出速度较快的特征；进餐速度较慢的幼儿，进餐过程中易受周围环境影响，容易出现边吃边玩的现象。

幼儿进餐专注性不高。幼儿可以连续 10 分钟以上全神贯注地吃饭菜视为进餐专注；持续 5～10 分钟视为进餐经常专注；持续 3～5 分钟视为进餐偶尔专注；3 分钟以下视为进餐不专注。对于小班幼儿来说，在良好的教育环境下，集中注意的时间仅能维持 3 ～ 5 分钟，这与小班幼儿的注意特点存在密切联系。小班幼儿注意的显著特征是无意注意占优势地位，有意注意处于发展初期，且水平低、稳定性差。因此，幼儿进餐过程中易出现进餐专注性不高的现象，该现象同周围环境有着密切联系，如幼儿园环境里主题墙的变化、食物的形状和颜色等，易造成幼儿边吃边看、边吃边玩等专注性不高的现象。

佐证记录：从观察结果来看，进餐中出现专注性不高行为的有 7 人次。

幼儿进餐独立性存在差异。大部分幼儿能够在没有教师的帮助下，独立完成进餐活动。《3-6 岁儿童学习与发展指南》中指出，3 ～ 4 岁幼儿“能熟练地用勺子吃饭”。可见，小班幼儿能独立进餐，但是部分幼儿在进餐过程中不能独立进餐，可能和幼儿自身消极情绪及挑食、偏食行为有关系。

佐证记录：从观察结果来看，进餐中依靠自己独立进餐的有 5 人次，需要教师辅助进餐的有 3 人次。

不同的进餐态度中呈现出不同的特点。态度积极的幼儿进餐行为相对较好，食欲较好，且能独立进餐，但是在进餐专注性上仍存在一定问题；态度适中的幼儿，基本能够按照幼儿教师的要求完成进餐活动，但是会存在一些边吃边玩等进餐专注性不高的现象；态度消极的幼儿进餐行为较差，其进餐行为存在的问题较多，注意力非常不集中，进餐速度较慢，存在一定的挑食、偏食行为。

佐证记录：从观察结果来看，喜欢进餐的 2 名幼儿中，食量均为适中，但存在进餐时到处看、坐姿不端正等行为；进餐态度为适中的 4 名幼儿中，存在进餐时到处看、边吃边玩和进餐时说笑、讲话等行为；进餐态度为抗拒的 2 名幼儿中，均存在进餐专注性不高的行为，且进餐速度过慢。

对策与建议：

开展形式多样的饮食健康活动。寓教于乐的活动形式，能够激发幼儿的兴趣，提升幼儿的认知能力。幼儿教师可以通过一些关于食物营养的拼图或儿歌，帮助幼儿掌握各种食物的营养价值，无形中帮助幼儿养成良好的饮食习惯。

及时调整营养食谱。营养食谱的制定应符合幼儿的年龄特点，同时应及时调整饭菜的样式，帮助幼儿改善挑食、偏食的行为，促进幼儿身心健康发展。《3-6 岁儿童学习与发展指南》中健康领域—身心状况子领域目标“具有健康的体态”的教育建议中指出，为幼儿提供谷物、蔬菜、水果、肉、奶、蛋、豆制品等多样化的食物，均衡搭配。

帮助家长树立正确的教养观念。对于幼儿的不良进餐习惯，家长要坚守自己的原则，帮助幼儿改正，防止因溺爱，助长幼儿不良行为。在教养幼儿的过程中，家庭成员间应充分沟通，对幼儿的进餐要求应保持一致，有针对性地帮助幼儿改正不良行为。

结合幼儿的气质特点正确引导幼儿。对于难抚养型幼儿表现出较好的进餐行为时，幼儿教师应给予适当的表扬和鼓励，增强幼儿的自信心，激发幼儿的正确行为。

（二）采用轶事描述法观察幼儿的进餐行为

观察案例 2－2

观察目的：了解幼儿的进餐情况，培养幼儿不挑食、不偏食的饮食习惯。

观察对象：瑶瑶（女孩，3 岁）。

观察时间：2021 年 3 月 17 日。

观察地点：小一班教室。

观察记录：

午饭时间到了，今天幼儿园为幼儿准备了萝卜海带丝。老师组织“黄队”的幼儿排队取餐。轮到瑶瑶时，她动作缓慢地接过老师递来的盘子，脸上看不到欣喜的表情。当瑶瑶坐在座位上开始进餐时，她先把菜中的海带丝一根根地挑出来放到盘子的一边，然后才拿起手中的花卷开始进食。老师走过来看到这个情况后，对瑶瑶说道：“今天饭菜中的海带丝营养成分非常高，大家多吃点，多吃海带丝能变得更加聪明，身体也会更加健康。”然后，老师面向全体幼儿问：“你们喜欢吃今天的饭菜吗？”大多数小朋友齐刷刷地回答：“喜欢。”瑶瑶撅起小嘴，小声地说：“不要吃海带丝。”这时老师轻抚瑶瑶的头：“海带丝和萝卜都很好吃呀！”说着便拿起瑶瑶的勺子，将萝卜和海带丝夹杂在一起喂瑶瑶吃，瑶瑶只吃了其中的萝卜，将海带丝吐到了桌子上。老师见此情景，说：“瑶瑶，下次我们大口吃海带丝好不好？”这时，瑶瑶开始独自吃饭了。

分析与解释：

幼儿存在挑食行为。《3-6 岁儿童学习与发展指南》健康领域—生活习惯与生活能力子领域目标“具有良好的生活与卫生习惯”中指出，3～4 岁幼儿在引导下，不偏食、挑食。案例中该名幼儿存在严重的挑食行为，其挑食的方式主要是挑出自己不喜欢的食物并拒绝接受。

佐证记录：瑶瑶将萝卜海带丝中的海带丝全部挑了出来，并且在老师喂饭的情况下，依然将菜中的海带丝吐了出来。

幼儿教师主要采用说服教育的方式进行引导。有时说服教育能起到良好的引导效果，幼儿即使不愿接受食物也能勉强吃下；但是有时说服教育无法帮助幼儿改善挑食行为，甚至部分幼儿会选择在幼儿教师关注不到的时候将食物偷偷扔掉，无形中增加了幼儿的进餐压力。

佐证记录：瑶瑶在老师介绍完海带丝的营养后，依然表现出不爱吃海带丝。

对策与建议：

注重食物多样化。幼儿教师可以将幼儿不喜欢吃的食物做成各种样式，以新颖独特的形式来吸引幼儿的注意力。如果幼儿不喜欢吃某种蔬菜，可以尝试着将蔬菜摆放成幼儿喜欢的卡通人物。

注重餐前引导方式。幼儿教师可以在餐前组织一些活动，如报菜谱、猜菜名等，在活动中带领幼儿了解该食物的特征及其营养价值，增强幼儿的认知能力，激发幼儿进餐的乐趣。

榜样示范法。幼儿教师的一言一行在无形中为幼儿提供了模仿的榜样。幼儿教师可以针对某种食物表现出很想吃、很爱吃的模样，并向幼儿解释，老师为什么喜欢吃该食物。同时幼儿教师可以带动爱吃该食物的幼儿一起来分享喜欢吃该食物的原因，为挑食幼儿渲染气氛，激发其想吃的欲望，逐渐帮助其改善挑食的行为。父母作为孩子的第一任教师，在平时的生活中也应多吃该食物，为幼儿进餐行为提供示范作用。

表扬鼓励法。当幼儿的挑食行为逐渐改善后，幼儿教师可以通过及时表扬和鼓励的方式，充分调动幼儿的进餐积极性，如贴小红花、盖小印章等。

观察案例 2-3

观察目的：了解幼儿进餐困难的原因，为幼儿教师在进餐前、进餐中、进餐后等环节中提供有效的指导策略。

观察对象：强强（男孩，4 岁）。

观察时间：2019 年 11 月。

观察地点：中二班教室。

观察记录：

午饭时间到了，中二班的小朋友都坐到了自己的小椅子上，开始准备吃饭了，只有强强还依然待在建构区中没有出来。姜老师派林林去建构区中喊强强，林林反映：“强强要过一会儿再出来。”这时，姜老师在确认全体幼儿有序坐好之后，来到了建构区，说：“强强，我们先去吃饭，吃完午饭我们再继续。”强强慢悠悠地来到洗手池洗手，然后坐到自己的椅子上，嘴里小声地说道：“我不想吃饭，我的火车还没有搭好呢……”强强手里不停地摆弄勺子，却一下也没有动餐盘中的饭菜。姜老师提醒：“强强，赶紧吃饭！”这时，强强停止摆弄手里的勺子，然后又开始和周围的小朋友聊天。

于是，姜老师走到强强的身边，问道：“强强，你为什么不好好吃饭呀？”

强强：“我不喜欢吃，这么多饭菜我吃不了……”

姜老师：“别找理由，赶紧吃，你看旁边的小朋友都快吃完了，赶紧追上他。”

强强：“我不想吃了，我想继续回去搭火车。”

姜老师：“赶紧好好吃饭，不好好吃饭，晚上就让妈妈晚点来学校接你。”

“不要，不要……”这时，强强开始一点点吃起来了，但是午餐结束后强强的盘子里还是剩了很多饭菜，大部分都没有吃。

分析与解释：

进餐困难和幼儿的情绪状态有关。尽管大部分中班幼儿能按照幼儿教师的要求完成进餐活动，但是当幼儿进餐情绪不佳时，会严重影响幼儿食欲。

佐证记录：强强一直沉浸在建构区的游戏中，不愿意去吃饭，且吃饭过程中剩了很多的饭菜。

幼儿教师准备工作不到位。进餐前幼儿教师没有及时结束相关活动，导致幼儿一直沉浸于游戏活动中，难以全身心投入进餐活动。《3-6 岁儿童学习与发展指南》科学领域—科学探究子领域目标“亲近自然，喜欢探究”中指出，4～5 岁幼儿“常常动手动脑探索物体和材料，并乐在其中”。中班幼儿处于喜欢探索物体、材料的年龄阶段。正是由于强强沉浸于建构游戏活动，因此会在进餐活动中产生厌食情绪。

佐证记录：强强依然沉浸在搭建火车的结构游戏中。

幼儿教师缺少有效的指导。案例中幼儿教师采用的是单纯命令式的方式来引导幼儿进餐，忽略了心理原因，尽管勉强让幼儿吃了一些饭，但是幼儿在进餐的整个过程中，缺少愉快的情绪体验，难以调动进餐的积极性。《3-6 岁儿童学习与发展指南》健康领域—身心状况子领域目标“情绪安定愉快”中指出，4～5 岁幼儿“有比较强烈情绪反应时，能在成人提醒下逐渐平静下来”。可见，幼儿教师的正确指导对于幼儿情绪状态有重要影响。

佐证记录：通过老师与强强的对话内容，可以判断老师采用的是命令与威胁的方式要求幼儿进餐。

对策与建议：

进餐前。幼儿教师在进餐前，应为幼儿安排一些安静的游戏活动，如建构游戏、阅读活动等。餐前 25 分钟左右，幼儿教师应组织幼儿结束游戏，并组织如厕、洗手活动，做好餐前准备工作；幼儿洗好手之后，幼儿教师可以组织幼儿进行介绍饭菜和食物的活动，帮助幼儿了解各种食物的营养价值，激发食欲。

进餐中。幼儿教师可按照分组顺序盛饭和分发饭菜；重点关注进餐困难的幼儿，并采取适宜的方式进行有效指导，及时把控幼儿进餐速度及进餐质量，帮助幼儿养成良好的进餐习惯。

进餐后。幼儿教师引导幼儿做好餐后服务工作，如主动收拾碗筷、清理饭桌上遗留垃圾，餐后应带领幼儿做一些散步或阅读等安静的活动。在帮助幼儿养成规则意识的同时，也激发了幼儿主动参与的积极性。

（三）采用实况详录法观察幼儿的进餐行为

观察案例 2－4

观察目的：观察大班幼儿的进餐行为，了解其特点并分析幼儿的进餐问题，为改善其进餐习惯提供有效措施。

观察对象：大三班幼儿。

观察时间：2020 年 5 月 19 日。

观察地点：大三班教室。

观察记录：见表 2－2。

表 2－2　大班幼儿进餐行为观察记录表

时间	客观描述	主观解释和疑问
10:40—10:50	王老师组织幼儿做餐前准备，将全班幼儿分成 4 组，按顺序组织各组幼儿去洗手，其余幼儿则由王老师带领齐读《三字经》。	
10:50—10:55	由两名值日生分发餐巾纸和用餐盘。王老师夸奖道："今天的值日生力气很大，这么多餐巾纸和用餐盘都能搬起来！"一会儿，两名值日生便将所有幼儿的餐巾纸和用餐盘全部放到了桌子的中间。	幼儿教师以鼓励的方式培养幼儿主动承担责任的意识，激发幼儿参与劳动的兴趣及积极性。
10:55—11:00	食堂阿姨将全班饭菜摆放到规定区域后，进入今日播报员报餐环节。今日播报员轮到了小志。小志报道："今天我们吃的馒头是杂粮馒头，今天的主餐是爆炒培根，今天我们喝的汤是海鲜疙瘩汤，谢谢大家，我的报餐完毕，祝大家用餐愉快！"	幼儿是否认识到了各种食物的营养价值？
11:00—11:10	进入取餐环节。幼儿按小组顺序依次排队取餐，其余各组幼儿在王老师的引导下开始清唱儿歌。取餐过程中，每名幼儿根据自己的饭量大自主盛饭，由食堂阿姨在旁边监督。	幼儿能否根据自己的饭量取适量的饭菜？
11:10—11:25	全体幼儿陆续拿起勺子进餐。只见小丽左手、右手分别各拿一支筷子，在手里玩弄了近 1 分钟，才开始认真吃饭。她在吃饭的过程中，用筷子夹了一块西蓝花，分了 6 次才将这块西蓝花吃完。每次将西蓝花送进嘴里之后，她的筷子经常会在嘴里停留一会儿。 丫丫坐在小丽的旁边，眼睛一会儿望向小丽的餐盘，一会儿看看老师的位置；时不时和小丽有语言交流；每次吃完一口饭菜之后，中间需要间隔一会儿。 同餐桌上的扬扬和豆豆一直在专心吃饭，能较熟练地使用筷子。进餐的动作都是左手拿着杂粮馒头，右手拿着筷子。 有的幼儿是先吃饭菜，然后喝汤，再继续吃饭菜，喝汤和吃饭菜的间隔时间较长。有的幼儿是一口菜，一口馒头，然后再喝一口汤，喝汤和吃饭菜的间隔时间较短。	小丽的进餐速度较慢，她能否掌握进餐技巧？ 丫丫时不时看向老师，是否因为担心老师看到她说话而遭受批评？ 不同幼儿的进餐方式不同，且基本掌握餐具的使用方式。
11:25—11:30	吃饭的过程中，壮壮的眼睛不断看向豆豆的餐盘，但进餐过程中很安静，壮壮餐盘中的西蓝花基本未动。 林林的进餐速度是相对较快的，进餐 15 分钟时，他便将全部的饭菜吃完了。这时，他拿起餐盘，在食堂阿姨的监督下，继续盛了 3 块西蓝花和 2 片培根，再次回到自己的座椅上。	壮壮存在挑食行为，他在家里是否同样存在此行为？他不喜欢的食物还有哪些？ 重点关注林林进餐后是否会出现消化不良的情况。
11:30—11:40	扬扬第一个吃完饭，用时 20 分钟，他端着自己的餐具分类放到老师指定的位置上。	

续表

时间	客观描述	主观解释和疑问
11:40—11:45	壮壮将爆炒培根及杂粮馒头全部都吃完了，西蓝花还剩 2/3，汤还剩 1/2。老师走到壮壮身边说道：“西蓝花营养成分很高，你看豆豆全都将西蓝花吃完啦。”壮壮在听到老师的叮嘱后，拿起筷子夹了一块西蓝花放到了自己嘴里，接连吃了两口之后，便停下来了。壮壮又开始东张西望，一会儿看看同餐桌的幼儿，一会儿朝着老师的方向望去。这时，豆豆吃完了餐盘中的饭菜，起身离开了座位。	幼儿的进餐存在一定的模仿行为。
	小丽不停地用筷子轮流搅拌西蓝花和爆炒培根。总体来看还剩 1/3。	小丽进餐专注性较差，食欲较差。
	丫丫吃完了全部饭菜。	
	最后，活动室中剩下了壮壮和小丽。王老师说道：“没有吃完饭的小朋友，抓紧时间！吃完后，我们就进入阅读区。”他们两个便起身将自己的餐盘放到了指定处。只见壮壮餐盘中还剩下大部分的西蓝花，小丽还剩一点儿培根和汤。餐后，全体幼儿在王老师的指导下，拿起绘本开始了阅读活动。	幼儿的食量不同。

分析与解释：

大班幼儿在进餐活动中乐意参与为班级服务的活动。《3-6 岁儿童学习与发展指南》社会领域—社会适应子领域目标“具有初步的归属感”中指出，5 ～ 6 岁幼儿“愿意为集体做事，为集体的成绩感到高兴”。可见，大班幼儿具有愿意为集体做事的意识。因此幼儿教师在进餐过程中可以多组织幼儿参与为班级服务的活动，以此萌发幼儿的集体荣誉感。

佐证记录：案例中的两名值日生能够有序地为班级所有幼儿分发餐巾纸和用餐盘。

大班幼儿能够自主遵守进餐秩序。《3-6 岁儿童学习与发展指南》社会领域—社会适应子领域目标“遵守基本的行为规范”中指出，5 ～ 6 岁幼儿能“理解规则的意义，能与同伴协商制定游戏和活动规则”。因此，在进餐活动中，大班幼儿能够听从幼儿教师的指令，按照要求自主取餐。

佐证记录：案例中的幼儿能按小组顺序依次排队取餐，每名幼儿可以根据自己的饭量大小进行自主盛饭。

幼儿的进餐行为会受到幼儿教师的指导方式的影响。《3-6 岁儿童学习与发展指南》健康领域—生活习惯与生活能力子领域目标“具有良好的生活与卫生习惯”中提到，幼儿教师在幼儿“吃饭时不过分催促，提醒幼儿细嚼慢咽，不要边吃边玩”。但部分幼儿教师在指导幼儿进餐的过程中，为了便于管理，经常会使用命令式的语句，甚至会催促幼儿吃饭，易导致幼儿产生狼吞虎咽的行为，甚至会引发幼儿对进餐的反感，制约幼儿身心健康发展。

佐证记录：对于进餐较慢的幼儿，王老师催促幼儿尽快吃完进入餐后活动。

幼儿的进餐行为会受到家园共育的质量的影响。针对幼儿的进餐习惯，家长和幼儿教师间易缺少沟通。如针对筷子的使用方式、幼儿挑食、偏食行为，家长应同幼儿教师的要求相一致。目前家长同幼儿教师的沟通方式多集中于间接沟通，如借助微信、QQ 等网络平台，较为缺乏直接沟通。

佐证记录：经事后与王老师沟通，发现针对壮壮的挑食行为，王老师事先并不知情；小丽进餐较慢，是由于其父母做的饭菜较软烂，且在家中进餐时也经常玩弄筷子。

幼儿进餐行为会受到幼儿的身心特点的影响。案例中每名幼儿的食欲表现不同，可见幼儿的食欲会受到幼儿的身体状况、运动量、睡眠质量、情绪状态的影响。加之，幼儿处于活泼好动、注意力易分散的年龄阶段，这些因素也会影响幼儿进餐习惯的养成。

佐证记录：林林进餐食欲较好，小丽进餐食欲较差且进餐速度较慢。

对策与建议：

幼儿教师应采用适宜的进餐指导语。为了营造宽松平等的幼儿园氛围，幼儿教师应避免使用命令式的指导方式，以增强幼儿对幼儿园的归属感。同时，幼儿教师应避免使用带有不良影响的话语，防止为幼儿树立错误的榜样。因此，幼儿教师的话语应平易近人、尊重幼儿、表述准确，有一定的教育性，能切实帮助幼儿掌握正确的进餐行为及其他科学知识。

家园相互配合。针对某些难以正确使用筷子的幼儿，幼儿教师应同家长进行有效沟通，告诫家长在家中也应注重培养幼儿正确使用筷子进餐的习惯。案例中的小丽咀嚼食物较慢，因此家长所做饭菜不宜过于软烂，并且对于幼儿咀嚼食物的方式，家长应同幼儿园要求相一致，逐渐增强幼儿咀嚼食物的能力；针对壮壮的挑食、偏食行为，家长及幼儿教师应充分抓住日常生活中的教育契机，帮助幼儿认识某些不喜欢的食物的营养价值，充分调动他们进餐的积极性。

尊重幼儿的个体差异。对于进餐量不同的幼儿，幼儿教师在指导他们盛饭时应因人而异，饭量小的幼儿可以适当少盛一些，避免因食物过多，引发他们不愉快的进餐体验；对于活泼好动、注意力易分散的幼儿，幼儿教师应适时给予提醒。

（四）采用时间取样法观察幼儿的进餐行为

观察案例 2－5

观察目的：了解中班幼儿的进餐行为。重点观察幼儿在进餐专注性、进餐独立性及餐具使用等方面存在的问题，并从理论角度分析影响其进餐行为的原因，并提出有针对性的解决措施。

观察对象：中三班全体幼儿。

观察时间：2021 年 10 月 11 日—15 日，午餐时间；以 60 秒（观察 30 秒，记录 20 秒，等待 10 秒）为观察间隔，每天观察 5 名幼儿，持续观察 30 分钟。

观察地点：中三班教室。

观察记录：见表 2－3。

表 2－3　中班幼儿在园进餐行为观察量表（部分）

<table>
<tr><th colspan="3">进餐情况</th><th>幼儿 1</th><th>幼儿 2</th><th>幼儿 3</th><th>幼儿 4</th><th>幼儿 5</th></tr>
<tr><td rowspan="4">进餐独立性</td><td colspan="2">主动独立进餐</td><td rowspan="4">在老师注视下能够独立进餐，老师离开后，每次只吃一点点且速度慢</td><td rowspan="4">能够自己拿着筷子，一口一口往嘴里送饭</td><td rowspan="4">在老师的帮助下，才能大口吃饭</td><td rowspan="4">能主动独立进餐，但进餐速度较慢，有时需要老师喂饭</td><td rowspan="4">能够自己拿着筷子，一口一口往嘴里送饭</td></tr>
<tr><td colspan="2">在老师的督促下独自进餐</td></tr>
<tr><td colspan="2">需要在老师的帮助下进餐</td></tr>
<tr><td colspan="2">完全依赖老师才能进餐</td></tr>
<tr><td rowspan="5">进餐专注性</td><td colspan="2">专心吃饭</td><td rowspan="5">东张西望，时不时和周围的人交谈</td><td rowspan="5">基本能够专心吃饭</td><td rowspan="5">进餐中，一会儿认真吃饭，一会儿四处走动和周围的人交谈</td><td rowspan="5">进餐前 5 分钟，能够认真吃饭，之后便开始摆弄勺子</td><td rowspan="5">基本能够专心吃饭</td></tr>
<tr><td colspan="2">东张西望</td></tr>
<tr><td colspan="2">摆弄餐具</td></tr>
<tr><td colspan="2">边进餐边说话</td></tr>
<tr><td colspan="2">边进餐边随处走动</td></tr>
<tr><td rowspan="3">餐具使用情况</td><td colspan="2">勺子</td><td rowspan="3">使用勺子</td><td rowspan="3">正确使用筷子</td><td rowspan="3">使用勺子</td><td rowspan="3">使用筷子时，采用“一把握”的方式</td><td rowspan="3">正确使用筷子</td></tr>
<tr><td rowspan="2">筷子</td><td>不能正确使用筷子</td></tr>
<tr><td>能正确使用筷子</td></tr>
<tr><td rowspan="2">挑食和偏食行为</td><td colspan="2">排斥某种或某些食物</td><td rowspan="2">吃饭时，将肉全部吃完了，但是青菜剩下了很多</td><td rowspan="2">能吃完所有饭菜</td><td rowspan="2">剩下了一些米饭，其余全部吃完</td><td rowspan="2">饭菜均剩了一些</td><td rowspan="2">能吃完所有饭菜</td></tr>
<tr><td colspan="2">接受每种食物</td></tr>
<tr><td rowspan="3">进餐速度</td><td colspan="2">速度过快（小于 20 分钟）</td><td rowspan="3">进餐速度过慢</td><td rowspan="3">进餐速度适中</td><td rowspan="3">进餐速度过慢</td><td rowspan="3">进餐速度过慢</td><td rowspan="3">进餐速度过快</td></tr>
<tr><td colspan="2">速度适中（20 ～ 30 分钟）</td></tr>
<tr><td colspan="2">速度过慢（大于 30 分钟）</td></tr>
</table>

分析与解释：

在对中班幼儿进餐行为进行观察时，主要是从进餐独立性、进餐专注性、餐具使用情况、挑食和偏食行为、进餐速度等方面进行观察。本次观察是在有限的时间内完成对全体幼儿进餐行为的观察。

大部分幼儿能独立进餐，少数幼儿被动进餐现象严重。《3-6 岁儿童学习与发展指南》健康领域—动作发展子领域目标“手的动作灵活协调”中指出，4～5岁幼儿“会用筷子吃饭”；社会领域—人际交往子领域目标“具有自尊、自信、自主的表现”中指出，4～5岁幼儿“自己的事情尽量自己做，不愿意依赖别人”。可见，对于中班幼儿来说，他们已具备独立进餐的能力，但存在少数幼儿需要在幼儿教师的帮助和监督下才能完成进餐，主要表现为：幼儿自己进餐时，每次只能送进嘴里几个饭粒，而在老师喂食的情况下，幼儿会大口吃饭。

佐证记录：从观察结果来看，5名幼儿中均未发生完全依赖老师进餐的情况，但是幼儿1和幼儿3均出现了需要在老师的监督和帮助下，才能大口吃饭的情况。

幼儿进餐专注性不高导致进餐速度较慢。幼儿进餐的专注性同进餐速度成正相关。通过观察发现，一般在刚开始进餐的几分钟，幼儿能够认真进餐。但随着进餐时间的增加，幼儿进餐的专注性会越来越低。中班幼儿注意的稳定性相比小班有了提升，但是仍处于无意注意占优势地位的年龄阶段。在良好的教育环境下，4岁幼儿能集中注意10分钟，但是有意注意的稳定性水平较低。因此，幼儿进餐专注性会受到周围环境的影响，进而影响幼儿的进餐速度。

佐证记录：从观察结果来看，幼儿1进餐时东张西望，幼儿3喜欢进餐时和别人交谈，并且两名幼儿的进餐速度都过慢。

部分幼儿使用筷子不熟练。中班幼儿具备用筷子吃饭的能力，但是等到大班之后才能达到熟练使用筷子的水平。可见中班幼儿已具备使用筷子吃饭的能力，但是存在部分幼儿对筷子使用不熟练，且存在使用方式错误的问题。有的幼儿是采用“一把握”的使用方式，表现为将两支筷子并在一起进行使用，影响其进餐速度，导致出现教师喂饭的现象。

佐证记录：从观察结果来看，幼儿4在进餐时使用筷子的方式为“一把握”，并且幼儿1和幼儿3还存在不爱使用筷子的情况。

绿叶子菜是部分幼儿不喜欢吃的食物。蔬菜是一种能为人类提供多种维生素和矿物质的必备食物，对于人体成长具有重要的营养价值。《3-6岁儿童学习与发展指南》健康领域—生活习惯与生活能力子领域目标“具有良好的生活与卫生习惯”中指出，4～5岁幼儿应“不偏食、挑食，不暴饮暴食。喜欢吃瓜果、蔬菜等新鲜食品”。但部分幼儿并未认识到其重要价值，故而会产生抵触该食物的情绪。

佐证记录：从观察结果来看，幼儿1在进餐时把饭菜中的肉全部吃完了，但是青菜剩下了很多。

对策与建议：

善于奖励、表扬。幼儿教师可以利用奖励的手段，鼓励幼儿自己动手吃饭。针对进餐较被动、需要在老师督促下才能在规定时间内完成进餐的幼儿，幼儿教师可以鼓励他们“如若能在规定时间内吃完饭，便奖励一朵小红花”。在鼓励中成长，有助于提升幼儿进餐的积极性，对行为习惯的形成和改进有着良好的促进作用。

创设舒适的进餐环境。幼儿教师可以在幼儿进餐时为其播放柔和舒缓的音乐，如幼儿熟知的小夜曲、轻音乐、钢琴曲等，有效提高其进餐的兴趣和专注性。同时幼儿教师在幼儿进餐过程中，应使用恰当的指导方式，例如：幼儿教师在提醒个别幼儿的进餐问题时，声音要轻，避免引起其他幼儿的过度关注，因为中班幼儿对周围环境还是较为敏感的；幼儿教师在进餐过程中尽量避免处理问题或批评幼儿的错误行为，可以餐后再进行相应处理，避免引起幼儿紧张的进餐情绪，影响幼儿的食欲。

关注幼儿的个体差异。每名幼儿的进餐情况都存在一定差异，有的幼儿不愿意动手吃饭，有的幼儿食量较小，有的幼儿咀嚼能力较差。针对这些差异，幼儿教师应多鼓励、支持，并及时同家长进行沟通，双方共同促进幼儿健康成长。

利用情境表演等形式引导幼儿充分认识食物的营养价值。幼儿教师可以借助幼儿熟悉的儿歌、童话等组织生动有趣的活动，其餐前引导的效果要高于幼儿教师简单的说教。针对幼儿不爱吃胡萝卜的状况，幼儿教师可以戴上兔子头饰，扮演小兔子，然后以兔子的口吻和幼儿谈话："小朋友们，大家好，我是兔子姐姐，大家看我的眼睛又明又亮，因为我爱吃胡萝卜，胡萝卜对眼睛非常好。"话语结束后，幼儿教师可以以动作示范的方式在幼儿面前大口品尝，幼儿在幼儿教师愉快情绪的带动下，也能积极主动地进入进餐环节。

第二节 幼儿如厕行为观察与分析

如厕和进餐一样，是幼儿在园生活的重要环节。如厕行为能反映幼儿是否具备了基本的生活能力，是否养成了良好的卫生习惯。幼儿的如厕行为在不同的幼儿身上也会产生不同的表现，有的幼儿不敢在幼儿园大小便，有的幼儿不敢和老师表达自己的如厕意愿，有的幼儿会尿裤子等。尤其是小班幼儿，如厕问题相对较多，因此保教人员应重点观察小班幼儿的如厕行为，细心照顾幼儿，及时帮助幼儿养成良好的如厕习惯。

一、观察幼儿如厕行为的意义

观察幼儿如厕行为是了解幼儿身心发展特点的途径之一。随着对《幼儿园教育指导纲要（试行）》《3-6 岁儿童学习与发展指南》等文件的深入学习和贯彻实施，学前教育工作者越来越重视对幼儿如厕行为的观察。幼儿如厕是幼儿园一日生活构成的重要组成部分，对于促进幼儿身心健康成长起着重要的作用。因此，幼儿教师需要观察、记录幼儿的如厕行为，了解幼儿现有自理生活能力及心理状态，发现幼儿如厕行为中存在的问题，并及时给予帮助，在每一名幼儿身上倾注温暖和情感，争做让人民满意的“四有”好老师。

（一）观察幼儿如厕行为有助于幼儿教师发现幼儿的不良习惯

幼儿具备正确的如厕行为，对幼儿的良好生活习惯的形成具有重要价值。但是部分幼儿在如厕过程中常常存在一些不正确的行为，如不能独立地提裤子、脱裤子，经常尿到裤子上，如厕过程中经常和同伴玩耍、打闹，如厕后不洗手或边洗手边玩水。因此，幼儿教师应该仔细观察幼儿的如厕行为，并认真记录、分析；对于其中的不良行为，应及时制止，并通过有效的指引，帮助幼儿养成良好的如厕习惯。幼儿教师要真正地以幼儿为主体，了解幼儿、尊重幼儿，按照幼儿的年龄特点进行教育，为党育人、为国育才，保障幼儿健康成长。

（二）观察幼儿如厕行为是幼儿教师了解幼儿现有发展水平的有效途径

幼儿教师只有在观察、记录、分析幼儿的如厕行为后，才能了解幼儿现有生活自理能力的发展水平，才能为培养幼儿良好的如厕行为提供有效的措施。因此幼儿教师在园内要认真记录幼儿的如厕行为，并将幼儿在园的如厕时间、如厕次数、排便情况、如厕问题行为等及时反馈给家长。家长与幼儿教师及时沟通，二者共同关注幼儿的如厕行为及如厕习惯，促进幼儿智力、情感、独立性的发展。

（三）观察幼儿如厕行为有助于幼儿教师了解幼儿的心理状态

如厕行为是幼儿在园一日生活中非常常见的行为，但是如果幼儿一直处于紧张、焦虑、恐惧的情绪中，则会影响其如厕行为。所以，幼儿的安全感、信任感是可以在幼儿如厕的过程中逐渐显现出来的。对于幼儿来说，早期建立的安全感、信任感对于幼儿今后适应社会起着至关重要的作用。

部分幼儿在幼儿园不大便，一定要等到回家才大便，甚至部分新入园的小班幼儿极不愿意去小便，有需求的时候不敢和幼儿教师反映，经常发生尿裤子的现象。通过这些现象，可以看出幼儿在园的安全感和信任感还未建立起来，所以不能做到轻松如厕。如果幼儿不能在早期建立安全感的话，便很容易感受到紧张，那么很可能会造成成年后都无法建立稳定的安全感，以至于难以适应新环境。因此，幼儿教师应时刻关注幼儿的如厕行为，关注幼儿在园的适应情况，并通过观察、记录，了解幼儿现有的心理状态并采取适当的教育措施，帮助幼儿克服紧张和焦虑的情绪，从而为幼儿构建舒适的心理氛围。

二、幼儿如厕行为的观察要点及内容

（一）对幼儿如厕需求的观察

（1）幼儿能否主动意识到如厕需求并主动要求如厕？

（2）幼儿是否需要在成人提醒下，才能意识到如厕意愿？

（3）幼儿能否跟随周围同伴？

（4）幼儿是否有不能意识到如厕需求、不愿如厕、憋尿等情况，或时常有弄到裤子上的现象？

（二）对幼儿如厕环境的观察

（1）厕所光线是否明亮？

（2）厕所的空间大小（能大概容纳多少名幼儿）？

（3）厕所门的高矮以及是否容易打开？

（4）男女是否分厕？

（5）厕所内是坐便器还是蹲便器？

（6）厕所便池旁是否有扶手？扶手高度如何？

（7）厕所内是否张贴了指导幼儿如厕的步骤图？

（8）厕所内是否张贴了礼貌用语？

（三）对幼儿如厕行为的观察

（1）幼儿如厕时是过分遮掩、有暴露倾向还是正常的？

（2）幼儿的语言或行为是否对性别差异或性别相似表现出了兴趣？其语言或行为具体是什么？

（3）幼儿能否独自完成如厕？

（4）幼儿是否有弄湿衣物的现象？

（5）幼儿能否按要求分性别如厕？

（6）幼儿如厕过程中是否有不正确行为，包括不排队等候、争抢打闹、霸占便池、言语冲突等？

（7）如厕后是否会在厕所内逗留？是迅速离开、慢悠悠离开、等待同伴共同离开还是长时间逗留玩耍并在幼儿教师提醒下才离开？

（四）对幼儿如厕情绪的观察

（1）幼儿对如厕的反应是接受还是抵制，包括不愿使用幼儿园的厕所，只固定使用一个便池而不愿使用其他的便池，其他幼儿如厕时不去厕所？

（2）幼儿如厕时的情绪是愉快的、平淡的还是害怕、紧张的？

（五）对幼儿如厕态度的观察

幼儿能否认真地完成如厕程序？认真的程度或漫不经心的程度如何？

（六）对幼儿卫生习惯的观察

（1）幼儿如厕后能否主动洗手？

（2）幼儿是否需要在成人或周围同伴的提醒下洗手？

（3）幼儿是否有成人或同伴时洗手，独自时则忽略？

（4）幼儿是否躲避洗手？

（5）幼儿洗手的主要目的是什么？是为了玩水吗？

三、幼儿如厕行为的观察案例

（一）采用事件取样法观察幼儿的如厕行为

观察案例 2－6

观察目的：了解中班幼儿的如厕行为。重点观察幼儿产生如厕逗留行为的原因，并提出有针对性的解决措施。

观察对象：中三班幼儿。

观察时间：2020 年 5 月 11 日—15 日。

观察地点：中三班厕所。

观察记录：见表 2－4。

表 2－4 中班幼儿如厕逗留行为记录表

日期	同伴交谈	玩耍、打闹	争抢	观察
5 月 11 日	晨间活动			集体活动
5 月 11 日		区域活动		
5 月 12 日	晨间活动		区域活动	
5 月 12 日		集体活动		午睡活动
5 月 13 日	晨间活动			
5 月 13 日	午餐活动			
5 月 14 日		午餐活动		午睡活动
5 月 15 日	晨间活动			
5 月 15 日		集体活动		

表内情况补充说明：

5 月 11 日，逗留情况发生 3 次，具体如下：

晨间活动：晨间活动前，3 名幼儿在厕所内互相交谈，交谈内容为周末新鲜事。

集体活动：1 名幼儿如厕结束后，观察同伴头发上的皮绳挂着的小熊。

区域活动：区域活动进行过程中，两名幼儿如厕后在厕所内追逐打闹。

5 月 12 日，逗留情况发生 4 次，具体如下：

晨间活动：2 名幼儿在厕所内交谈，交谈内容为厕所内水流的大小。

区域活动：区域活动前，2 名幼儿在如厕后争着用同一个水龙头洗手。

集体活动：集体活动进行过程中，2 名幼儿如厕后在厕所内玩要。

午睡活动：午睡活动之前，1 名幼儿在厕所内观察同伴裤子上的扣子。

5 月 13 日，逗留情况发生 2 次，具体如下：

晨间活动：2 名幼儿在厕所内交谈，交谈内容为早晨的雨。

午餐活动：如厕后，1 名幼儿和另一名幼儿交谈自己刚搭建的宝塔还差最后一层。

5 月 14 日，逗留情况发生 2 次，具体如下：

午餐活动：午餐活动之前，2 名幼儿在厕所内玩要、打闹。

午睡活动：2 名幼儿在厕所内观察手龙头的水流。

5 月 15 日，逗留情况发生 2 次，具体如下：

晨间活动：如厕后，1 名幼儿主动和同伴交流新买的背带裤。

集体活动：集体活动之前，3 名幼儿在厕所内嬉戏、打闹。

依据幼儿如厕逗留行为发生的活动时间，进一步将上述内容总结为表（见表 2－5）。

表 2－5　幼儿如厕逗留行为分类统计表

逗留发生时间	同伴交谈	玩要、打闹	争抢	观察	小计
晨间活动	4				4
集体活动		2		1	3
区域活动		1	1		2
午睡活动				2	2
午餐活动	1	1			2
总计	5	4	1	3	13

分析与解释：

在 5 月 11 日至 5 月 15 日五天内，共发生 13 次逗留行为。从逗留原因来分析，其中“同伴交流”共 5 次，“玩要、打闹”共 4 次，“争抢”共 1 次，“观察”共 3 次；从逗留发生时间来分析，“晨间活动”中发生了 4 次逗留行为，“集体活动”中发生了 3 次逗留行为，区域活动中发生了 2 次逗留行为，午睡活动中发生了 2 次逗留行为，午餐活动中发生了 2 次逗留行为。从以上记录行为中，可以看出幼儿每天的逗留行为在 2～4 次，但是逗留行为出现的时间不同，如“同伴交流”大部分出现在晨间活动中。《3-6 岁儿童学习与发展指南》语言领域—倾听与表达子领域目标“愿意讲话并能清楚地表达”中指出，4～5 岁幼儿“愿意与他人交谈，喜欢谈论自己感兴趣的话题”。中班幼儿与同伴交往的意愿强烈，晨间活动作为幼儿一日生活的开始环节，因此是幼儿因同伴交流发生逗留行为最多的时间段。“玩要、打闹”“争抢”等逗留行为基本发生在幼儿一日生活中的任意时间段，“观察”大部分出现在午睡活动。

佐证记录：详见表格。

对策与建议：

开展晨间交谈或讨论活动。观察中发现，幼儿在晨间活动中同伴交流的次数最多。《3-6岁儿童学习与发展指南》语言领域—倾听与表达子领域目标“愿意讲话并能清楚地表达”教育建议中指出，为幼儿创造说话的机会并体验语言交往的乐趣。因此，幼儿教师可以充分结合幼儿的兴趣特点，展开丰富多彩的晨间活动，为幼儿提供足够的交流和沟通的机会，丰富幼儿的社会认知，提升幼儿的语言运用能力。

幼儿教师可以允许幼儿有适当的放松机会。在保证幼儿安全的前提下，幼儿教师不过多干预幼儿的私人空间，可以适当允许幼儿玩耍、打闹，避免引起幼儿产生紧张情绪。

杜绝幼儿争抢行为的产生。《3-6岁儿童学习与发展指南》社会领域—人际交往子领域目标“能与同伴友好相处”指出，4～5岁幼儿“对大家都喜欢的东西能轮流、分享”。因此幼儿教师应教育幼儿团结友爱、互相谦让，共同营造温馨和谐的团体氛围。同时幼儿教师应结合教育活动的开展，为幼儿普及安全方面的知识，告诫幼儿争抢行为带来的危害。

激发幼儿求知欲。《3-6岁儿童学习与发展指南》科学领域—科学探究子领域目标“亲近自然，喜欢探究”指出，4～5岁幼儿“喜欢接触新事物，经常问一些与新事物有关的问题”。可见，中班幼儿正处于好奇心和求知欲较高的年龄阶段。幼儿教师应结合幼儿的观察内容适时为幼儿展开相应的教育，激发幼儿求知欲，同时也能有效减少幼儿逗留行为的产生。

（二）采用轶事描述法观察幼儿的如厕行为

观察案例2－7

观察目的：观察幼儿的如厕行为，培养幼儿良好的如厕习惯。

观察对象：浩浩（男孩，3岁）。

观察时间：2021年5月27日下午3时。

观察地点：小一班午睡房。

观察记录：

下午3时，张老师来到午睡房接班，在整理幼儿被褥时，发现浩浩的褥子湿了。

张老师边拎起褥子，边说道：“浩浩，怎么回事呀？”浩浩只是看着张老师，没有回答。

张老师继续说道：“浩浩，尿床了，对吗？”

这时，浩浩点了点头。

张老师说：“尿尿应该去厕所，不能在床上，为什么今天午睡没有起床在厕所尿尿？”

浩浩答：“睡着了，就不知道了。”

张老师："还记得你上次尿床时，我告诉你应该怎么解决的吗？"

张老师："让值班的老师在午睡时提醒你上厕所！"

浩浩说："我找不到你，我不敢和其他的老师说。"

张老师："我那会儿下班了，老师回家休息了。放心，值班老师是负责你们的，有需求的话，都可以及时和老师反映问题，老师不会批评你的，老师还会在心里默默夸奖你呢，懂得提前想办法克服尿床的习惯。以后午睡前，都及时和值班的老师反映情况，好不好？"

浩浩点点头："老师，我会慢慢改正的。"

张老师说："浩浩很聪明的，我相信你以后慢慢都不用老师提醒，自己很快就能学会尿急了起床尿尿。"

张老师说完，拿起浩浩的褥子，准备去拆洗，并指了指上面的污渍，说道："浩浩，你看上面尿了之后，又臭又脏的，很不卫生，我们一定要改掉这个坏习惯。"

浩浩对老师说道："老师，我明天保证不在床上尿尿了。"

张老师："老师相信你，我们浩浩可乖了。"

说完，张老师帮浩浩换好干净的衣物，浩浩又愉快地和同伴到建构区去玩耍了。

分析与解释：

幼儿如厕行为习惯的改善离不开幼儿教师的指导和鼓励。案例中的浩浩很懂事，一直在认真听从张老师的建议，并多次向张老师承诺，要改正尿床的坏习惯。《3-6 岁儿童学习与发展指南》社会领域—人际交往子领域目标"关心尊重他人"指出，3～4 岁幼儿在"长辈讲话时能认真听，并能听从长辈的要求"。这时幼儿教师应以鼓励和支持为主，增强幼儿改正不良行为习惯的自信心。

佐证记录：案例中的浩浩在和张老师的交流过程中，向张老师保证一定会改掉午睡中尿床的习惯，从中可以看出浩浩态度很认真，已经认识到自己的问题了。

幼儿尿床的原因很多。从幼儿如厕的日常行为习惯来看，部分幼儿家长习惯于在幼儿睡觉时，为了便于清理和更换，经常使用尿不湿、纸尿裤等，久而久之，幼儿便会养成直接在裤子中拉尿的习惯；家长的过多包办使幼儿养成了依赖成人的习惯，不具有主动起床上厕所的意识。幼儿入园之后，2～3 个老师面对一群幼儿，会放手让幼儿做一些他们力所能及的事情，部分幼儿难以适应这种突如其来的变化，因此会产生午睡尿床的行为。

佐证记录：经过和浩浩妈妈沟通，了解到浩浩在家中午睡的时候，妈妈很少主动叫醒浩浩如厕，多数都是使用尿不湿或纸尿裤等。

幼儿心理压力也会使其尿床。周围环境的变换易引起幼儿紧张情绪。面对幼儿教师更换的情况，浩浩伴有紧张情绪，缺乏安全感。《3-6 岁儿童学习与发展指南》健康领域—身心状况子领域目标"情绪安定愉快"谈到，3～4 岁的幼儿"有比较强烈的情绪反应时，能在成人的安抚下逐渐平静下来”。案例中的浩浩在幼儿教师的引导下，逐渐缓解了情绪。

佐证记录：案例中的浩浩因老师的更换，不敢主动和值班老师反映情况，最终发生了尿床的情况。

对策与建议：

和家长充分沟通。《3-6 岁儿童学习与发展指南》健康领域—生活习惯与生活能力子领域目标“具有基本的生活自理能力”教育建议中提出，鼓励幼儿做力所能及的事情，对幼儿的尝试与努力给予肯定，不因做不好或做得慢而包办代替。父母在家中也应鼓励幼儿学习独立如厕。

多鼓励支持幼儿。当幼儿出现问题行为后，幼儿教师要避免一味苛责与抱怨，应以鼓励支持为主引导幼儿改善不良行为。幼儿园是幼儿接触的第一个陌生环境，面对陌生的环境、陌生的老师，幼儿本身已经很缺乏安全感了，这时他们更需要幼儿教师的用心鼓励、耐心指导，来帮助他们适应幼儿园的集体生活。

告诉幼儿有困难及时告知老师。幼儿教师要及时回应幼儿的大小便需求，及时帮助幼儿解决困难，切忌大声训斥、苛责幼儿，努力为幼儿营造温馨、和谐的幼儿园氛围。

观察案例 2－8

观察目的：观察小班幼儿如厕过程中的攻击性行为。

观察对象：豆豆（3 岁，女孩）。

观察时间：2021 年 5 月 24 日上午 10:00。

观察地点：小二班厕所。

观察记录：

集体教学活动结束后，进入休息环节。在休息时，有的幼儿拿起了贴有自己姓名的水杯喝水，有的幼儿去上厕所。

一会儿，厕所那边传来了吵闹声。老师在听到幼儿的争吵声后，急忙上前查看。只见豆豆拽着欢欢的衣服不肯撒手，嘴里嘟囔着：“我要上这一个！”

欢欢：“这是我第一个抢到的！老师，她拽我！”

“不行，我就要上这一个！”说完，豆豆“哇”的一声哭了。

原来，几个小朋友一起拥到厕所里，由于人多便池少，有些小朋友就要等待如厕。可豆豆经常使用这个便池，便认为这个就是属于她自己的便池，一进去厕所她就应该要上这个便池。当看到其他小朋友使用了这个便池，豆豆便不乐意了，就发生了小朋友为便池而互相争吵的情况。

分析与解释：

小班幼儿仍以自我为中心，喜欢独占玩具或其他物体，会从心理上认定周围的一些事物是属于幼儿本身的。《3-6岁儿童学习与发展指南》社会领域—人际交往子领域目标“能与同伴友好相处”中指出，3～4岁幼儿能“在成人指导下，不争抢、不独霸玩具”。因此，当发生争抢、独占玩具的现象时，成人指导的方式非常关键。

佐证记录：案例中的豆豆流露出了以自我为中心的倾向，习惯于将东西占为己有，不习惯和别人分享。

小班幼儿缺少必要的交往技能。3～4岁是幼儿语言的发展期，虽然已能用词组组成的句子表达自己的意思，但句子不完整，因此说话的时候会断断续续，表达能力较弱，必要时需要用手势动作辅助。因此，当与同伴发生冲突时，幼儿不能用语言表达自己的需求，会直接用肢体动作表达自己的想法，极易出现拉扯的现象。

佐证记录：案例中豆豆看到欢欢使用了她经常用的便池后，便拽住了欢欢的衣服，两人遇到冲突后采用的是动手的解决方式。

对策与建议：

帮助幼儿感受分享的快乐。例如：幼儿过生日时，可以为幼儿准备一个生日蛋糕，幼儿教师可以请豆豆亲手为每一个幼儿送去蛋糕，并要求豆豆对每一个人说：“请你吃蛋糕。”幼儿会纷纷答谢豆豆。通过举办分享活动，幼儿在分享的过程中感受到快乐，久而久之，能有效改善幼儿独占的行为。

教会幼儿沟通的技巧。《3-6岁儿童学习与发展指南》社会领域—人际交往子领域目标“能与同伴友好相处”教育建议中提到，当幼儿与同伴发生矛盾或冲突时，指导他尝试用协商、交换、轮流玩、合作等方式解决冲突。因此，幼儿教师要告诫幼儿遇到问题时，动手不是解决问题的办法，应用言语进行沟通；沟通无效时，可寻求成人的帮助。

家长和幼儿教师对于幼儿的教育要求应达成一致。对于幼儿的独占、攻击性行为，幼儿教师和家长应及时沟通，共同帮助幼儿改正问题行为。

观察案例 2－9

观察目的：观察新入园幼儿的如厕行为，培养幼儿对新环境的适应能力。

观察对象：紫嫣（女孩，3岁9个月）。

观察时间：2021年9月9日上午10:00。

观察地点：小二班厕所。

观察记录：

紫嫣是本学期新转来的一名幼儿。她梳着两个小辫子，皮肤白净，和周围小朋友交流不多，说话略微带一点口音。

午餐前，老师组织幼儿如厕，然后洗手吃饭。幼儿在老师的组织下按照小组顺序依次进入了厕所。紫嫣这时也跟随着自己的小组进入了厕所，但是她只是默默地站在便池旁边，没有如厕的行为和动作。

一会儿看到老师进入厕所，紫嫣走到老师身边，拉着老师的衣服，没有说话，眼里含着泪水，老师问："怎么啦?"只见她的眼泪吧嗒吧嗒地掉了下来，小脸通红，小脑袋一直摇，双腿有些颤抖。老师猜测地问："想上厕所不敢去对吗?"她点了点头。

于是，老师拉起紫嫣的小手，一起走到了便池旁。紫嫣看着便池，不敢跨过去。老师鼓励道："别怕！我扶着你呢。"只见，紫嫣的小手一直紧紧拽着老师的手，慢慢地蹲了下去。老师说道："紫嫣真勇敢，以后会越来越好的。"

在老师的帮助下，紫嫣顺利完成了如厕，开心地对老师说了一声："谢谢！"

分析与解释：

生活习惯不同。现在家庭大多数使用坐便器，大多数幼儿园的厕所为蹲便器。紫嫣刚刚来到新的幼儿园，正在逐步适应幼儿园的环境，幼儿教师的指导与帮助对于小班幼儿适应集体生活起着至关重要的作用。《3-6岁儿童学习与发展指南》健康领域—身心状况子领域目标"具有一定的适应能力"中指出，3～4岁幼儿"在帮助下能较快适应集体生活"。

佐证记录：案例中的紫嫣因不习惯幼儿园里的蹲便器，便产生了害怕的情绪，不敢如厕，最终在老师的指导下顺利完成了如厕。

小班幼儿腿部力量较弱，平衡能力也相对较差，故会对蹲便产生害怕的情绪，所以会造成幼儿不敢如厕的情况发生。

佐证记录：案例的紫嫣在老师的帮助下进行如厕，双腿依然有些颤抖。

对策与建议：

幼儿教师应热心且耐心地关照如厕困难的幼儿。幼儿教师的细心呵护能有效帮助幼儿缓解如厕的紧张感，帮助新入园幼儿克服不适应环境的问题。

幼儿教师应鼓励幼儿多参加户外体育活动。幼儿教师在组织户外体育活动时，应做到形式多样、内容符合幼儿年龄特点，以此增强幼儿参与的积极性和主动性；注重通过体育活动，训练幼儿的腿部力量及平衡能力，为幼儿独立如厕做好前期铺垫。

（三）采用实况详录法观察幼儿的如厕行为

观察案例 2-10

观察目的： 观察小中大班幼儿在如厕过程中的性别认知。

观察对象： 小一班幼儿、中三班幼儿、大三班幼儿。

观察时间： 2021年11月10日。

观察地点： 各班厕所。

观察记录： 见表2-6。

表 2－6　小中大班幼儿在如厕过程中性别认知的观察记录

时间	客观描述	主观解释和疑问
9:40—9:50	小一班区域活动结束后，老师让幼儿搬着板凳坐到了教室前面，总结完区域活动中幼儿的表现后，说道："好了，接下来请你们排队上厕所、洗手吧！" 老师带领两队幼儿前往厕所门口。女孩排的是蹲便器的队伍，男孩排的是立着的小便池。一会儿，小杰（男孩）跟着女孩排到了蹲便器的队伍后面。 老师关注到这个情况后，走到小杰的身边问道："你是要尿尿还是拉㞎㞎？" 小杰："尿尿。" 老师："来，小杰，站到小便池后面排队哟。你是男孩子，男孩子需要到小便池旁边站着尿尿。" 在老师的指导下，小杰回到了男孩排的队伍中。 等待的过程中，老师不时看看上完厕所洗手的孩子，不时看看在外排队等候的孩子。 排在男孩队的第五个幼儿小志（男孩）在看到前面的幼儿已经进入厕所后，便心急地将自己的裤子脱了下来。不一会儿，后排的一个小女孩小丽也将自己的裤子脱了下来。大部分幼儿没有任何反应，只是继续等待着。老师看到后急忙过来对他们说道："赶紧将裤子提起来，到了便池那里再脱裤子，不然都被别人看见啦！"小丽和小志听到后，又将自己的裤子提了起来，身体左扭右扭地等待着。	小班幼儿等待如厕过程中出现的脱裤子行为，可能是因为幼儿在刚入园时还不适应群体的生活。
10:40—10:50	中三班幼儿正在进行户外活动，突然小光站在滑梯上不再跟随前面幼儿做动作了，只见他手拎着裤子不动了，眼神望向老师，说："老师，我想回教室。"老师说："你想上厕所吗？""是的。"说着急忙从滑梯上跑了下来，一旁的李老师陪同小光去上厕所。进入厕所后，小光说："老师，我不想让你看。"老师承诺："会给你关上门的。"其间小光一共大喊了两次："我还没有上完呢！"过了两分钟后，小光大摇大摆地走出来了。老师叮嘱："赶快过来洗手！"小光头也不回地走了，说道："我不要洗手，不然就得准备去吃午饭了，我还没有玩够呢，我要去操场玩沙土。"说完，蹦蹦跳跳地朝着操场去了。	中班幼儿懂得了要保护自己的隐私。幼儿教师在如厕环节应注重保护幼儿的隐私。
15:00—15:10	大三班集体教学活动结束后，老师对幼儿说："好了！我们休息休息。大家先去上个厕所吧！"接下来老师组织幼儿如厕。 老师说："女生优先，我们先组织女生去上厕所，好不好？" 幼儿齐声回答道："好！" 剩余的男生在老师的带领下唱起了儿歌《彩色雨伞花》。待女生返回教室后，老师说："现在请男生如厕。"	大班幼儿能根据要求，按性别自觉有序如厕。

分析与解释：

随着年龄的增长，幼儿对性别的认知逐渐增强。到了中班的时候，幼儿已经有了模糊的性别意识，知道男孩、女孩不一样。

佐证记录：案例中的中三班幼儿小光，如厕的过程中多次和老师强调不许看自己上厕所。

中班幼儿如厕的自主性有所增强。《3-6 岁儿童学习与发展指南》社会领域—人际交往子领域目标“具有自尊、自信、自主的表现”中提到，4 ～ 5 岁幼儿能做到“自己的事情尽量自己做，不愿意依赖别人”。随着自主性的提升，中班幼儿基本能够独立如厕。

佐证记录：案例中的中三班幼儿小光，在做户外活动时，有尿意时及时向老师反映，并在老师的陪同下，自己独立完成了脱裤子、提裤子等动作。

随着幼儿年龄的增长，幼儿如厕规范性逐渐增强。《3-6 岁儿童学习与发展指南》社会领域—社会适应子领域目标“遵守基本的行为规范”中指出，3 ～ 4 岁幼儿“在提醒下，能遵守游戏和公共场所的规则”；4 ～ 5 岁幼儿“能基本遵守规则”；5 ～ 6 岁幼儿能“理解规则的意义，能与同伴协商制定游戏和活动规则”。大班幼儿更懂得遵守集体内的秩序和规则，并懂得遵守规则的意义，因此，大班幼儿在如厕过程中能自觉按照幼儿教师的要求有序完成如厕。

佐证记录：案例中的大班幼儿能够自觉根据老师的指示分性别如厕。

对策与建议：

增强幼儿保护隐私的意识。在幼儿入园的第一天，幼儿教师应帮助幼儿认识男女性别的不同以及排泄方式的不同，逐渐增强幼儿的性别认知，帮助幼儿树立保护隐私的意识。幼儿教师要注意提醒小班幼儿私处不可以外露，中大班时可通过男女分厕的形式保护幼儿隐私。

逐渐规范幼儿的如厕行为。幼儿教师应从幼儿入园的第一天起便规范幼儿的如厕行为，使之逐渐适应幼儿园的群体生活。教师可以通过播放音乐的形式，统一管理小班幼儿的如厕，帮助很多不自觉如厕的幼儿逐渐改善自己的行为习惯。

（四）采用检核表法观察幼儿的如厕行为

观察案例 2－11

观察目的：有效记录幼儿的如厕问题，提出解决幼儿问题行为的指导策略，帮助幼儿养成良好的如厕习惯。

观察对象：小二班幼儿。

观察时间：2021 年 9 月 17 日。

观察地点：小二班厕所。

观察记录：见表 2－7。

表 2－7　小班幼儿如厕问题行为观察记录表

序号	如厕问题行为发生的次数	如厕问题行为							
		随地大小便	需要老师特别提醒	用不惯蹲便器	经常尿在身上	入园后憋便回家	不会自己冲水	不会脱裤子上厕所	上厕所后不洗手
1	4		√	√			√		√
2	5			√	√		√	√	√
3	3			√			√	√	
4	4		√			√	√		√
5	1		√						
6	5			√	√		√	√	√
7	3						√	√	√
8	3			√			√	√	
9	4			√	√			√	√
10	2						√		√
11	4		√	√		√		√	
12	3			√			√		√
13	3			√	√			√	
14	4		√			√	√		√
合计	48	0	5	9	4	3	10	8	9

这是一个分析小班幼儿如厕问题行为的观察记录表，教师利用检核表记录幼儿如厕问题行为产生的频率。通过观察发现，大多数幼儿都存在一定的如厕问题行为，其中用不惯蹲便器、不会自己冲水、不会脱裤子上厕所、上厕所后不洗手等行为发生的次数较多。

分析与解释：

幼儿 3 岁以后，逐渐具有初步的生活自理能力，能够控制自己的大小便。通过观察发现，以上幼儿均未出现随地大小便的情况。但是 3～4 岁幼儿刚刚进入幼儿园参加集体生活，集体生活和家庭生活有很大不同，接触的人、接触的环境都发生了变化。刚刚进入幼儿园，极易引发幼儿心理发展上的各种变化，这种变化会造成小班幼儿在如厕问题上存在较大困难。具体如下：

如厕用具的不同，造成幼儿大小便的姿势有差异。因为大部分幼儿在家中用的是坐便器，而幼儿园中使用蹲便器，对幼儿大小便姿势的要求不同。

佐证记录：从观察结果发现，9 名幼儿均存在用不惯蹲便器的现象。

幼儿在新环境中缺乏一定的安全感。幼儿尚未熟悉幼儿园里的教师、阿姨，多名幼儿出现憋尿或尿到身上的现象。

佐证记录：从观察结果发现，4 名幼儿存在经常尿在身上的现象，3 名幼儿存在入园后憋便回家的情况。

教养方式的改变。《3-6 岁儿童学习与发展指南》健康领域—生活习惯与生活能力子领域目标“具有良好的生活与卫生习惯”中谈到，3 ～ 4 岁幼儿能“在提醒下，每天早晚刷牙、饭前便后洗手”。小班幼儿的良好个人卫生习惯及生活自理能力的形成需要成人提醒、帮助。幼儿入园后，其教养方式发生了变化。幼儿在家中常常是几个成人照管一名幼儿，通常情况下会耐心呵护幼儿，甚至会直接包办代替。幼儿入园后，通常是 2 ～ 3 名幼儿教师教育、管理多名幼儿，幼儿一时之间难以适应幼儿园的集体生活。

佐证记录：从观察结果发现，10 名幼儿如厕后不会自己冲水，8 名幼儿不会脱裤子上厕所，9 名幼儿上厕所后不洗手。

对策与建议：

耐心和幼儿沟通如厕问题。当幼儿出现如厕困难或如厕问题时，幼儿教师应耐心帮助幼儿解决，并采用适当的方式鼓励幼儿，增强幼儿和教师间的亲密感，引导幼儿有需求或困难时，及时告诉自己。《3-6 岁儿童学习与发展指南》健康领域—身心状况子领域目标“具有一定的适应能力”中指出，3 ～ 4 岁幼儿“在帮助下能较快适应集体生活”。因此，即便幼儿尿在了裤子里，幼儿教师也不应大声批评、训斥幼儿，不可以伤害幼儿幼小的自尊心，但要及时帮助幼儿意识到自己的错误并认真改正，为幼儿适应集体生活做好铺垫工作。

有效开展如厕训练。幼儿教师可以通过开展健康活动、角色游戏活动等，帮助幼儿了解大小便的步骤；也可以通过情景表演的方式，帮助幼儿养成正确的如厕习惯。

家园教育要保持一致。幼儿教师可以通过电话、微信、家访等形式，帮助家长了解儿童在园的如厕情况。针对幼儿的如厕问题，双方共同探讨解决策略，采取一致的教育方式，共同管理、约束幼儿的不良行为。

第三节　幼儿睡眠行为观察与分析

本书中，幼儿在园的睡眠行为主要是指午睡。午睡是幼儿一日生活中不可缺少的环节，对于幼儿的智力发育及身体成长起着至关重要的作用，幼儿教师切不可掉以轻心。对于幼儿来讲，有些幼儿由于精神紧张或不适应幼儿园睡眠环境，常常出现入睡困难的情况。哪怕幼儿已经能适应幼儿园环境，但是在入睡时仍然需要幼儿教师的帮助。本部分主要通过观察、记录幼儿的午睡行为，分析和解释其背后的原因，以寻找最佳的应对措施。

一、观察幼儿睡眠行为的意义

好的午睡环节的开展，有利于幼儿良好生活习惯的养成和幼儿园半日活动的进行。午睡环节中幼儿的行为更应该引起幼儿教师足够的重视。幼儿教师应从睡前、睡中、睡后三个方面对幼儿在午睡环节中表现出的行为进行观察和分析，从而可以发现幼儿在午睡环节当中所存在的一些问题，并针对幼儿的问题行为采取适当的教育策略。

（一）观察幼儿睡眠行为有助于优化幼儿教师的教育策略

《3-6 岁儿童学习与发展指南》健康领域—生活习惯与生活能力子领域目标“具有基本的生活自理能力”教育建议中指出，教师要“指导幼儿学习和掌握生活自理的基本方法”。幼儿教师可以通过观察幼儿午睡中的行为，了解幼儿的心理发展规律及特点，用科学的保育和教育策略锻炼幼儿的生活自理能力。在午睡环节中采用创设情境的方式：在睡前为幼儿播放舒缓的音乐，为幼儿主动入睡做好准备；在午睡室放置穿脱衣服、裤子的步骤图，帮助幼儿掌握穿脱衣物、盖被子的正确方法，也可选择一些适合幼儿年龄发展特点的绘本，如《第一次自己睡觉》等，丰富幼儿独立入睡的知识和经验，引导幼儿在午睡的过程中学会独立。针对午睡环节中生活自理能力较强的幼儿，幼儿教师应注重增强该部分幼儿的服务意识，注重引导同伴间相互合作、相互帮助。由此可见，幼儿教师科学的保育和教育策略的运用，离不开教师在午睡环节中的用心观察和记录。

（二）观察幼儿睡眠行为有助于幼儿教师关注幼儿的午睡习惯差异

由于幼儿来自不同的家庭，会受到不同的家庭教养方式和生活习惯的影响，因此幼儿在午睡过程中会表现出不同午睡习惯。有的幼儿入园前便养成了较好的午睡习惯，也具备了一定的生活自理能力；有的幼儿穿衣、脱衣动作不熟练、速度比较慢，大多数情况下需要幼儿教师、同伴的帮助；有的幼儿午睡困难，需要较长时间才能入睡，或需要安抚物才能睡着；有的幼儿午睡过程中爱醒，容易出汗、多尿等。针对幼儿在午睡习惯中的差异，幼儿教师需要观察并详细记录，才能结合幼儿的差异采取适合的教育策略，才能在午睡环节让幼儿舒适、轻松地在园入睡。

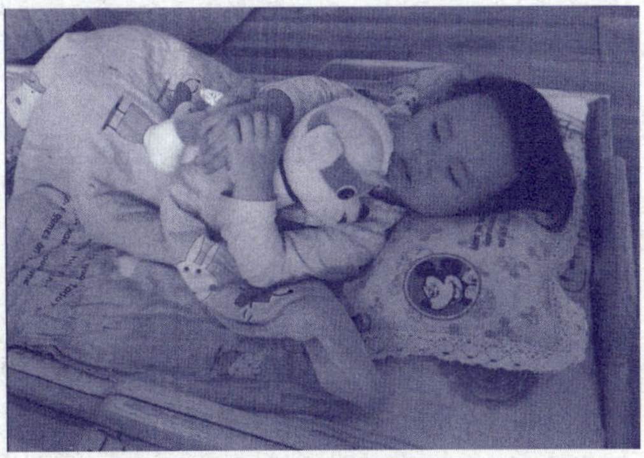

新入园幼儿抱着“安抚物”入睡

（三）观察幼儿睡眠行为有助于幼儿教师及时发现幼儿的不良习惯

幼儿园午睡活动是一个既简单又错综复杂的活动，它是幼儿教师每天都要面对的常规活动。在这一项常规活动中，需要幼儿教师认真观察幼儿在入睡前、入睡后的不良习惯。有的幼儿睡前小声交流、嬉笑打闹、玩弄手指或头发、咬被角；有的幼儿躲在被子里、睡姿不正确；有的幼儿午睡结束后没有按时起床、起床后大哭大闹等。幼儿教师发现后应及时纠正，以保证幼儿有充足的睡眠，防止幼儿在午睡过程中发生危险。幼儿教师要尊重每一名幼儿的个性和发展差异，努力做到因材施教，用心、用爱，做好幼儿成长的引路人。

二、幼儿睡眠行为的观察要点及内容

（一）对环境的观察

（1）幼儿的午睡环境是否宽敞？

（2）幼儿床铺的摆放是怎样的，一人一床、连铺还是上下床？

（3）光线是否适宜入睡？是明亮的、柔和的还是昏暗的？

（4）室内温度如何？

（5）幼儿床褥是否符合季节特点？

（二）对睡前幼儿行为的观察

（1）幼儿自己主动躺下，还是在老师的要求下躺下？

（2）幼儿对于午睡的反应，是接受还是拒绝？

（3）幼儿教师在幼儿入睡前是否安排了入睡前活动？若安排了入睡前活动，组织的活动类型是安静型、放松型还是兴奋型？

（4）幼儿入睡前的活动状态是怎样的？是需要成人轻拍或坐在旁边、阅读、说笑打闹、玩玩具、闹情绪还是频繁找理由下床？

（5）幼儿困意来临的表现是什么？是打呵欠、眼睛无神还是哭闹？

（6）幼儿能否自己脱衣服、脱鞋子？

（三）对过程中幼儿行为的观察

（1）幼儿入睡速度如何？

（2）难以入睡的幼儿会捣乱吗？若捣乱的话，是大声喊叫还是追逐打闹？

（3）幼儿睡觉姿势是怎样的？平躺、侧躺还是趴着？

（4）幼儿睡觉安详吗？有无说梦话、做噩梦？

（5）幼儿有生理需求时，能否主动醒来，还是需要老师叫醒？

（6）幼儿中途醒来后，能否继续入睡？入睡的话，是自己主动入睡，还是需要老师陪伴？

（7）幼儿中途醒来，能否小声说话，轻声走路？

（8）幼儿睡觉过程中需要安抚物吗（玩偶或其他物品）？

（9）幼儿睡觉过程中有无不良习惯，如吮手指？

（四）对结束后幼儿行为的观察

（1）幼儿醒来的方式是什么？是主动醒、老师叫醒、被周围的人或事吵醒还是被尿意憋醒？

（2）幼儿醒来后的状态如何？是哭泣、发脾气、疲惫还是有活力？

（3）睡醒后幼儿会做什么？是安静躺着、和同伴玩闹、摆弄被子或枕巾、上厕所还是叫老师？

三、幼儿睡眠行为的观察案例

（一）采用事件取样法观察幼儿的睡眠行为

观察案例 2－12

观察目的：探寻提升幼儿午睡中自主控制能力的解决策略，帮助幼儿形成良好的午睡习惯。

观察对象：壮壮（3 岁 10 个月，男孩）；豆豆（3 岁 9 个月，女孩）。

观察时间：2020 年 12 月 7 日—11 日。

观察地点：小二班午睡房。

观察记录：见表 2－8、表 2－9。

表 2－8　壮壮午睡行为观察记录表

	周一	周二	周三	周四	周五
午睡中幼儿自主控制状况	不能克制自己的不当行为	不能克制自己的不当行为	不能克制自己的不当行为	不能克制自己的不当行为	能够克制自己的不当行为
午睡中幼儿出现的行为	午睡前拿着活动区里的“超级无敌大飞船”在教室内跑，并冲着同伴大喊：“我的飞船，要飞上太空了！”顿时几个小朋友开始争抢玩具。	午睡起床后，大多数幼儿都去如厕了，壮壮在厕所门口一动不动，经老师查看，他尿裤子了。	所有小朋友全部躺下后，壮壮开始拍打旁边的小朋友，让他来看自己手中的小饼干。	壮壮躺在床上，一会儿踢一下被子，一会儿把头蒙在被子里，一会儿自己大声嬉笑，旁边的几个小朋友全都望向了他。这时他高举起手臂，欢呼雀跃。	今天壮壮在老师的提醒下，安静地躺在床上，眼睛依然东张西望，但是没有打扰其他的小朋友休息。

表 2-9 豆豆午睡行为观察记录表

	周一	周二	周三	周四	周五
午睡中幼儿自主控制状况	不能克制自己的不当行为	不能克制自己的不当行为	不能克制自己的不当行为	能够克制自己的不当行为	不能克制自己的不当行为
午睡中幼儿出现的行为	老师在巡视的时候，发现豆豆在玩手指、咬被子。	起床铃声响后，豆豆依然赖床不起，动作慢。	午睡前，豆豆磨磨蹭蹭地去上厕所，回来后慢慢地脱鞋子和袜子，比周围的小朋友要慢一些。	在老师的监督下，豆豆安静地闭着眼，准备入睡。	午睡后，老师发现豆豆尿床了。

分析与解释：

小班幼儿自主控制能力较差，意志力较为薄弱。主要是因为其大脑皮质抑制机能尚未完善，兴奋占优势，因此表现为活泼好动、自我控制能力较薄弱。案例中的壮壮和豆豆分别为吵闹型和安静型幼儿。吵闹型幼儿会在午睡时玩耍，会打扰周围同伴的休息。安静型幼儿一般是自己玩耍或静静等待，但是并不会影响周围同伴的休息。

佐证记录：案例中的壮壮和豆豆均出现了不能克制自己不当行为的表现，且出现频率较高。

小班幼儿的气质特点影响幼儿的自主控制能力。心理学上将人类的气质类型划分为胆汁质、多血质、黏液质、抑郁质四种类型。其中壮壮就属于胆汁质类型的幼儿，精力比较旺盛，常常由于兴奋难以入睡。

佐证记录：案例中的壮壮，入睡前的吵闹、嬉笑、玩耍等行为都影响到了其他小朋友午睡。

小班幼儿注意力以无意注意为主，且易分散。因此小班幼儿的行为易受到周围事物的影响。

佐证记录：案例中的壮壮，周一时拿着“超级无敌大飞船”跑来跑去，引起了周围几个同伴的注意，几个小朋友开始争抢玩具。

父母的家庭教养方式同样影响幼儿自主控制能力的发展。《3-6 岁儿童学习与发展指南》健康领域—生活习惯与生活能力子领域目标“具有良好的生活与卫生习惯”中指出，3 ～ 4 岁幼儿能“在提醒下，按时睡觉和起床，并能坚持午睡”。因此，家长对于幼儿良好午睡行为的形成至关重要。

佐证记录：经过与案例中的壮壮妈妈和豆豆妈妈沟通，幼儿教师发现他们周末在家的时候也不午睡。面对此情况，家长也束手无策。

对策与建议：

幼儿教师应充分了解幼儿的气质类型，理解幼儿不能入睡的真正原因和需要，这样才能有效解决幼儿的入睡问题，帮助幼儿形成良好的自我控制能力。

幼儿教师可以通过组织午睡前活动为幼儿营造良好的午睡环境，引导幼儿养成规则意识。幼儿教师可以通过睡前讲读绘本故事或带领幼儿读学过的穿衣或脱衣儿歌，为幼儿创设良好的睡眠氛围。

幼儿教师和家长应共同努力帮助幼儿养成良好的午睡习惯。家长在家中也要起到良好的示范作用，如按时作息、睡前不看视频、不进行激烈运动等。幼儿教师也应将幼儿在园的午睡行为及时反馈给家长，共同帮助幼儿提升自主控制能力。

观察案例 2－13

观察目的：帮助新入园幼儿轻松入睡，解决午睡困难问题，保证幼儿获得充足的睡眠时间及较高的睡眠质量。

观察对象：珍珍（女孩，3 岁 10 个月）。

观察时间：2021 年 4 月 5 日—9 日。

观察地点：小班午睡房。

观察记录：见表 2－10、表 2－11。

表 2－10　珍珍午睡时间观察表

午睡时间	第一天	第二天	第三天	第四天	第五天
入睡时间（大于 30 分钟）				1	
睡眠时间（少于 30 分钟）				1	
清醒时间（全程清醒，未进入午睡）	1	1	1		1

表 2－11　珍珍午睡困难观察表

不良午睡习惯	第一天	第二天	第三天	第四天	第五天
哭闹	1		1		
恐惧焦虑		1			1
自言自语					1
咬被角				2	
踢柜子					
抠床板				1	1
摆弄手指				1	
拽线头					
其他					

分析与解释：

珍珍的午睡次数少、睡眠质量差。通过珍珍的午睡时间观察表可以发现，珍珍一周在园5天，仅有1天能做到午睡，睡眠时间在30分钟以下，睡眠质量较差；且入睡时间大于30分钟，入睡存在一定的困难。可见，培养小班幼儿规律的午睡习惯是非常关键的。

佐证记录：详见表格。

不良睡眠行为频率较高。寒假结束后，小班幼儿来园后易出现不适应的情况，缺乏一定的安全感，难以克服心理上的焦虑。幼儿面对幼儿教师的严格管理，便会哭闹。《3-6岁儿童学习与发展指南》健康领域—身心状况子领域目标“具有一定的适应能力”中指出，3～4岁幼儿在“换新环境时情绪能较快稳定，睡眠、饮食基本正常”。可见，幼儿教师的引导、家长的教育方式对于幼儿适应新环境、改善不良睡眠行为是非常重要的。

佐证记录：从观察结果来看，案例中的珍珍存在哭闹、恐惧焦虑、咬被角、抠床板等不良行为习惯，严重影响了其睡眠质量。

对策与建议：

幼儿午睡时间不足，严重影响身心健康，且参与下午的班级活动时易表现出注意力不集中、情绪低落、易和周围同伴产生冲突等问题。为此幼儿教师可通过以下方式提升幼儿的午睡质量。

睡前为幼儿播放舒缓、轻柔的轻音乐。音乐能够使人心平气和，可以缓解幼儿的紧张情绪，帮助幼儿轻松愉快地进入睡眠。久而久之，幼儿一听到音乐，便能意识到要准备脱衣、上床午睡，对于幼儿规则意识的培养有良好的促进作用。

耐心呵护午睡困难的幼儿。为解决幼儿的午睡困难行为，部分幼儿教师会采用恐吓、威胁的方式强迫幼儿尽快入睡，缺乏对幼儿的正确引导，甚至可能会加剧幼儿的问题行为。《3-6岁儿童学习与发展指南》健康领域—身心状况子领域目标“具有一定的适应能力”中指出，3～4岁幼儿“在帮助下能较快适应集体生活”。因此，幼儿教师的耐心呵护对幼儿午睡困难行为的改善起着至关重要的作用。

家园一致。幼儿教师指导家长按照幼儿园时间，要求珍珍在家午睡，并且关注幼儿午睡中的不良行为，并及时制止，逐步提升幼儿的睡眠质量。

（二）采用检核表法观察幼儿的睡眠行为

观察案例2－14

观察目的：分析中班幼儿在午睡环节的常见行为及其影响因素，为中班幼儿教师提出合理化建议，并为幼儿园中班午睡环节管理提供参考。

观察对象：中五班幼儿。

观察时间：2021年10月18日。

观察地点：中五班午睡房。

观察记录：见表 2－12。

表 2－12　中五班幼儿午睡情况检查记录表

幼儿序号	睡眠问题行为产生的次数	睡前							睡中				睡后			
		哭闹	请求做事	东张西望	睁着眼睛	小声说话	玩弄手指或头发	咬被角	睡姿不正确	尿床	踢被子	被尿意憋醒后，起床动静大	无法分辨衣物、裤子、鞋子的正反	穿衣出现困难会哭喊大闹	穿衣出现困难会坐在床边一动不动	仍然处于睡眠状态
1	2			√					√							
2	2								√				√			
3	1							√								
4	4		√						√			√		√		
5	3					√							√			√
6	3						√		√						√	
7	2				√						√					
8	1								√							
9	4						√		√	√					√	
10	2											√	√			
11	3		√		√			√								
12	2								√		√					
合计	29	0	2	1	2	1	2	2	7	1	2	2	3	1	2	1

分析与解释：

部分幼儿在睡前能够养成良好的规则意识。《3-6 岁儿童学习与发展指南》社会领域—社会适应子领域目标“遵守基本的行为规范”中指出，4～5 岁幼儿能够“感受规则的意义，并能基本遵守规则”。但是存在部分幼儿脱离幼儿教师监控范围后，开始出现东张西望、小声交谈、玩弄手指或被子等情况。

佐证记录：从观察结果来看，8 名幼儿在睡前存在请求做事、东张西望、睁着眼睛、小声说话、玩弄手指或头发、咬被角的情况，其余幼儿能按照老师的要求按时准备入睡。

中班幼儿的环境适应能力有所增强。《3-6 岁儿童学习与发展指南》健康领域—身心状况子领域目标“具有一定的适应能力”中指出，4～5 岁幼儿“能较快适应人际环境中发生的变化”。案例中的中五班幼儿在经历国庆小长假后，只存在少部分幼儿尿床的情况。

佐证记录：从观察结果来看，12 名幼儿中有 1 名幼儿存在尿床的情况。

午睡结束后，大部分幼儿在听到幼儿教师指令后可以从床上坐起来，并可以主动穿上衣物，甚至也能将自己的被褥叠好摆放整齐。《3-6 岁儿童学习与发展指南》健康领域—生活习惯与生活能力子领域目标“具有良好的生活与卫生习惯”中指出，4～5岁幼儿能“每天按时睡觉和起床”；“具有基本的生活自理能力”中指出，4～5岁幼儿“能自己穿脱衣服、鞋袜、扣钮扣”“能整理自己的物品”。但是也存在部分幼儿由于入睡困难，且睡眠时间长，午睡结束时仍然处于睡眠的状态。中班幼儿在起床时，遇到的最大困难是难以分辨衣物、裤子、鞋子的正反，易出现穿衣困难。

佐证记录：从观察结果来看，午睡结束时，3名幼儿无法分辨衣物、裤子、鞋子的正反，1名幼儿穿衣出现困难会哭喊大闹，2名幼儿穿衣出现困难会坐在床边一动不动，1名幼儿仍然处于睡眠状态。

对策与建议：

幼儿教师应注意对不同气质或性格的幼儿进行分类管理。幼儿教师在幼儿午睡的过程中应时刻观察幼儿的午睡状况，针对其中难以入睡的幼儿，可以允许他们睁着眼睛，但是要保持安静，不能影响其他幼儿午睡，注重培养幼儿的规则意识。

幼儿教师应时刻关注幼儿的睡姿，并及时纠正。现实生活中易出现幼儿教师过于关注幼儿的午睡纪律问题，而忽视幼儿睡姿的现象。

幼儿教师可以通过专门的教育活动和渗透的教育活动帮助幼儿掌握正确的穿衣方法。《3-6岁儿童学习与发展指南》健康领域—生活习惯与生活能力子领域目标“具有基本的生活自理能力”的教育建议中指出，指导幼儿学习和掌握生活自理的基本方法，如穿脱衣服和鞋袜、洗手洗脸、擦鼻涕、擦屁股的正确方法。因此，幼儿教师可以通过讲读绘本故事帮助幼儿掌握正确的穿衣步骤，也可以在幼儿园衣柜旁边张贴穿衣服的示意图，以帮助幼儿掌握正确的穿衣方法。

（三）采用轶事描述法观察幼儿的睡眠行为

观察案例 2－15

观察目的：观察得到奖励后的大班幼儿的睡眠行为。

观察对象：征征（男孩，5岁）。

观察时间：2021年6月17日。

观察地点：大四班午睡房。

观察记录：

午睡时间到了，在播放完音乐后，老师轻轻走到征征的旁边，对征征进行了教育，并承诺：如果今天能够安静地闭着眼睛睡觉，那么一会儿将奖励他一朵小红花。征征点头答应了。于是老师转身准备离开。老师回头时，发现征征依然睁着眼睛。征征发现老师在注视他之后，立马将眼睛闭上了。老师虽然离开了，但是眼睛一直在不断关注着征征的表现，发现征征闭了两分钟眼睛后，又试图睁开，偷瞄老师。来回折腾了两次，最后他踏踏实实地躺在床上睡着了。起床后，征征依然记得老师承诺的闭眼睡觉将奖励一朵小红花，老师用小红花表扬了征征，并说："如果征征下次能不在老师的注视下安静地闭眼睡觉，老师还会送你一个小礼物，但是现在要保密。"听后，征征蹦蹦跳跳地跑向教室外面去找其他的小朋友玩耍了。

分析与解释：

鼓励与表扬的方式能够有效帮助幼儿改善午睡习惯。《3-6 岁儿童学习与发展指南》社会领域—人际交往子领域目标"具有自尊、自信、自主的表现"中指出，5～6 岁幼儿在"做了好事或取得了成功后还想做得更好"。因此，幼儿教师采用鼓励与表扬的方式，有助于激发幼儿的自信心与自豪感。

佐证记录：案例中的征征在听到老师承诺，如果下次能主动闭着眼睛睡觉，还会奖励他一个其他的礼物后，蹦蹦跳跳地去找其他的小朋友玩耍了。

幼儿教师的监督和陪伴对纠正幼儿的不良行为习惯起到了辅助作用。《3-6 岁儿童学习与发展指南》社会领域—社会适应子领域目标"遵守基本的行为规范"中指出，5～6 岁幼儿能"理解规则的意义，能与同伴协商制定游戏和活动规则"。大班幼儿遵守规则的意识明显增强，但是大班幼儿的自觉性、自制力、坚持性等仍需进一步提升。

佐证记录：案例中的征征在老师的注视下，能够闭着眼睛睡觉，离开老师的视线后，便开始东张西望。

对策与建议：

幼儿教师要信守承诺。答应幼儿的表扬与奖励要及时做到，发挥好示范与引领的作用。同时幼儿教师也要注重奖励的时机及形式，避免因奖励次数过于频繁、奖励内容重复单调引起乏味。

幼儿教师要认真观察影响幼儿睡眠的客观因素，如幼儿是否携带玩具上床等，及时将客观因素进行调整，更有利于幼儿安静地进入睡眠。

观察案例 2－16

观察目的：培养幼儿良好的午睡习惯，帮助小班幼儿逐渐适应幼儿园的集体生活。

观察对象：一一（女孩，3 岁）。

观察时间：2020 年 9 月 3 日。

观察地点：小一班午睡房。

观察记录：

老师带领幼儿做完睡前准备活动后，组织幼儿脱掉衣服、鞋子准备上床。这时，一一衣服也没有脱，便在床边大哭了起来，哭喊着说道："我要妈妈陪！"听到一一的哭喊后，陆续出现几名小朋友一起跟着一一哭了起来，一一哭得比刚才更厉害了。老师走过来，抱起了一一，说道："一一，咱们不哭了呀，一会儿把嗓子哭坏了。你看有这么多小朋友陪着我们一起睡觉呢，我们脱衣服上床睡觉吧。"一一哭喊着说道："不睡觉，要妈妈。”老师说：“好，我们不睡觉，我们坐到床边上好不好？”这时，一一缓缓坐到了床边上。一会儿看到老师起身去其他地方了，便跟在老师的身后。

最后，老师带领一一回到了她的床边坐着，拿出了一本故事书给她朗读，一一坐着，坐着，就在老师的故事声中进入了睡眠。老师便给一一脱掉了衣服外套及鞋子，帮助一一把被子盖好，让一一安稳地进入睡眠。

分析与解释：

新入园一周的幼儿情绪尚不稳定，喜欢以哭喊的方式来表达自己的不安。《3-6岁儿童学习与发展指南》健康领域—身心状况子领域目标“情绪安定愉快”中谈到，3～4岁幼儿“有比较强烈的情绪反应时，能在成人的安抚下逐渐平静下来”。因此，幼儿教师的关爱与安抚对于新入园幼儿适应陌生环境起着至关重要的作用。

佐证记录：案例中的一一在面对陌生的环境时，以哭喊的方式来表达自己的情绪，但是后面在老师的关爱下逐渐进入了睡眠。

幼儿尚未适应幼儿园的集体生活。新入园幼儿习惯了家中几个大人围着自己转的情况。初入幼儿园，幼儿教师面对的是一群幼儿，精力及关爱有限，幼儿一时无法适应这种变化，且幼儿教师会制定一些规则约束幼儿的行为，增强了幼儿的心理负担，因此，幼儿会出现一些不适应的情况。

佐证记录：案例中的一一午睡时，便开始想妈妈了，周围其他的小朋友看到后，也出现了想妈妈的情况。

幼儿较为依赖老师。《3-6岁儿童学习与发展指南》社会领域—人际交往子领域目标“愿意与人交往”中谈到，3～4岁幼儿“愿意与熟悉的长辈一起活动”。案例中的一一会跟在老师的旁边去做一些事情，表明一一已同老师建立了一种亲密的关系。

佐证记录：案例中的一一看到老师安抚她之后去其他的地方了，便跟在老师的身后。

对策与建议：

幼儿教师应帮助幼儿明确来园的原因，使幼儿了解爸爸妈妈将其送入幼儿园的目的，并将幼儿园的一日生活及周围同伴介绍给幼儿。

幼儿教师应多关注幼儿，给予幼儿足够的爱和关怀，以平等、友好的方式引导幼儿度过环境不适应期。

幼儿教师可以多组织一些集体活动，加强幼儿对周围同伴、环境的认识，增强幼儿对幼儿园的归属感，逐渐改善幼儿午睡中的哭喊行为。

观察案例 2-17

观察目的：观察幼儿的午睡行为，增强幼儿的自我保护意识。

观察对象：婉婉（女孩，4岁）。

观察时间：2020年10月13日。

观察地点：中三班午睡房。

观察记录：

中午，全体小朋友都上床睡觉后，老师开始巡视幼儿的午睡情况，查看小朋友们的午睡行为。老师走到婉婉的旁边时，发现婉婉的小手在裤兜里来回动，里面好像有东西，婉婉的嘴闭得非常紧。老师看到此情况，轻声对婉婉说："嘴里有什么？"婉婉张了张嘴，老师发现是一个红色的线头。老师对婉婉说道："婉婉，我们睡觉时，不能在嘴里面嚼着线头，不然容易咽到肚子里，这个东西不能吃。"婉婉点点头，在老师的劝告下，将线头吐了出来。其间，婉婉的小手还是紧紧放在裤兜里面。老师让婉婉把裤兜里的东西拿出来，并说道："拿出来，我给你保管着，要不一会儿睡醒后，就弄丢了。"婉婉听到后，不情愿地将自己兜里东西递给了老师，原来是婉婉毛衣上的一粒扣子。老师说："婉婉乖乖睡觉，等放学的时候，老师会把扣子交到妈妈手里，现在我们不能拿着扣子睡觉。"然后婉婉闭上了眼睛进入了睡眠状态。

分析与解释：

《3-6 岁儿童学习与发展指南》健康领域—生活习惯与生活能力子领域目标"具备基本的安全知识和自我保护能力"中谈到，4～5 岁幼儿能"认识常见的安全标志，能遵守安全规则"。可见，中班幼儿有一定的安全意识。但是中班幼儿好奇心强，对周围的事物充满好奇，愿意去探索、尝试。中班幼儿的行为往往具有一定的冲动性、危险性，难以预知自身行为的危害。因此，在实际生活中，只有成人的有效监督才能减少危害事件的产生。

佐证记录：经过沟通，老师得知婉婉是在床上开始摆弄自己的毛衣扣子，然后扣子松动了，婉婉便拿下来了，并把线头放到嘴里面玩耍，但是害怕把扣子弄丢，于是就一直用手紧紧握着扣子。

对策与建议：

增强幼儿的安全意识。幼儿教师可以通过绘本故事等方式，帮助幼儿了解午睡时应注意的安全问题，加强幼儿的安全保护教育。

幼儿教师应细心关注幼儿的日常动作，及时查看幼儿的午睡行为，并耐心引导幼儿遵守午睡规则；时刻关注幼儿的午睡安全问题，及时清除午睡的不安全因素。

观察案例 2－18

观察目的：观察幼儿的午睡行为，培养幼儿良好的午睡习惯。

观察对象：枝枝（女孩，4 岁）。

观察时间：2021 年 9 月 7 日。

观察地点：中一班午睡房。

观察记录：

中午，大家都安静地躺在床上准备睡觉，老师坐在床边上。这时枝枝也安静地躺在床上，并没有发出声响，但是枝枝的身体却不是很安分，来回在床上翻身，一会儿玩弄手上的皮筋，一会儿玩弄她的毛绒兔子。老师并未关注到枝枝的小动作，于是枝枝的动作更加大胆了，开始将毛绒兔子扔向空中，然后接住，来回反复，扔的高度越来越高，砸向了旁边的小朋友。然后，旁边的小朋友和枝枝小声交谈了几句。枝枝带着毛绒兔子躲到了被子下面，小声地说着。突然枝枝笑出了声音，周围的小朋友全都望向了她。老师发现异常后，发出严厉的警告："现在是午睡时间，安静地躺到床上，不许发出动静了。"枝枝在老师的警告下，安静地躺着，直至进入了睡眠。

分析与解释：

幼儿教师须重视检查幼儿的午睡行为。《3-6岁儿童学习与发展指南》社会领域—社会适应子领域目标"遵守基本的行为规范"中指出，4～5岁幼儿能"感受规则的意义，并能基本遵守规则"。可见，中班幼儿应具有遵守规则的意识，但仍需要成人的检查和监督。

佐证记录：案例中的枝枝会存在玩弄玩具、玩弄皮筋、说话的情况，影响了周围小朋友午睡，在老师的警告下，安静地进入了睡眠。

幼儿的睡眠习惯需要幼儿教师的正确引导。尽管有一部分幼儿入睡时表现出依赖某些特定玩具的情况，但是幼儿教师也应逐步采取一些特定的方法帮助幼儿摆脱对某些特定玩具的依恋，而非放任不管。《3-6岁儿童学习与发展指南》健康领域—身心状况子领域目标"情绪安定愉快"教育建议中指出，幼儿做错事时要冷静处理，不厉声斥责，更不能打骂。因此，为了营造良好的心理环境，幼儿教师针对幼儿午睡中出现的不良行为，不要简单大声训斥，而是重在帮助幼儿意识到该行为的弊端以及危害。

佐证记录：案例中的老师发现异常后，并未了解背后原因，而仅仅是大声警告。

对策与建议：

增强幼儿的规则意识。幼儿教师可以利用生活情境或绘本故事，在潜移默化中帮助幼儿了解一些必要的游戏规则，引导幼儿自觉遵守游戏规则。

培养幼儿良好的睡眠习惯。对于幼儿表现出的较好的睡眠行为，幼儿教师应及时表扬；对于幼儿表现出的不良睡眠习惯，幼儿教师应及时纠正并告知幼儿其危害或弊端。

（四）采用实况详录法观察幼儿的睡眠行为

观察案例 2－19

观察目的：观察中班幼儿的午睡行为，为改善其睡眠质量提出相应的指导策略。

观察对象：中三班全体幼儿。

观察时间：2021年10月15日。

观察地点：中三班午睡房。

观察记录：见表2－13。

表 2－13　中班幼儿的午睡行为观察记录表

时间	客观描述	主观解释和疑问
12:30—12:45	进入午睡环节后，老师说道："大家脱好衣服和鞋子后，赶快回到自己的床位，大家躺下之后，我们一起做个小游戏。"待小朋友都坐到自己的床位上后，老师继续说道："现在请你找个感觉特别舒服的姿势躺好，我从 1 数到 5 的时候，看看都有谁快速地闭上了眼睛。"这时老师开始播放舒缓的轻音乐。"1，华华最快闭上了眼睛，表现很好。2，诗诗、莹莹也闭上了眼睛，表现不错。3，欢欢和乐乐也闭上了眼睛。4，小朋友都闭上了眼睛，你们的表现都很棒。在我还没有数到 5 的时候全部闭上了眼睛。"	
12:45—13:00	"现在大家想象一下，我们一起来到了公园里面玩耍，公园里面有郁郁葱葱的大树，还有好多颜色的鲜花，红的、黄的、粉的、白的、紫的，花的香味扑鼻而来，不远处还有一片广阔的草坪，草坪上有小朋友在玩耍……现在大家沉浸在这一片其乐融融的景象中，闭着眼睛舒舒服服地睡一觉，尽情地感受这一片美景。"	老师采用音乐放松的方式来组织幼儿做午睡准备，该方式能让幼儿较快地进入睡眠状态。
13:00—13:10	音乐停止，幼儿都安静地躺在床上。老师开始巡视幼儿的午睡情况。这时老师从林林的身边走过，林林便睁开了眼睛，望向了老师。他把被子蒙到自己的头上，便开始挥动自己的小拳头砸被子，在被子里尽情玩耍，以为老师不能发现他了。一会儿林林又裹着被子来回翻身。老师发现后说道："林林，把脑袋露出来，不要蒙头睡觉，对身体不好。"说完，林林便将自己的脑袋露出来了。 老师在观察所有小朋友睡眠情况时，发现枝枝一直在床上翻来覆去，还和旁边的丽丽小声说话。老师过来后，两人都闭上了眼睛。等老师走后，枝枝又开始环顾四周了。	
13:10—13:30	一会儿冬冬离开了自己的床位，来到老师的旁边，老师小声问："怎么了？"冬冬说："老师，我想上厕所。"说完，老师带着冬冬一起来到了教室外面，询问道："刚才睡前不是去过厕所了吗？"冬冬答："老师，我刚才喝水了，担心尿床。"听后，老师点了点头，冬冬一蹦一跳地去厕所了。	中班幼儿仍然存在不良午睡习惯，但是其规则意识也在逐渐增强。
13:30—14:00	不一会儿，全部幼儿进入了睡眠。突然，丁丁坐了起来，环顾了一下四周。老师发现后朝丁丁走来，丁丁发现老师后立即躺下了。这时，丁丁旁边的小雅也醒来了，和老师说想去上厕所。在老师叮嘱轻声走动后，小雅便在老师的带领下去如厕了。回来后，小雅便回到了自己的床位上，但是小雅一直在床上翻身。老师发现后，便走到了小雅身边，小雅说自己睡不着了。这时老师说："小雅，那老师给你拿一本图画书看，你静悄悄地在这儿看，不能出声打扰到其他的小朋友。"小雅点了点头。	老师引导幼儿要学会考虑周围其他的幼儿，做到不打扰他人。
14:00—14:10	过了一会儿，老师在巡视幼儿的午睡情况时，发现丁丁的裤子和床褥已经湿了。老师发现丁丁一直未醒，便拿来了干的裤子和一个小垫子，帮丁丁重新换上了。	
14:10—14:20	伴随着音乐声响起，老师喊道："小朋友们该起床了。"幼儿陆续睁开了眼睛，并开始了交谈。在幼儿交谈的过程中，老师开始组织大家起床穿衣服。其中有四个幼儿围到了老师的身边让老师帮助他们拉拉链。除此之外，闹闹在远处大喊："老师，裤子穿反了。"在老师的帮助下，他解决了问题。接下来，幼儿在老师的组织下开始如厕了。	中班幼儿自理能力有待进一步增强。

分析与解释：

中班幼儿规则意识有所增强。《3-6岁儿童学习与发展指南》社会领域—社会适应子领域目标“遵守基本的行为规范”中指出，4～5岁幼儿能“感受规则的意义，并能基本遵守规则”。可见，中班幼儿已具备一定的规则意识。

佐证记录：案例中的丁丁在睡前能主动和老师说明如厕需求；小雅在被尿意憋醒后，能做到不打扰其他小朋友休息。

4～5岁是幼儿自我控制开始发生的重要时期，需要幼儿教师的正确引导。部分幼儿会出现较严重的午睡困难行为，如蒙头玩耍、爱说话等。部分幼儿，由于贪玩或其他原因，睡前未在幼儿教师规定的时间内如厕，因此会出现午睡中尿床的现象。

佐证记录：案例中林林在老师不注意的情况下，躲进被子里玩耍；枝枝在老师不注意的情况下，环顾四周，和周围的丽丽说话；丁丁之所以会出现午睡过程中尿床的现象，是因为他在睡前没有按照老师的规定按时如厕。

中班幼儿的生活自理能力有所增强。《3-6岁儿童学习与发展指南》健康领域—生活习惯与生活能力子领域目标“具有基本的生活自理能力”中谈到，4～5岁幼儿“能自己穿脱衣服、鞋袜、扣钮扣”。大部分中班幼儿能做到独立穿脱衣服、鞋子，仅存在部分幼儿起床后不会自己动手穿衣服，不能用正确的方式穿衣服。

佐证记录：幼儿起床后，有4名幼儿因不会穿衣服或衣服穿反了，寻求老师的帮助。

对策与建议：

幼儿教师应为幼儿创设适宜的午睡环境。环境的创设对幼儿良好午睡行为的形成具有重要作用。除保证外在环境温度适宜、光线柔和、空气新鲜之外，幼儿教师也应注重心理环境的创设，帮助幼儿缓解紧张、不安或躁动，可以像案例中的老师一样，运用音乐放松的方式，帮助幼儿自然轻松地进入睡眠状态；坚决杜绝以恐吓、威胁等方式刺激幼儿，以免加重幼儿的心理负担。

加强幼儿午睡的科学管理。不断完善午睡的管理规定，明确幼儿教师在幼儿午睡时的职责。幼儿教师应在幼儿午睡的过程中反复查看幼儿的午睡情况，及时纠正幼儿睡眠过程中的不良行为习惯。针对不同气质类型的幼儿，幼儿教师应分类管理，针对部分精力过剩的幼儿，幼儿教师可安排其看书、绘画等，待其有困意时再安排其入睡。

做好午睡前的准备工作。午睡前幼儿教师应认真监督每一位幼儿如厕，避免因起床上厕所影响午睡，同时也有助于减少尿床的次数。

与家长充分沟通。幼儿教师与家长共同肩负起培养幼儿自理生活能力的责任，逐步帮助幼儿养成良好的行为习惯。

观察案例 2－20

观察目的：针对小班幼儿在午睡中的行为表现，提出有效的解决策略，旨在培养幼儿的自理能力。

观察对象：小二班全体幼儿。

观察时间：2021 年 10 月 20 日。

观察地点：小二班午睡房。

观察记录：见表 2－14。

表 2－14　小班幼儿午睡中的行为表现的观察记录表

时间	客观描述	主观解释和疑问
12:30—12:40	午睡时间到了，老师组织幼儿入睡。亮亮今天很主动，主动脱掉了自己的外套、外裤及鞋子。老师表扬道：“亮亮进步很大，能够自己主动脱衣服了。”说罢，老师便起身去帮助其他不能独立脱衣服的小朋友了。这时，老师看到丹丹一直坐在床边上没有动，一件衣服也没有脱。老师说：“丹丹，我们自己先脱掉鞋子，好吗？”丹丹低下头自己脱掉了鞋子，然后抬头望向了老师，这时，丹丹的眼睛里流出了泪水。老师赶忙问：“丹丹，怎么了？是不是想妈妈了？”丹丹把头低了下去。老师夸奖道：“丹丹，好棒！在没有妈妈的帮助下，自己能把鞋子脱掉了，等一会儿放学时我们把这一好消息分享给妈妈。”“我们现在先躺下睡觉，你看这么多小朋友们陪着你呢，而且你睡着了，还能梦见你的妈妈呢，当妈妈看到我们丹丹表现这么好的时候，还会表扬丹丹呢。”这时，丹丹的嘴角稍微向上扬了一下，在老师的帮助下，丹丹脱掉了上衣和裤子躺在床上。	老师的引导对培养幼儿的生活自理能力及环境适应能力有较大帮助。
12:40—12:50	另一边亮亮趁老师不注意，自己从被窝里钻了出来，光着脚丫跑到了隔壁小朋友那里，老师见状，赶紧拉着亮亮回到了自己的床位上，叮嘱亮亮：“现在是午睡时间了，不能和其他小朋友说话、玩耍了，更不能光着脚丫在地上乱走，会生病的，生病了就得去打针了。”“来，我们赶紧躺下，把我们的小手、小脚丫赶紧藏好。”亮亮迅速地钻到了被子里面。	小班幼儿自主控制能力较弱。
12:50—13:00	老师来到了美美的床边，发现美美只拿被子盖住了上半身，下半身的裤子还没脱。美美见老师走过来后，主动和老师说：“老师，我的裤子上面有扣子，脱不下来。”老师见状，帮美美解扣子、脱裤子的同时，还夸奖道：“美美真乖，遇到问题没有哭闹，及时找老师解决问题。” 一旁的凯凯，早早脱好了衣服，躺在了床上，两只大眼睛目不转睛地盯着老师。老师看到后先表扬了凯凯，并冲他点了个赞，同时叮嘱他闭上眼睛，好好睡觉。	老师在积极为幼儿创设和谐、温馨的幼儿园氛围。
13:00—13:10	坦坦脱好衣服刚刚躺到床上，便喊道：“老师，我要尿尿。”老师说：“刚才不是上过厕所了吗？”坦坦答：“刚才没有尿出来，现在又想了。”于是配班老师带着坦坦去上厕所了。 这时，午睡房渐渐安静下来。一会儿坦坦也回来了，小声地躺到了自己的床位上。	

分析与解释：

小班幼儿的生活自理能力较弱，存在穿脱衣服困难的情况。《3-6 岁儿童学习与发展指南》健康领域—生活习惯与生活能力子领域目标“具有基本的生活自理能力”中指出，3 ～ 4 岁幼儿“在帮助下能穿脱衣服或鞋袜”。当面对穿脱衣服的困难时，加上不敢或羞于向老师反映情况，幼儿便会出现想念妈妈或哭泣的现象。老师在积极调整幼儿情绪的同时，也应逐步锻炼幼儿的自主生活能力，培养幼儿自己的事情自己做的良好习惯。

佐证记录：案例中的丹丹在睡觉脱衣服时，想起了妈妈，流露出了委屈、难过的情绪，在老师的引导下，慢慢进入了睡眠。

幼儿的生活自理能力及环境适应能力存在一定差异。有的幼儿生活适应能力较强，有的幼儿习惯事事依赖老师，不喜欢自己动手去做。有的幼儿遇到困难便想着找妈妈，有的幼儿能够想着找老师解决。

佐证记录：案例中的美美遇到脱衣困难时，主动向老师寻求帮助；案例中的凯凯能够快速脱好自己的衣服并躺到床上。

对策与建议：

幼儿教师应多关注、鼓励生活能力较弱的幼儿，帮助幼儿认识到自己的力量，增强幼儿的自信心。《3-6 岁儿童学习与发展指南》社会领域—人际交往子领域目标“具有自尊、自信、自主的表现”教育建议中提到，关注幼儿的感受，保护其自尊心和自信心。幼儿教师应以平等的态度对待幼儿，使幼儿切实感受到自己被尊重。因此，幼儿教师不能因幼儿的生活自理能力存在差异而进行区别对待。

培养幼儿独立解决问题的意识。《3-6 岁儿童学习与发展指南》健康领域—生活习惯与生活能力子领域目标“具有基本的生活自理能力”教育建议中提到，鼓励幼儿做力所能及的事情，对幼儿的尝试与努力给予肯定，不因做不好或做得慢而包办代替。因此，当幼儿遇到问题时，如果该问题能在幼儿自己解决的范围内，幼儿教师应及时引导幼儿自己独立解决，逐步帮助幼儿形成自己的事情自己做的良好习惯；如果该问题幼儿不能独立解决，应告诉幼儿主动寻求幼儿教师的帮助。

鼓励家长学会对幼儿放手。幼儿教师应告诫家长多鼓励幼儿自己的事情自己做，增强家长培养幼儿生活自理能力的意识；同时及时将幼儿在园的表现同家长进行沟通。

第四节　幼儿过渡时间行为观察与分析

过渡环节占幼儿在园一日生活时间的 30% 以上，有效利用过渡环节有利于提升幼儿一日在园活动质量。过渡环节在幼儿的情绪、自主性、习惯养成等方面具有重要的教育价值，有利于师幼间建立良好的亲密关系。因此，幼儿教师应当根据实际情况培养幼儿良好的生活作息习惯，给予他们充足的时间，让幼儿做一日生活中过渡环节的主人。本节主要通过观察记录幼儿在过渡环节中的行为，分析其背后产生的原因，为幼儿教师改善指导策略提供建议。

一、观察幼儿过渡时间行为的意义

过渡环节作为幼儿一日生活中各个活动的过渡环节，能有效衔接幼儿的学习、游戏及运动等活动。合理安排过渡时间是幼儿园一日生活中的重要内容，该环节隐含着丰富的教育价值，需要幼儿教师认真观察、记录幼儿过渡时间的行为，优化幼儿园一日生活各环节的组织，让幼儿的身心能在轻松和谐的氛围中获得发展。

（一）观察幼儿过渡时间行为有助于幼儿教师培养幼儿主动学习的意识和能力

《幼儿园教育指导纲要（试行）》中指出，“科学、合理地安排和组织一日生活”“时间安排应有相对的稳定性与灵活性”“保证幼儿每天有适当的自主选择和自由活动时间”“尽量减少不必要的集体行动和过渡环节”。幼儿教师在过渡环节中应适当放手，给予幼儿自由活动的空间。幼儿在过渡环节中拥有了较大的自主性，幼儿教师应在较短的时间内，合理安排、优化过渡环节，让过渡环节真正促进幼儿发展。因此，幼儿教师在观察幼儿过渡时间行为时，应思考什么是既能激发幼儿主动探究，也能培养幼儿解决问题能力的有效措施，用爱心、细心、耐心、责任心去观察、呵护幼儿。

（二）观察幼儿过渡时间行为是提升幼儿教师专业能力的有效途径

《幼儿园教师专业标准（试行）》中指出幼儿教师要：“掌握幼儿园环境创设、一日生活安排、游戏与教育活动、保育和班级管理的知识与方法。”“合理安排和组织一日生活的各个环节，将教育灵活地渗透到一日生活中。”可见，合理组织好幼儿园中的过渡环节是对幼儿教师的一项基本要求。幼儿教师在观察幼儿过渡时间行为的过程中，也能全面地体现和锻炼自身的专业能力，如环境创设与利用的能力、一日生活的组织能力、教育活动的计划与实施能力等。同时，幼儿教师在观察幼儿过渡时间行为的过程中，也提升了自身自主反思教学策略、调整教学方案的能力，这对于提升幼儿教师的专业能力具有重要价值。

二、幼儿过渡时间行为的观察要点及内容

（一）对幼儿行为开始方式的观察

（1）幼儿是否在幼儿教师提醒后立即进入过渡环节？

（2）幼儿是否在幼儿教师提醒后几分钟后进入过渡环节？

（二）对幼儿态度的观察

（1）幼儿是否表现出急不可耐？

（2）幼儿是否平缓地进入过渡环节？

（3）幼儿是否漫不经心地去做？

（4）幼儿是否表现出抵制的情绪？

（5）幼儿是否犹豫不决地进行活动？

（三）对幼儿行为过程的观察

（1）幼儿是否按照幼儿教师布置的任务去做？

（2）幼儿教师无指定的内容，幼儿是否根据自己意愿去做一些事情？

（四）对幼儿行为结果的观察

（1）幼儿有无按照幼儿教师要求完成任务？

（2）幼儿有无按照要求顺利进入下一个活动环节？

三、幼儿过渡时间行为的观察案例

（一）采用检核表法观察幼儿在过渡时间的行为

观察案例 2－21

观察目的：引导幼儿建立良好的盥洗常规，帮助幼儿形成主动意识，促进幼儿养成健康的卫生习惯。

观察对象：中二班幼儿。

观察时间：2021 年 6 月 18 日。

观察地点：中二班盥洗室。

观察记录：

中班幼儿的生活自理能力相比小班幼儿有了较大的提高，已经初步具备了保持个人清洁卫生的能力，能够自己洗手。但是随着年龄的增长，幼儿在盥洗环节中也表现出一定的问题行为及厌烦情绪。采用检核表法可以有效记录幼儿的盥洗行为，分析存在的问题，帮助幼儿养成良好的卫生习惯（见表 2－15）。

表 2－15 中班幼儿盥洗行为观察记录表

序号	放水适量	使用肥皂	玩肥皂泡	洗后关阀	擦干手	趁机玩水	用水嬉闹	排队等候
1	√	√		√	√			√
2		√	√	√	√	√	√	
3		√		√	√			

续表

序号	放水适量	使用肥皂	玩肥皂泡	洗后关阀	擦干手	趁机玩水	用水嬉闹	排队等候
4	√	√		√	√		√	√
5			√	√	√	√		
6	√	√		√	√			√
7	√							√
8				√		√	√	
9				√				√
10	√					√		√
11		√		√	√		√	
12				√				√
13				√			√	
14		√			√	√		√
合计	5	7	2	11	8	5	5	8

分析与解释：

盥洗作为幼儿一日生活中的一个重要环节，在一日活动中发生的频率较高。但由于盥洗是幼儿一日生活中的过渡环节，易被幼儿教师忽视，因此常常出现秩序混乱、嬉戏打闹等现象。造成该现象的原因如下：

中班幼儿遵守规则的能力有待进一步增强。《3-6 岁儿童学习与发展指南》社会领域—社会适应子领域目标“遵守基本的行为规范”中指出，4～5 岁幼儿能“感受规则的意义，并能基本遵守规则”。可见，中班幼儿应具有遵守规则的意识，但仍需要成人的检查和监督。盥洗环节中部分幼儿易出现嬉戏打闹、玩水等现象，尤其是在排队等待的过程中缺乏一定的耐心，难以控制自己的言行。

佐证记录：从观察结果来看，7 名幼儿能够做到洗手时使用肥皂，11 名幼儿能做到洗手后关阀，8 名幼儿能做到洗手后擦干手，但是也存在 5 名幼儿洗手时趁机玩水，5 名幼儿洗手时用水嬉闹，6 名幼儿洗手时不能做到排队等候。

缺少对身体健康知识的了解。部分幼儿存在洗手不打肥皂的情况，仅把洗手当作例行公事一样，匆匆洗完手后，便去做其他感兴趣的活动了。《3-6 岁儿童学习与发展指南》健康领域—生活习惯与生活能力子领域目标“具有良好的生活与卫生习惯”中指出，4～5 岁幼儿能做到“每天早晚刷牙、饭前便后洗手，方法基本正确”。可见，中班幼儿掌握了正确的洗手方法，但是需要在幼儿教师的指导和监督下才能更好地遵守。

佐证记录：从观察结果来看，7 名幼儿存在洗手时不打肥皂的情况，大多幼儿洗完手后常常不擦手便离开盥洗室。

中班幼儿有强烈的交往需求。《3-6 岁儿童学习与发展指南》社会领域—人际交往子领域目标“愿意与人交往”中指出，4～5 岁幼儿“喜欢和小朋友一起游戏，有经常一起玩的小伙伴”。随着中班幼儿交往意愿和交往能力的提升，盥洗环节时常常会发生同周围同伴嬉笑打闹的情况。

佐证记录：通过对盥洗室环境的观察，发现幼儿盥洗结束后，盥洗室地面上常常会有较多的水。

对策与建议：

逐步提高幼儿遵守规则的意识。通过观看录像等方式，帮助幼儿了解盥洗时的正确做法。幼儿教师也可邀请中班幼儿一起制定盥洗规则，并将盥洗规则粘贴到盥洗室内，提醒幼儿认真遵守。

开展专门的健康领域活动。开展防治传染病的教育活动，丰富幼儿关于传染病的知识，帮助幼儿提升洗手对身体健康重要性的认知。

开展玩水游戏，为幼儿提供与同伴交往的机会。幼儿可以根据自己的需要确定玩水游戏的材料、玩法，在玩水游戏中共同探究、相互合作，提升想象力和创造力。

观察案例 2－22

观察目的：了解幼儿在过渡环节中等待行为的具体表现，挖掘幼儿等待行为中的教育价值，帮助幼儿形成良好的生活自理能力及社会性能力。

观察对象：小一班幼儿。

观察时间：2021 年 5 月 13 日。

观察地点：小一班教室。

观察记录：

小班幼儿的自制力相对较弱。采用检核表法能有效记录过渡环节中幼儿的等待行为，便于幼儿教师了解幼儿的特点，进而采取有效的管理策略（见表 2－16）。

表 2－16　过渡环节小一班幼儿等待行为观察记录表

序号	无意义行为			亲社会行为			游戏活动		遵守纪律		
	静坐发呆	离开座位乱走	嬉戏玩闹	为班级服务	交流分享	维护秩序	独自游戏	社会性游戏	能自觉遵守老师的要求	能在老师的强调下遵守要求	对老师的要求无视、对立
1	√				√			√	√		
2		√				√	√			√	
3		√	√					√			
4		√								√	

续表

序号	无意义行为			亲社会行为			游戏活动		遵守纪律		
	静坐发呆	离开座位乱走	嬉戏玩闹	为班级服务	交流分享	维护秩序	独自游戏	社会性游戏	能自觉遵守老师的要求	能在老师的强调下遵守要求	对老师的要求无视、对立
5	√			√			√		√		
6		√	√		√			√		√	
7			√					√			
8	√										√
9	√				√						
10	√									√	
合计	5	4	3	1	3	1	2	4	2	4	1

分析与解释：

通过对小班幼儿等待行为的观察记录，发现“无意义行为”出现的频率较高。可见，小班幼儿的自我管理能力相对较差，且存在部分幼儿不服从幼儿教师管理的情况。因此需要幼儿教师给予更多的关注和引导，及时帮助幼儿改善不良习惯。

佐证记录：从观察结果来看，等待行为中 5 名幼儿存在静坐发呆的现象，4 名幼儿存在离开座位乱走的现象，3 名幼儿存在嬉戏玩闹的现象。

在小班幼儿的亲社会行为中，“为班级服务”“维护秩序”行为出现频率较低。《3-6 岁儿童学习与发展指南》社会领域—社会适应子领域目标“具有初步的归属感”中指出，3 ～ 4 岁幼儿“知道和自己一起生活的家庭成员及与自己的关系，体会到自己是家庭的一员”。可见，小班幼儿的归属感主要体现在家庭中，因此在班级中幼儿的亲社会行为较少。但是小班幼儿与同伴交流分享行为出现的频率相对较高。《3-6 岁儿童学习与发展指南》社会领域—人际交往子领域目标“愿意与人交往”中指出，3 ～ 4 岁幼儿“愿意和小朋友一起游戏”。小班幼儿具备一定的交往意识，因此会出现一定的同伴交流分享行为，但是小班幼儿的心理倾向还是以自我中心为主。

佐证记录：从观察结果来看，仅有 1 名幼儿出现了为班级服务的行为，1 名幼儿出现了维护秩序的行为，3 名幼儿出现了交流分享的行为。

在小班幼儿的游戏活动行为中，社会性游戏出现频率相对较高，主要和小班幼儿游戏活动技能的提高有关系，因此幼儿的独自游戏减少，社会性游戏逐渐增加。同时，小班幼儿因为正处于认知发展水平中的前运算阶段，所以会通过符号来代替外界事物。该年龄段幼儿的游戏活动主要以角色扮演游戏和结构游戏为主。

佐证记录：从观察结果来看，4 名幼儿出现了社会性游戏行为，2 名幼儿出现了独自游戏行为。

在小班幼儿遵守纪律的行为中，能自觉遵守老师要求的幼儿较少。《3-6 岁儿童学习与发展指南》社会领域—社会适应子领域目标“遵守基本的行为规范”中指出，3～4 岁幼儿“在提醒下，能遵守游戏和公共场所的规则”。可见，小班幼儿的规则意识较弱，需要在老师的提醒下才能遵守要求，甚至部分幼儿会忽视幼儿教师的要求。

佐证记录：从观察结果来看，2 名幼儿能自觉遵守老师的要求，4 名幼儿能在老师的强调下遵守要求，但存在 1 名幼儿对老师的要求无视、对立。

对策与建议：

幼儿教师应注重培养幼儿的责任感及服务精神。幼儿教师在过渡环节中，便可以让幼儿参与分发餐具、准备材料、收拾玩具等工作，而不应该为了统一管理控制全体幼儿的行为，以此增强幼儿为班级服务的意识。

幼儿教师应提前告知幼儿过渡环节的安排，明确要求，逐步帮助幼儿养成规则意识。但是，幼儿教师也应允许幼儿有自由支配自己时间的权利，不是完全按照幼儿教师的要求去做。幼儿教师组织过渡环节活动时，应尽量形式多样、有吸引力，以便幼儿能够集中注意力，并顺利进入下一个活动环节。

（二）采用轶事描述法观察幼儿在过渡时间的行为

观察案例 2－23

观察目的：激发幼儿参与过渡环节活动的积极性。

观察对象：亮亮（男孩，4 岁）。

观察时间：2021 年 11 月 27 日。

观察地点：中二班教室。

观察记录：

老师带领幼儿吃完午点后，在过渡环节进行分享绘本的活动。老师说道：“今天带来绘本的小朋友，可以拿出绘本同其他小朋友进行分享。”刚开始亮亮并没有说自己是否带绘本，老师走到他面前问道：“亮亮，你有没有带绘本呢？”这时候他点了点头。老师提醒亮亮：“从书包里把绘本拿出来与小朋友进行分享。”只见他从书包中拿出了两本绘本，坐在了椅子上。他打开了绘本自己看了起来。老师见状，便提醒道：“我们把绘本放在桌子的中间，让其他小朋友也能看到，大家一起看的同时，亮亮给其他的小朋友讲一讲绘本中的内容，好吗？”之后，亮亮慢慢地把绘本推到了桌子中间。

在老师的鼓励下，他大胆地伸出了手，一边指着绘本的内容，一边给小朋友讲里面的内容。刚开始的时候他的声音比较小。老师提醒道：“亮亮，可以大一点声音哟，要不然别的小朋友会听不到哦。”渐渐地，他的声音越来越大。最后在老师的鼓励与帮助下，他大声地与其他小朋友分享起了自己的绘本。老师表扬了亮亮，不仅将绘本内容讲得好，而且认识的字也很多，亮亮脸上露出了微笑。

分析与解释：

幼儿教师的鼓励有助于激发幼儿参与分享绘本活动的积极性。《3-6岁儿童学习与发展指南》社会领域—人际交往子领域目标“具有自尊、自信、自主的表现”中指出，4～5岁幼儿“敢于尝试有一定难度的活动和任务”。分享绘本的活动对于胆小、不自信的幼儿来说，难度较大。幼儿教师的鼓励能够有效调动幼儿参与活动的积极性，并逐渐使幼儿具有自信、自主的表现。

佐证记录：案例中亮亮在获得老师的表扬后，脸上呈现出愉悦的情绪，对于幼儿今后参与绘本分享活动有所助益。

缺少愉快氛围的营造，易造成幼儿产生紧张的情绪。《3-6岁儿童学习与发展指南》社会领域—人际交往子领域目标“情绪安定愉快”的教育建议中指出：“营造温暖、轻松的心理环境，让幼儿形成安全感和信赖感。如：保持良好的情绪状态，以积极、愉快的情绪影响幼儿。”可见，幼儿教师创设轻松愉快的活动氛围对于幼儿发展起着至关重要的作用。

佐证记录：案例中幼儿教师的引导方式较为单一，难以激发幼儿主动分享绘本的意愿。

对策与建议：

注重营造绘本分享的愉快氛围。幼儿教师可以采用隐性示范的方式，指导幼儿如何进行分享，无形中激发幼儿主动分享的意愿，教会幼儿分享的方式。

了解幼儿的性格特点。幼儿教师应多为性格内向、不爱说话的幼儿，提供分享的机会，帮助幼儿感受集体的温暖，增强幼儿的自信心，从而有助于幼儿养成良好的性格。

做好家园共育工作。幼儿教师同家长进行充分沟通，家长也应多鼓励幼儿大胆进行表达，让幼儿爱上阅读、喜欢分享、乐于表达。

观察案例 2－24

观察目的：观察幼儿餐后活动的行为。

观察对象：中三班幼儿。

观察时间：2021年11月3日。

观察地点：中三班教室。

观察记录：

午餐活动马上要结束了，已有部分幼儿吃完午餐来到了走廊里。在教室外面的走廊里，传来了嬉笑打闹的声音。小轩喊道：“你来追我啊！追不到，追不到……”乐乐吼道：“你等着，我马上追上你……”说话的过程中，两人还不停地跺着自己的小脚丫，之后，便开始在走廊里不停地追赶起来了。教室内还剩几名幼儿在吃饭，老师站在旁边等候这几名幼儿。过了一会儿丽丽来到老师旁边，说：“小轩和乐乐在走廊里跑呢。”老师出来后，喊道：“你俩赶紧停下来，坐到走廊两边的小椅子上看绘本。”待老师回到教室后，其余幼儿已全部吃完了午餐，跟随老师来到了走廊的小椅子上，开始同周围的小朋友交谈起来。

分析与解释：

幼儿的自主控制能力的发挥依赖幼儿教师的监督。对于已完成进餐的幼儿，尽管幼儿教师已要求其在走廊中阅读绘本，但幼儿由于自主控制能力较弱，且走廊中活动空间较大，因此易受到周围事物的影响，易发生餐后剧烈活动的情况，会对幼儿的身体健康造成不良影响。4～5 岁是幼儿自主控制能力发展的重要时期，幼儿教师应利用好日常生活中的教育契机，帮助幼儿形成良好的行为习惯。

佐证记录：案例中的小轩和乐乐于进餐结束后，在走廊里相互追逐打闹。

3～6 岁幼儿注意力的显著特征是无意注意占优势地位。因此幼儿很难做到认真服从幼儿教师的要求，易受到周围环境的影响，进而出现同伴间玩耍的行为。

佐证记录：案例中的老师在餐后活动中安排幼儿进行绘本阅读，但仍然存在同伴间打闹的行为。

幼儿教师未充分关注已经吃完饭的幼儿。餐后活动是幼儿进餐活动和午睡活动两个环节之间的过渡时间，幼儿教师的目光既要关注到未吃完午餐的幼儿，又要关注到已吃完午餐的幼儿，及时采取有效的方式组织幼儿餐后活动。

佐证记录：虽然案例中的老师已安排吃完饭的幼儿阅读绘本，但是未充分关注幼儿的整体情况。

对策与建议：

幼儿教师可以同幼儿一起制定餐后活动规则。结合幼儿以往在餐后活动中暴露出来的问题，幼儿教师可以和幼儿一起商讨解决办法，有效约束幼儿的餐后活动行为，帮助幼儿养成良好的餐后活动习惯。

幼儿教师应选择多种类型的餐后活动，以满足幼儿自主选择的需要。结合幼儿的年龄特点，幼儿教师可以设置阅读绘本、结构游戏、传声筒等多种安静性活动，并让幼儿自主选择感兴趣的活动。

为幼儿普及健康方面的知识。告诉幼儿餐后活动时，不宜追逐打闹，否则容易肚子疼、胃疼，叮嘱幼儿做一些安静的活动。

观察案例 2－25

观察目的：观察幼儿集体教学活动后的行为。

观察对象：小三班幼儿。

观察时间：2021 年 10 月 20 日。

观察地点：小三班活动室。

观察记录：

一个教学活动刚结束，老师请幼儿按照小组顺序去小便。幼儿分别按照苹果组、葡萄组、柠檬组、香蕉组的顺序去上厕所。没有排到的小组的幼儿则跟随老师一起进行手指游戏——五只猴子荡秋千。上完厕所的幼儿，在配班老师的带领下，按小组顺序拿水杯、接水、喝水。喝完水后，幼儿要坐到自己原来的座位上，跟随老师一起做手指游戏，等待第二个教学活动的开始。

分析与解释：

小班幼儿具有了一定的规则意识。《3-6 岁儿童学习与发展指南》社会领域—社会适应子领域目标“遵守基本的行为规范”中指出，3 ～ 4 岁幼儿“在提醒下，能遵守游戏和公共场所的规则”。案例中的教学活动及过渡环节的活动在幼儿教师组织下顺利开展。

佐证记录：案例中的幼儿在幼儿教师组织下按顺序如厕、饮水，并认真配合幼儿教师做手指游戏。

幼儿教师限制了幼儿自由活动的行为。《幼儿园教育指导纲要（试行）》中指出：“尊重幼儿的人格和权利，尊重幼儿身心发展的规律和学习特点”，因此，在幼儿园过渡环节安排活动内容时，幼儿教师应时刻考虑幼儿的年龄特点，尊重幼儿的权利，而非限制幼儿自由活动。在现实情景中，幼儿教师为了便于管理，常常忽视给予幼儿自由活动的机会，尽管幼儿能够遵守幼儿教师制定的规则，但是这不利于幼儿积极性和主动性的发挥。

佐证记录：案例中的幼儿教师，为了便于管理，设置了统一的过渡环节，容易限制儿童的自由。

对策与建议：

为幼儿创设宽松自在的氛围。幼儿教师应在过渡环节中安排一些符合幼儿身心发展特点，能够引起幼儿兴趣的活动，让幼儿以积极愉快的情绪参与到过渡环节活动中，为幼儿形成健康的心理做好铺垫工作。

优化过渡环节的组织形式。真正做到衔接自然、内容恰当、形式多样，最大程度地发挥过渡环节的教育价值。

充分尊重幼儿的天性。幼儿教师在组织活动时，应避免不必要的管理行为，使幼儿被动变为幼儿主动，让幼儿在过渡环节的安排中切实感受到心理上的放松。

观察案例 2－26

观察目的：观察幼儿集体教学活动后的行为。

观察对象：中三班幼儿。

观察时间：2021 年 10 月 20 日。

观察地点：中三班教室。

观察记录：

集体活动后，老师组织幼儿上厕所、洗手。皮皮趁老师不注意便把两手放在水龙头出水口上，想堵住水龙头上的水，水龙头里的水一下子冒了出来，溅到了墙上、地面上，他开心地嘿嘿笑着。旁边的幼儿尖叫着跑来找老师告状。这时，盥洗室里传来了乐乐争执的声音："老师，是我第一个抢到的！你不准推，不准挤。""不行，我就要第一个！"皮皮说着便推了乐乐，乐乐"哇"的大声哭起来。

分析与解释：

中班幼儿随着年龄的增长，求知欲和探索欲明显增加。《3-6 岁儿童学习与发展指南》科学领域—科学探究子领域目标"亲近自然，喜欢探究"中指出，4～5 岁幼儿"常常动手动脑探索物体和材料，并乐在其中"。尽管幼儿在生活中对水非常熟悉，但是幼儿仍然对水的探索有极大的兴趣。案例中皮皮的玩水是幼儿对水的探索行为，是一种学习的需要，因此幼儿教师要正确处理，抓住潜藏着的教育契机，满足幼儿的需要。

佐证记录：案例中的皮皮是个很聪明可爱的幼儿，对水非常感兴趣，每次洗手都要在幼儿教师的提醒督促下，依依不舍地离开水龙头。

中班幼儿大多能与同伴合作、互助、分享和轮流，但交往技能较欠缺，遇到问题或者退缩，或者出现攻击性行为，或者喜欢告状，或者寻求成人的帮助。案例中的皮皮和乐乐在争抢的过程中未能用语言进行沟通，以推挤的方式解决冲突，乐乐也在第一时间寻求了幼儿教师的帮助。

佐证记录：案例中的皮皮玩水时，旁边的幼儿主动向幼儿教师告状；皮皮在和乐乐争抢水龙头时，用手推开了乐乐，乐乐及时和幼儿教师反映水龙头是他第一个抢到的。

对策与建议：

游戏是幼儿的天性，是幼儿学习的基本方式，也是幼儿最喜欢的活动方式。因此幼儿教师要为幼儿创设开放、宽松的活动环境，提供各种玩水的材料，根据幼儿的兴趣开展相应的玩水的游戏活动。幼儿教师通过游戏与幼儿一起商讨玩水的方法、规则，既能满足幼儿想玩水的需求，也能在宽松自由的环境中激发幼儿的想象力和创造力。幼儿教师也可以在幼儿玩水的过程中，为幼儿普及节约水资源的做法，在无形中帮助幼儿掌握更多的社会行为规范。

充分发挥环境的熏陶作用。幼儿教师可以在洗手池旁边张贴洗手步骤图，提醒幼儿正确的洗手步骤。在地面上标注好幼儿等候的黄线，提醒幼儿要具有排队等候的意识。

发挥好榜样的示范作用。幼儿教师可以在洗手处张贴一则故事，选取的故事中的主人公应对幼儿行为习惯的养成具有一定的示范作用，既能在潜移默化过程中影响幼儿的行为，也能减少幼儿等待洗手的乏味。同时，幼儿教师在生活中要以身作则，严格规范自己的言行举止。

善于运用表扬、鼓励的手段。对于表现优秀的幼儿，幼儿教师要给予及时的表扬和肯定，激励幼儿形成良好的常规习惯。

（三）采用实况详录法观察幼儿的过渡时间行为

观察案例 2－27

观察目的：了解幼儿的餐前活动行为，为幼儿教师开展餐前活动提供有效的指导。

观察对象：中二班全体幼儿。

观察时间：2021 年 12 月 9 日。

观察地点：中二班教室。

观察记录：见表 2－17。

表 2－17　中班幼儿的餐前活动行为

时间	客观描述	主观解释和疑问
10:50—10:55	待幼儿自由活动结束后，老师带领幼儿开始做餐前准备活动。首先，老师先组织幼儿收积木。琪琪今天快速地将她玩的大积木放到了积木区中，老师夸奖：“琪琪真是老师的好帮手，在家里一定也是妈妈的好帮手。”听后，琪琪便跑到丽丽的旁边，发现丽丽的积木摆放得没有顺序，大小积木混杂着放在一起，这时琪琪说：“丽丽，我来帮助你，我们把这些积木按照大小分开。”说着，便动手开始帮丽丽，丽丽负责摆放小积木，琪琪负责摆放大积木。	餐前分配积木有助于培养幼儿的规则意识。
10:55—11:15	老师转身后，发现亮亮已经坐到教室里面了。老师问：“亮亮你的积木收好了吗？”亮亮回答：“已经收好了。”老师说：“带我去欣赏一下你的成果。”老师来到亮亮收的积木旁边，发现积木按照大小顺序已经排好了，于是说：“亮亮真棒，积木收得又快又好”。老师说完，亮亮笑着重新回到了自己的座位上。在幼儿基本上整理好玩具后，老师组织幼儿回到教室内，准备如厕。幼儿按照老师提前分好的四个小组进行如厕。当老师播放到“娃哈哈”音乐时，“娃哈哈”组的小朋友兴高采烈地起身，其余的小朋友在老师的组织下，做音乐律动。壮壮是最快回到座位上的小朋友，老师夸奖：“今天壮壮的动作非常迅速。”鹏鹏回来后，在老师的嘴边小声说了几句。老师听后，来到了壮壮身边说：“壮壮，伸出你的小手来，我闻闻洗后是不是更香了。”这时壮壮低下了头，小声说道：“我还没有洗手。”于是在老师的要求下，壮壮又重新回到了盥洗室。	以播放音乐的方式组织幼儿如厕、盥洗，较能调动幼儿的积极性。

续表

时间	客观描述	主观解释和疑问
11:15—11:20	接下来，“祖国真美丽”的音乐声响起，该组小朋友开始起身。厕所传来了吵闹声，“快看啊，我可以把尿尿到这么高的地方！”配班老师来到厕所后，发现明智和腾腾正在比赛谁尿得更高，结果把尿都溅到厕盆外面了。配班老师赶紧制止他们，叮嘱他们：“好好小便，后面的小朋友还等着小便呢。” 而后，“小小蜡笔”组的幼儿听到音乐声响起，便开始了如厕，该组幼儿较为有序，但是丽丽和丫丫一直在后面磨蹭，两人一直在交谈。在老师的提醒下，她们快速坐回到了自己的座位上。 最后，“数鸭子”组的幼儿进行如厕，他们听到音乐后，学着小鸭子的动作一步步走向厕所。 待幼儿陆续返回后，老师组织幼儿坐到自己的小椅子上，保育员老师将今天的饭菜推了出来。老师说：“让我们请今天的值日生丽丽为大家分餐具，请今天的播报员亮亮为大家播报饭菜。”	

分析与解释：

中班幼儿具备整理意识，但是分类整理的能力仍需进一步增强。《3-6岁儿童学习与发展指南》健康领域—生活习惯与生活能力子领域目标“具有基本的生活自理能力”中指出，4～5岁幼儿“能整理自己的物品”。案例中的琪琪、丽丽、亮亮均具备一定的整理意识，其中丽丽的分类整理能力仍需进一步提升。

佐证记录：案例中的丽丽在整理积木时，未能做到按大小顺序整理积木，仍需在老师或其他小朋友的帮助下，才能做到分类整理。

4～5岁是幼儿自我控制能力发展相对较快的时期，是帮助幼儿形成良好行为的重要时期。《3-6岁儿童学习与发展指南》社会领域—社会适应子领域目标“遵守基本的行为规范”中指出，4～5岁幼儿能“感受规则的意义，并能基本遵守规则”。但中班幼儿的自我控制能力仍需进一步提高，需要成人的监督和检查。

佐证记录：案例中的壮壮未洗手便回到了座位上；如厕的明智和鹏鹏比赛谁尿得更高。

4～5岁是幼儿自我意识发展的加速期，有着强烈的自我存在感，希望得到大人的注意、认可和称赞。因此，老师的夸奖和鼓励有助于激发幼儿的正向行为；但一旦幼儿的自我存在感得不到满足，不良情绪、甚至不良行为就会产生。

佐证记录：案例中的琪琪在老师的鼓励下，更乐于帮助其他的小朋友完成整理积木的任务。壮壮为了追求速度快，获得老师的表扬，便后没有洗手，就急着回到了自己的座位上。

对策与建议：

日常生活中应注重培养幼儿的分类整理的能力。《3-6岁儿童学习与发展指南》健康领域—生活习惯与生活能力子领域目标“具有基本的生活自理能力”教育建议中指出，提供一些纸箱、盒子，供幼儿收拾和存放自己的玩具、图书或生活用品等。

增强幼儿的规则意识。请遵守如厕规则的小朋友说一说应该怎样小便，如排队等候时不打逗，小便时对准了盆厕的下水口，不把小便溅得到处都是，以及尿完及时冲水，尽快离开让后面的小朋友使用。

幼儿教师应善于运用奖励措施。对于表现好的幼儿，幼儿教师可以给予奖励，激发幼儿的主动性及积极性。对于出现状况的幼儿，幼儿教师应告诉幼儿正确的如厕及洗手规则：不能在如厕时进行“看谁尿得高”的比赛，如果想玩，老师会专门组织类似的水枪比赛；不能如厕后不洗手，细菌会进入身体，影响身体健康。

本章小结

本章主要介绍了如何运用观察方法记录幼儿的常规活动，明确了幼儿在进餐、如厕、睡眠、过渡时间的行为的观察要点及内容。结合幼儿园实践案例，呈现了检核表法、轶事描述法、实况详录法、时间取样法、事件取样法等观察方法的运用。对于不同的行为应采取不同的观察方法，可以运用检核表法、轶事描述法、实况详录法、时间取样法观察幼儿的进餐行为；可以运用事件取样法、轶事描述法、实况详录法、检核表法观察幼儿的如厕行为；可以运用事件取样法、检核表法、轶事描述法、实况详录法观察幼儿的睡眠行为；可以运用检核表法、轶事描述法、实况详录法观察幼儿的过渡时间行为。同时根据《3-6岁儿童学习与发展指南》分析、解释幼儿的行为，并提供有效的应对措施。

同步练习

一、选择题

1.《3-6岁儿童学习与发展指南》的教育建议部分提出，幼儿午睡一般要达到（　　）小时。(单选)

A. 1.5　　　　B. 3

C. 2　　　　D. 2.5

2. 健康是指人在（　　）、心理和社会适应方面的良好状态。(单选)

A. 身体　　　　B. 小肌肉

C. 个性　　　　D. 大肌肉

3.（　　）岁幼儿能感受规则的意义，并能基本遵守规则。(单选)

A. 2～3岁　　　　B. 3～4岁

C. 4～5岁　　　　D. 5～6岁

4. 以下属于幼儿进餐观察要点的是（　　）。（多选）

A. 观察幼儿进餐的环境　　B. 观察幼儿在进餐活动中的情绪感受

C. 观察幼儿的食量　　D. 观察幼儿进餐的习惯

5.《3-6 岁儿童学习与发展指南》中关于幼儿生活自理能力要求的表述正确的是（　　）。（多选）

A. 3 ～ 4 岁的幼儿在成人的帮助下穿脱衣服和鞋袜

B. 4 ～ 5 岁的幼儿可以自己穿脱衣服鞋袜，扣扣子

C. 5 ～ 6 岁的幼儿可以根据冷暖增减衣服

D. 以上说法仅是一个参考，不是衡量幼儿的一把尺子

二、判断题

1. 一日生活是幼儿健康行为习惯养成的重要时机。（　　）

2. 幼儿进餐行为的观察不仅包括午餐，还包括点心环节。（　　）

3. 偏食、挑食、快食，好吃零食、咸食、烫食，节日暴饮暴食，喝生水，生吃未洗的瓜果蔬菜等都是不良的饮食习惯。（　　）

4. 幼儿睡眠前，幼儿教师不需要检查幼儿的口腔是否有剩余饭菜，以确保幼儿安全。（　　）

5. 幼儿园应当培养幼儿良好的大小便习惯，不得限制幼儿如厕的次数、时间等。（　　）

三、简答题

1. 简述幼儿如厕行为的观察要点。

2. 简述幼儿睡眠行为的观察要点。

3. 简述观察幼儿过渡时间行为的意义。

四、思考题

1. 如何利用检核表法观察幼儿的进餐行为？

2. 选择一种方法对幼儿在园的某一个环节进行观察记录，并对记录结果进行分析与解释。

第三章

幼儿园教育活动观察与分析

学习目标

知识目标

1. 了解观察幼儿园教育活动的价值。

2. 了解各类教育活动的观察与分析要点。

能力目标

掌握各类教育活动在观察分析时的注意事项。

素养目标

1. 通过学习幼儿教育活动观察与分析，了解和认同《3-6 岁儿童学习与发展指南》中各领域目标设置的意义。

2. 通过了解教育活动中不同的观察角度，全方位了解幼儿，学会尊重幼儿的发展。

案例导入

发现幼儿的最近发展区

在一次冬天进行的科学教育活动中，教师带领小朋友们收集来了干枯的树叶，观察干枯的树叶并了解冬天的变化。在老师给小朋友们介绍冬天树叶的变化的时候，昊昊拿着一片树叶，将树叶捻成了碎末。看到一地的碎叶，昊昊高兴地和旁边的鹏鹏说："快看，我把树叶碾碎了，这样冬天小虫子吃树叶的时候就不用咀嚼了！"鹏鹏看到桌上的碎叶反问道："冬天毛毛虫早就冻死啦，怎么会吃树叶呢？"昊昊说："毛毛虫可能冻死了，可是还有其他小虫子还要吃呢！"两人的争论引起了旁边小朋友们的关注，大家七嘴八舌地发表观点，说明什么虫子在冬天会吃干枯的树叶。

问题：如果你是在场的老师，你如何看待上述现象呢？你是否能在类似的教育活动中发现幼儿的最近发展区？

第一节　幼儿园教育活动观察的价值与指导要点

一、观察幼儿园教育活动的价值

观察能力是幼儿教师的必备能力，而在教育活动中的观察能力则是幼儿教师观察能力中的重中之重。幼儿教师只有具备优秀的观察能力才能够在教育教学中认识幼儿、了解幼儿，促进幼儿个性化发展，促进教育公平的发展。同时，优秀的观察能力也是新时代高素质教师队伍的核心素养之一。对于幼儿教师来说，优秀的观察能力有助于发现幼儿的个体差异、灵活调整与生成教育教学内容，进而提高幼儿园教育教学质量，保证我国学前教育事业高质量发展。

《幼儿园教育指导纲要（试行）》第三部分“组织与实施”中的第二条提到“幼儿园的教育活动，是教师以多种形式有目的、有计划地引导幼儿生动、活泼、主动活动的教育过程”。第十条中则指出，耐心倾听，努力理解幼儿的想法与感受。尊重幼儿在发展水平、能力、经验、学习方式等方面的个体差异，因人施教，努力使每一个幼儿都能获得满足和成功。关注幼儿的特殊需要，包括各种发展潜能和不同发展障碍。从中可以看出，幼儿园教育活动是一种双向的师幼互动过程，是由幼儿教师和幼儿共同参与、相互配合而形成的活动，强调了幼儿在教育活动中的主体性，同时也要求幼儿教师在幼儿园教育活动中关注每个幼儿的不同情况、发展差异与要求。幼儿教师依据对幼儿的个性化观察、关注个体差异，适时调整教育活动，以使幼儿获得个性化的发展。

（一）幼儿园教育活动中的观察是幼儿教师的职责之一

在幼儿园教育活动中进行有效观察，是幼儿教师的职责。如果在幼儿园教育活动中，幼儿教师不具备基本的观察能力，不能以有意义的方式倾听幼儿，就无法与幼儿进行有效的互动，无法了解幼儿的兴趣，更无法理解并促进幼儿的生长和发展，观察个体差异、因材施教也就无从谈起。

（二）幼儿园教育活动要求幼儿教师观察与倾听幼儿

幼儿园教育活动是一个不断观察、记录、分析、计划的过程，无论是教育活动目标的制定、内容的选择，还是教育活动的实施，都需要幼儿教师对幼儿细致的观察与倾听。幼儿园教育活动的目标是依据幼儿的身心发展特点来制定的，幼儿教师只有在对幼儿进行充分的了解与观察的基础上，才能够依据幼儿的身心发展特点与水平，设计出适合幼儿的发展目标。在活动内容上，幼儿园教育活动内容的选择要充分考虑幼儿的身心发展特点、兴趣需要、最近发展区等多个方面。幼儿教师只有深入幼儿之中，观察幼儿的一言一行，了解幼儿与环境、材料、家长、同伴、自己的互动过程，才能敏锐地观察到他们的兴趣、需要，真正地了解幼儿当前已获得的经验，把握幼儿的最近发展区，进而选择适宜幼儿兴趣的、科学的教育内容。

（三）幼儿园教育活动是幼儿教师了解幼儿的窗口

幼儿园教育活动作为幼儿园教育的基本形式，同时也是幼儿教师了解幼儿真实发展水平与心理需求的窗口。在幼儿园中，除运用相应的量表来了解幼儿的能力状况外，幼儿教师对幼儿细致、系统地观察更能够全面、真实地反映幼儿的发展水平。幼儿的能力和心理需求是通过活动来展现的，在教育活动中，这些能力和心理需求通过语言、表情、动作等方式表现出来，幼儿教师可以通过在教育活动中对幼儿进行观察，分析幼儿的外部行为特征，了解幼儿的能力和心理状态，解读幼儿行为背后的深层次因果关系。

另外，幼儿教师在教育活动中对幼儿进行观察，可以帮助幼儿教师了解幼儿的学习方式与学习特点。幼儿教师所设计的教育活动能否有效地引起幼儿的兴趣、贴近幼儿的最近发展区并满足幼儿不同的发展需要，这些内容要求幼儿教师在教育活动中充分观察幼儿的兴趣点在哪里、与环境产生了怎样的相互作用、与幼儿教师和同伴产生了怎样的相互作用以及幼儿在教育活动中是如何表达个体经验的等内容，进而深入了解幼儿的学习特点与学习方式，为幼儿提供适宜的教育活动。

幼儿园教育活动是幼儿教师倾听和理解幼儿的主要途径。从广义来讲，幼儿园教育活动包括在幼儿园一日生活中所开展的一切活动的总和，包含生活活动、游戏活动、教学活动、交往活动、户外运动等内容。前一部分内容中已经详细介绍了幼儿园生活活动的观察与指导要点，本章内容将重点介绍幼儿园集体活动、区域活动中的观察要点与分析方法。

二、幼儿园教育活动的观察要点

（一）明确观察的目的

幼儿教师观察幼儿是出于想要更好地了解幼儿的目的，更加有效地为幼儿提供符合他们需要和个性特点的教育活动。在教育活动中，幼儿教师对幼儿了解越深入，就越能够为幼儿提供符合他们最近发展区的高质量教育活动，选择那些更有利于幼儿长远发展的活动材料和项目，提供适宜的支持与引导，以促进幼儿的深度学习与发展。

（二）自发或有计划地观察

幼儿教师对幼儿的观察可以是自发的，在教育活动中幼儿教师可以随时收集活动中的事件与信息，并将这些信息整合到幼儿教师对每名幼儿在活动中的发展的思考中。幼儿教师将教育活动的信息自发地观察、记录下来，并在其他时间将这些信息进行整理与归纳，就可能会发现在这些教育活动信息中所蕴含的幼儿发展的光芒。

在教育活动中，幼儿教师也可以有计划地进行观察；通过有计划的观察，可以真实地了解本班幼儿，并找到促进其学习和发展的最佳方式。幼儿教师有计划地观察教育活动能够确保幼儿在这一阶段应获得发展的领域或日常经验不被遗漏。在教育活动结束后，幼儿教师的观察记录能够帮助自己回忆起每名幼儿能够做什么以及在不同情境中会有怎样的表现。幼儿教师可以对幼儿的教育活动进行持续性的记录，想了解幼儿时不仅可以随时查阅，也可以将这些观察记录作为未来自己与家长、教育领域专家进行分享和讨论的依据，从而为幼儿教师自身和家长打开一扇了解幼儿的窗户，了解幼儿的世界。

（三）合理运用观察信息

通过观察，幼儿教师能够获得大量有关幼儿教育活动的信息。这些观察信息的利用不外两种形式：一是为评价幼儿服务，二是为课程或活动设计服务。两者之间的关系并不是相互独立的，而是复杂交织的。观察能够让幼儿教师对幼儿有清晰的认知与把握，确定幼儿能够做什么，并基于此设计有效的教育活动、选择活动材料、鼓励师幼互动，促进幼儿的发展与成长。当教育活动进行时，幼儿教师仍须观察幼儿，了解教育活动是否满足幼儿的学习和发展需要，对教育活动设计进行评价，进而改进教育活动，这一过程是持续进行的。

为评价对幼儿所进行的观察，幼儿教师需要收集幼儿在教育活动中各方面的发展信息。幼儿教师可以将自己在教育活动中看到的幼儿的所做、所听、所说记录下来，收集幼儿在教育活动中的作品以及活动或游戏时的照片、视频等，以这些信息为评估依据，确定幼儿在教育活动中的发展水平、优势、不足以及个性化表现等。幼儿教师可以将正式和非正式观察相结合，通过幼儿成长档案、学习故事等形式来全面、系统、准确地对幼儿在教育活动中的发展进行评价。

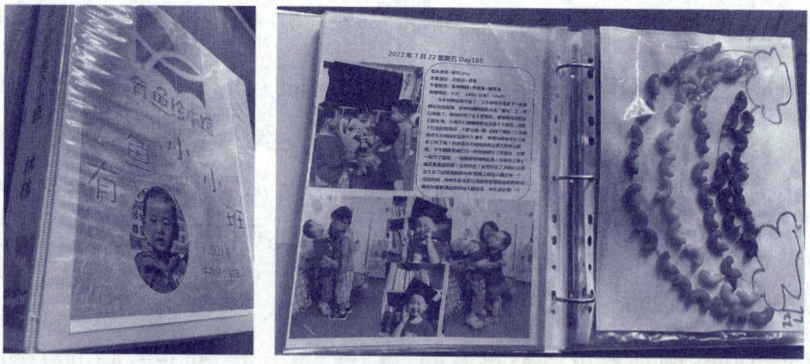

幼儿成长档案

在教育活动中，幼儿教师观察与了解幼儿能力发展的目的不是汇报教学成果，而是满足幼儿的兴趣需要。幼儿教师在教育活动中通过观察来识别幼儿的表现，进而为教育活动的设计提供出发点。为课程设计服务的观察既可以是自发的、非正式的，也可以是有明确计划的。幼儿教师可以根据自己的所见、所闻，自发地回应幼儿的活动，并在材料、环境、师幼互动方面做出调整。例如：

观察目的：通过观察幼儿与材料的互动发现幼儿的最近发展区，深化幼儿与材料的互动

观察对象：大班幼儿

观察时间：沙水区活动时间

观察地点：户外

观察方法：轶事记录法

观察记录：

在水上乐园活动中，幼儿正在玩“小船过河”和沉浮游戏。一名幼儿自发地尝试站在水中的浮板上并保持平衡，这种新玩法很快吸引了其他幼儿的兴趣。大家纷纷尝试在水中浮板上保持平衡，有的尝试双脚分开保持平衡，有的尝试蹲下一点点保持平衡，而有的则尝试手拉手保持平衡。幼儿教师发现了幼儿的这一探索过程，在活动分享环节与幼儿探讨今天这个游戏存在的问题，总结经验，讨论保持平衡的办法，深化了幼儿对平衡与沉浮的认识。为了促进幼儿高水平地探索，第二天幼儿教师则悄悄地在玩水区增加了安全的木板、木棍、软水管等材料来推进幼儿对平衡与沉浮的探索过程。

这是在幼儿自主游戏中，幼儿教师对幼儿活动状态的一次细致的观察。通过观察，幼儿教师发现了幼儿在活动中遇到的问题与困难，以及不同幼儿在这一情境中的个性化表现。幼儿教师抓住了这一教育契机，及时引导幼儿总结与思考活动中的经验，鼓励幼儿分享自己的经验，尝试再次挑战。并且，幼儿教师为了进一步推动幼儿的活动，及时调整和添加了活动材料，将幼儿的活动过程推向了更高水平的探索。

（四）活动的组织形式

活动是幼儿的活动，幼儿园教育活动的形式是多样的，它涉及教育活动的组织形式、空间以及时间等要素。根据组织形式，幼儿园教育活动可分为个别活动、小组活动和集体活动。

1. 个别活动

个别活动涉及幼儿个体或少数幼儿，它是幼儿自发的活动，也是幼儿教师按照幼儿的个别需要展开的教育活动。在个别教育活动中，幼儿教师对幼儿的观察一般可采用个案研究的方法，如日记描述法、轶事记录法、实况详录法和事件取样法等来对幼

儿在独自活动中的表现进行观察记录，幼儿教师可以对幼儿在某个方面或阶段的行为表现进行描述、分析，总结幼儿当前的发展状态，有针对性地给予支持和引导，帮助幼儿获得个性化的发展。

在个别活动中，幼儿教师要发现幼儿的个性化表现，结合当前幼儿的年龄特征、发展阶段以及这一阶段所需的关键经验等内容，根据教学要求，有针对性地为幼儿提供引导与支持，帮助和满足幼儿发展的需要。

2. 小组活动

小组活动时，幼儿教师根据一定情况，将幼儿按兴趣、能力等分成若干小组进行活动。小组活动一般没有统一的要求，幼儿在小组中可以按照兴趣、需要以及自己的速度与方法进行活动探索。因此，幼儿在小组活动中也会产生不同的行为表现，同时也会有更多的同伴互动的机会，组内幼儿可以自由交流和讨论，产生更多的合作与分享行为。小组活动为幼儿教师观察与了解幼儿的性格、能力等提供了天然的机会。幼儿教师可以利用小组活动，通过记录、录音、拍照、摄像等手段，将需要的观察资料记录与保存下来，整理和分析，这样既有利于幼儿教师加深对幼儿的了解与评价，又有利于幼儿教师进行课程设计，同时也为幼儿教师对小组活动的指导以及师幼互动提供了参考。

在小组活动中，当幼儿遇到困难时，幼儿教师可以先不急于给予指导，尝试让小组幼儿相互讨论、交流解决问题的办法，当活动无法维持或幼儿对活动失去信心时，幼儿教师需要为幼儿提供适宜的帮助和引导。幼儿教师提供帮助和引导时机的判断要基于其对幼儿小组活动的观察，可从以下几个方面入手：

（1）幼儿的兴趣点在哪里？好奇点在哪里？

（2）幼儿如何与材料产生互动？幼儿是否对材料感兴趣？幼儿从哪里获取材料？材料的数量是否充足？材料能否支持幼儿的活动？幼儿的活动是否需要幼儿教师提供额外的材料来推进他们的活动？

（3）幼儿在小组活动中的同伴互动、师幼互动如何？是在什么情况下产生的？遇到了哪些问题？是如何解决的？

（4）小组活动中幼儿教师怎样既激发幼儿思考，又避免过分干扰？

（5）幼儿在小组活动中的情绪体验如何？参与程度如何？愉悦程度如何？持续时间多长？

3. 集体活动

集体活动一般是指面向全班幼儿的教学活动。在集体活动时，全班幼儿在同一时间、空间内完成相同的事情，活动过程以幼儿教师的引导和组织为主，是一种高结构化的教学活动。在集体活动中，幼儿教师要随时观察幼儿的状态和表现，依据幼儿在集体活动中的行为表现，及时调整自己的教育行为和策略，将幼儿的兴趣维持在集体活动上。

在集体活动中，幼儿的活动状态影响整个活动的质量。幼儿教师在集体活动中要善于观察存在的问题，及时调整，保证幼儿在活动中的深度探索、交流与学习。具体来讲，幼儿教师可以从以下几个方面来观察幼儿在集体活动中的状态：

（1）参与状态。幼儿教师在集体活动中要观察全体幼儿的活动参与状态，一般可通过幼儿举手的参与率和幼儿对随机问题回答的积极性来入手。集体活动需要幼儿的积极参与，没有积极参与，也就谈不上在活动中促进幼儿的发展。

（2）交往状态。在集体活动中，幼儿教师要观察幼儿与同伴、与幼儿教师之间的互动状态，观察幼儿是否在活动中积极与同伴商讨、合作，交换各自所获得的信息，以及幼儿是否和幼儿教师产生积极的互动。

（3）思维状态。观察幼儿是否敢于提出自己的问题，并提出自己的见解；观察幼儿所提出的问题与见解是否具有挑战性与独创性，能否推动幼儿深度学习。

（4）情绪状态。观察幼儿在集体活动中的自我控制能力以及调节自身学习情绪的能力。

（5）生成状态。集体活动中幼儿的思考以及产生的各种问题，是幼儿教师生成下次活动的契机。幼儿教师要观察幼儿在活动中遇到的各种问题，分析可能的活动生成点，使活动贴近幼儿的兴趣与学习需要。另外，幼儿教师作为集体活动的组织者，要观察幼儿在活动中表现出的不符合活动预期的状态，寻找导致幼儿消极状态的原因，并通过对集体活动的观察，思考自身的教学组织能力、活动的进展状态、活动中的教学机智以及活动中对幼儿思维的关注是否符合预期等。

（五）观察角度的确定

幼儿行为观察是有目的的观察，幼儿教师在教育活动中对幼儿行为观察的角度通常指向两个方面，一是幼儿教师的观察直接指向目标幼儿，二是幼儿教师的观察直接指向幼儿确定的行为。幼儿教师要对教育活动中的幼儿进行观察，需要确定一个具体观察框架，以免使观察陷入随意、散乱的状态。在幼儿园教学活动中，幼儿的学习是通过与外界环境的交互作用来建构自身经验的，因此对幼儿教育活动的观察一方面可以基于幼儿的学习活动，另一方面可以围绕幼儿与外界环境的互动过程。具体来说，幼儿教师在教育活动中的观察可以参考以下角度：

1. 幼儿的学习活动

（1）学习动机：幼儿的兴趣点是什么？好奇点在哪里？引起幼儿学习的动因是什么？幼儿的新想法是激发出来的吗？

（2）学习内容：幼儿的已有经验有哪些？新经验是否处于幼儿的最近发展区？已有经验能否支持幼儿新的学习？这些学习经验属于哪一领域的内容？

（3）学习方式：幼儿已掌握了哪些认知技能？幼儿通过怎样的方式来获取学习内容？

2. 幼儿与环境的互动

幼儿教师在对教育活动进行观察时，需要对教育活动中幼儿所处的环境进行描述。幼儿所处的环境一般包含物理环境和心理环境两个方面。不同的环境条件会影响幼儿在教育活动中的行为表现与活动质量。幼儿教师在具体观察时要关注幼儿与环境间的互动过程。幼儿教师在观察幼儿与环境的互动时可参考以下角度：

（1）材料互动。

1）材料的数量与种类是否充足？哪些材料需要成人监督使用？

2）幼儿为何开始使用材料，是幼儿教师建议、教育活动安排、模仿他人、自发使用还是同伴建议？

3）幼儿对材料的兴趣度如何？幼儿使用材料的方法？幼儿产生了哪些行为？幼儿使用材料期间对他人的反应如何？幼儿使用材料花费的时长？

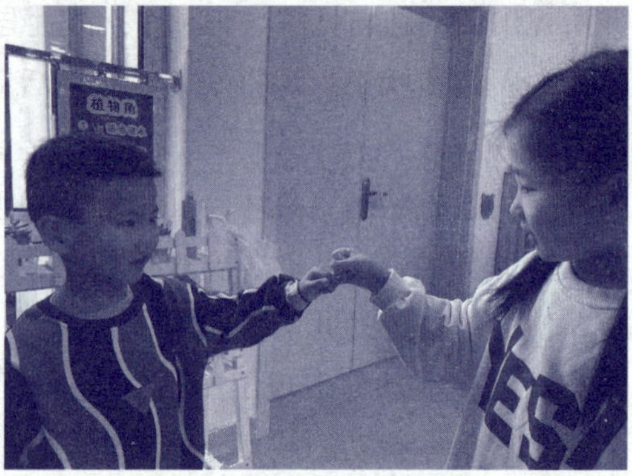

引导幼儿独立解决同伴冲突

（2）同伴互动。

1）幼儿是如何与他人接触的，是幼儿主动发起的，还是幼儿教师发起的？幼儿对待他人的态度如何？

2）幼儿在互动中处于什么样的地位，是领导人、发起人还是追随者？

3）幼儿在互动中有哪些行为表现，包括身体动作、语言、表情等？

4）幼儿与同伴产生哪些社会性行为，包括分享行为、合作行为、攻击行为等？

（3）师幼互动。

1）引起师幼互动的事件是什么？事件发生的顺序是怎样的？是谁主动发起了互动？如果是幼儿主动发起的互动，他的目的是什么，是寻求帮助、寻求安慰、索要材料还是寻求注意？如果是幼儿教师主动发起的互动，他的目的是什么，是提供材料和帮助、解决争端、参加游戏、提出建议或要求、发出指令还是安慰幼儿？

2）在互动中，幼儿的语言、表情、身体动作等有何表现？反映了幼儿怎样的态度和情感？

3）师幼互动是如何结束的？互动结束后幼儿去做了什么？

幼儿园教育活动往往是复杂多样的，幼儿教师对观察角度的选择要结合实际情况。本书按照不同的观察角度进行案例分析，目的是使读者对不同的观察分析角度有更清晰的认识。在对教育活动的观察实践中，幼儿教师要依据教育活动的性质、观察的目的与内容等灵活选择具体的观察角度。

（六）观察评价

一般来讲，幼儿教师在教育教学活动中的关注点主要是幼儿在教育活动中“怎么学”和“学得怎么样”，即幼儿在教育活动中的学习行为和发展状态两个方面。

1. 幼儿的学习行为

从“怎么学”的角度来讲，幼儿教师的“教”与幼儿的“学”是辩证统一的两个方面。幼儿教师在教育活动中对幼儿的观察可以找到教什么、如何教的依据。另一方面，幼儿教师通过观察幼儿的行为、神情和语言，通过倾听、观看、发问等方式，可以确定幼儿的兴趣需要、知识经验、能力结构等信息。幼儿教师可以在室内绘画桌、手工桌、娃娃家、建构区观察，也可以在室外活动场地的滑梯、攀登架、沙水区、植物区观察，以了解幼儿在幼儿园教育活动中所遇到的问题与困难、幼儿是如何解决问题的、幼儿如何与环境和同伴及幼儿教师互动、需要教师何种帮助，了解幼儿在教育活动中是如何学习的，确定每个幼儿的学习方式，有针对性地为幼儿提供支持与帮助（见表 3－1）。

表 3－1　教育活动适宜性评价表（幼儿教育活动表现指标）

评价项目	等级得分		
	0	1	2
对新内容的兴趣			
主动参与的程度			
内容的接受和理解程度			
学习中的独立性和创造性			
互动与合作性			
常规与秩序			

2. 幼儿的发展状态

从“学得怎么样”的角度来看，幼儿园教育活动的目的在于使幼儿获得最大限度的发展，因此幼儿教师要对幼儿在教育活动中的发展状态进行观察与评价。幼儿教师对幼儿发展状态的观察可以将《3-6 岁儿童学习与发展指南》作为基本依据，围绕健康、语言、社会、科学、艺术五大领域中要求幼儿获得的基本经验为内容，对幼儿进行有目的的观察。例如：在《3-6 岁儿童学习与发展指南》中，健康领域的动作发展目标要求幼儿“具有一定的平衡能力，动作协调、灵敏”，并划分了具体年龄阶段的发展要求（见表 3－2）。

表 3-2　具有一定的平衡能力，动作协调、灵敏

3～4岁	4～5岁	5～6岁
1. 能沿地面直线或在较窄的低矮物体上走一段距离。 2. 能双脚灵活交替上下楼梯。 3. 能身体平稳地双脚连续向前跳。 4. 分散跑时能躲避他人的碰撞。 5. 能双手向上抛球。	1. 能在较窄的低矮物体上平稳地走一段距离。 2. 能以匍匐、膝盖悬空等多种方式钻爬。 3. 能助跑跨跳过一定距离，或助跑跨跳过一定高度的物体。 4. 能与他人玩追逐、躲闪跑的游戏。 5. 能连续自抛自接球。	1. 能在斜坡、荡桥和有一定间隔的物体上较平稳地行走。 2. 能以手脚并用的方式安全地爬攀登架、网等。 3. 能连续跳绳。 4. 能躲避他人滚过来的球或扔过来的沙包。 5. 能连续拍球。

第二节　幼儿园各领域教育活动的观察与分析

《幼儿园教育指导纲要（试行）》将幼儿园的教育内容划分为：健康、语言、社会、科学、艺术五个领域。因此，幼儿园集体教育活动是以五大领域为基础来组织和展开的，本节内容将重点介绍五大领域教育活动的观察与分析。

一、健康教育活动的观察与分析

3～6岁这一时期是个体发展的重要阶段，是身体和心理发展的关键时期。《幼儿园教育指导纲要（试行）》（以下简称《纲要》）中明确提出：“幼儿园必须把保护幼儿的生命和促进幼儿的健康放在工作的首位。树立正确的健康观念，在重视幼儿身体健康的同时，要高度重视幼儿的心理健康。”这说明对幼儿进行健康教育是幼儿健康发展的基础。

在实践中，健康领域的教育内容渗透于幼儿园一日生活的方方面面，幼儿园教育活动是落实健康领域教育内容的有效途径。对幼儿健康教育活动的观察，幼儿教师可结合《3-6岁儿童学习与发展指南》（以下简称《指南》）中的相应要求，利用系统的观察方法对幼儿在健康方面的发展进行记录与分析。

（一）观察内容

对于幼儿健康教育活动的内容，《纲要》和《指南》都提出了明确要求，这些政策文件在健康教育目标方面的具体划分为幼儿教师提供了观察依据。如《指南》中将健康领域的教育的目标划分为“身心状况”“动作发展”以及“生活习惯与生活能力”三个子领域。在实际观察中，幼儿教师可结合《纲要》和《指南》中的具体目标要求设

计幼儿健康教育活动观察框架（见表3－3、表3－4）。

首先，在健康领域中，幼儿的健康状态应包括生理和心理健康两方面，即保证幼儿身心和谐发展。其次，在健康教育中要做到保护与锻炼并重。幼儿教师既要重视幼儿对保健知识、保健技能、保护意识等的获得，又要利用体育活动提高幼儿的身体素质，提高幼儿对体育活动的兴趣。最后，幼儿教师要关注幼儿健康行为的养成，提高幼儿对健康的认识，改善幼儿的健康态度，培养健康行为。而对于日常生活环节中的健康教育，在前一章已经详细介绍。健康教育还可以通过专门的教育活动进行。在观察教育活动时，幼儿教师可以先从教学目标入手，了解该活动主要涉及健康领域中的哪个子领域、有哪些具体目标，从而更清楚地了解幼儿在活动中的学习内容和发展状态。

表3－3 《纲要》健康领域教育活动目标

领域	目标
健康	1. 身体健康，在集体生活中情绪安定、愉快
	2. 生活、卫生习惯良好，有基本的生活自理能力
	3. 知道必要的安全保健常识，学习保护自己
	4. 喜欢参加体育活动，动作协调、灵活

表3－4 《指南》健康领域教育活动目标

领域	子领域	目标
健康	身心状况	1. 具有健康的体态
		2. 情绪安定愉快
		3. 具有一定的适应能力
	动作发展	1. 具有一定的平衡能力，动作协调、灵敏
		2. 具有一定的力量和耐力
		3. 手的动作灵活协调
	生活习惯与生活能力	1. 具有良好的生活与卫生习惯
		2. 具有基本的生活自理能力
		3. 具备基本的安全知识和自我保护能力

（二）健康教育活动观察案例与分析

观察案例3－1 小蚂蚁运蔬菜

观察目的：观察幼儿教师对材料的设置以及活动环节的推进过程，并围绕《指南》从师幼互动、材料互动以及幼儿间互动三个方面进行分析。

观察对象：小班幼儿。

观察时间：集体活动时间。

观察地点：户外。

观察方法：实况详录法。

观察记录：

在体育活动开始之前，白老师准备了垫子、自制蔬菜、平衡木等材料。活动开始，白老师带着幼儿来到活动场地，要求幼儿观察今天准备了哪些材料。幼儿纷纷说出了自己看到的材料。白老师说道："今天，我们要用这些材料做一个'小蚂蚁运蔬菜'的游戏。小朋友们想不想知道我们怎么用这些材料来运送蔬菜呢？"白老师要求："小朋友们要从'通道'上爬过去，将'蔬菜'粘到自己的身上，然后跑回来将蔬菜送到筐子里。"活动开始后，有的幼儿选择通过垫子组成的通道去运送蔬菜，有的幼儿则选择通过平衡木组成的通道去运送蔬菜。幼儿在自己选择的路线上运送完蔬菜后，白老师要求幼儿换一条路线运送蔬菜。3 分钟后，白老师增加了材料的难度，用轮胎、支架、垫子、平衡木等在通道上设置了小山坡，并增加了通道的长度，通道变得弯弯的。这次，幼儿运送蔬菜的积极性更高了，不过速度好像变慢了。渐渐地，幼儿穿越障碍物的速度越来越快，运送的蔬菜也越来越多……

分析与解释：

这是一个小班健康教育活动中幼儿与材料之间的互动观察案例。活动的目的主要是锻炼幼儿的平衡能力。

在师幼互动方面，幼儿教师通过动作示范、指令、情境语言等形式与幼儿进行积极的互动，并在一开始就引导幼儿主动观察活动场地的材料，要求幼儿熟悉活动材料。

佐证记录：幼儿教师一开始就将幼儿代入小蚂蚁的角色情境，并通过情境语言与幼儿讨论材料的运用方法，利用指令帮助幼儿了解游戏规则等。

活动开始后，先是幼儿自由体验由材料组成的游戏情境，接着幼儿教师在原有材料的基础上，增加了玩法，要求幼儿选择不同的"通道"，进一步深化幼儿与材料之间的接触与互动。紧接着，幼儿教师增加了材料，将游戏难度进一步提升，充分地利用材料变化，使幼儿与材料之间有效接触，形成幼儿与材料间的良性互动，锻炼幼儿的平衡能力。

佐证记录：幼儿教师通过轮胎、支架、垫子、平衡木等不同材料的组合设置小山坡。

对策与建议：

从师幼互动的角度来看，案例中的互动主要由幼儿教师发起。幼儿教师可以进一步深化师幼互动的内容，如不仅仅通过指令的形式指导游戏，还可以以参与者的身份加入游戏中，提高师幼之间的互动水平。

从材料互动的角度来看，幼儿教师为幼儿提供了丰富的材料。在材料的利用上主要由幼儿教师来设置。幼儿教师可以要求幼儿或听从幼儿的建议来设置材料，或由幼儿自主尝试设置关卡，提高自身与材料的互动深度。

从同伴互动来看，主要由幼儿来完成蔬菜运输的过程。虽然幼儿需要合作才能完成目标，但是实际上缺少幼儿与幼儿之间的互动，幼儿教师可以通过小组合作、协商讨论的形式来增进幼儿之间的互动。

幼儿与幼儿教师、材料以及同伴的互动是幼儿园教育活动的观察重点。在实际观察中，幼儿教师不仅可以利用实况详录法来对幼儿的互动情况进行详细的记录，还可以设计专门的观察记录表来记录互动的种类、数量、时间、幼儿互动所产生的事件与发展状况以及幼儿与幼儿教师、材料、同伴的互动情况等内容。在实践中还可以采用检核法对健康教育活动进行观察（见表3－5）。

表3－5　幼儿体育活动观察表

姓名	情绪状态		动作表现						轶事简述
	胆怯	高兴	需要帮助	独立	喜欢单独玩	乐意与同伴一起玩	喜欢模仿	创造性地玩	

教师可通过该表，利用检核表法对幼儿在健康活动时的表现进行记录。该表适合观察个体或小组活动，情绪状态与动作表现两栏可以用符号表示；轶事简述一栏可以用文字表述，简单记录幼儿独特或有趣的事件；表内所观察项目均无好坏之分，目的在于解读幼儿不同的活动状态，观察、了解幼儿个体运动发展的轨迹，给每个幼儿提供合适的指导和帮助。

观察案例3－2　安全自护我知道

观察目的：观察幼儿教师如何基于幼儿经验引导幼儿逐步深化对身体防护的认识，幼儿与教师以及幼儿与幼儿间是如何分享交流与互动的。

观察对象：大班幼儿。

观察时间：集体活动时间。

观察地点：活动室。

观察方法：实况详录法。

观察记录：

伴随着《找一个朋友碰一碰》的欢快音乐，丁老师带着中班幼儿蹦蹦跳跳地走进了教室。坐好后，丁老师问道："刚才你和你的小伙伴一起碰了身体的哪些部位呢?""肚子!""小手!""小脚!"……幼儿争先恐后地回答着。听到大家回答，丁老师接着问道："你们知道身体的哪些部位是不能随便露出来，更不能随便看和摸的?"昕昕说："肚子不能碰!"涵涵说："女孩子的胸部不能碰!"西西说："生殖器不能碰!"还有的小朋友补充道："小嘴巴也不能摸……"丁老师说道："小朋友们有这么多的猜想，我们来一起观察一下人的身体是由哪些部位组成的。"

丁老师拿来了女孩和男孩的身体示意图，带着小朋友一起认识了女孩和男孩的身体结构，有头部、胸部、腹部、生殖器、大腿、小腿……接下来，丁老师邀请小朋友分成三组，要求小组成员相互讨论"人的身体有哪些部位是不能随便露出来的，不能随便看，不能随便碰的"，请每组幼儿用小花将相应的部位遮盖住。交代了活动规则后，三组幼儿马上行动起来……

小组讨论环节，幼儿热烈地讨论着各自的观点。丁老师一边提醒每组幼儿活动的任务和要求，一边观察幼儿的活动状态。丁老师发现幼儿的观点似乎并不一致，但并没有急着干预或给幼儿一个确切的答案，而是提醒道："小朋友在讨论遮盖哪里的时候，可以想一想并说一说为什么这里不能看、不能碰。"

小组活动结束后，丁老师将每组幼儿的"成果"挂在了背景板上。"我们先来看一看三个小组对女孩子不能看、不能摸的身体部位的观点有什么异同。""三个小组一致认为女孩子的胸部、生殖器、屁股、背部、腹部这些私密部位是不能随便给人看的呀。""问题来了，二组的小朋友将眼睛和嘴巴也遮盖了起来，谁能说说为什么呢?"涵涵说："眼睛不能随便碰，碰了会受伤的。"西西补充道："眼睛和嘴巴是可以看的，不能随便碰的!"丁老师赞同了西西的观点。有幼儿将图画中人物的脖子遮住了，丁老师问："这里能不能看呢?"丁老师邀请幼儿看看老师的脖子，原来脖子也是可以看的。

分享结束后，丁老师又问道："既然这些部位不能随便看和碰，我们要如何保护呢?"涵涵立刻说道："要穿好衣服把这些部位遮盖住!"轩轩说道："有些部位要轻轻碰，不能太重。"昕昕则说道："平时要把自己的衣服穿好，不能随便把自己的部位暴露出来。"接着，丁老师和小朋友一起观看了"安全防护"的动画视频，结合视频丁老师问道："遇到视频里的问题你要怎么办?""呼喊、找大人帮忙!"幼儿争着说。最后，丁老师和幼儿一起总结了在什么情境下不能露出自己的私密部位。原来，幼儿不仅平时要穿好衣服，不能随便露出私密部位，在如厕的时候也要关好门，不能随便把私密部位暴露给别人。

分析与解释：

案例中的幼儿教师在组织活动时，始终围绕帮助幼儿获得身体防护的相关经验这一目标。另外，从实况详录中可以看出，在整个活动过程中，幼儿教师与幼儿之间始终保持着积极的师幼互动，并且幼儿教师还引导幼儿相互讨论、交流身体防护的相关经验，利用同伴互动加深了幼儿对身体防护的意识。

佐证记录：幼儿教师通过与幼儿的讨论激发幼儿的探究兴趣，并利用小组活动的形式促进幼儿与幼儿的经验交流，以及通过分享展示深化幼儿对身体保护的认识。

对策与建议：

《指南》中指出："告诉幼儿不允许别人触摸自己的隐私部位。"活动中，幼儿教师利用游戏、小组活动等让幼儿的兴趣始终维持在个人身体隐私保护这个问题上，活动的内容是建立在幼儿已有的对身体结构认识的这一经验基础上的，内容贴近幼儿的生活及其最近发展区。

在材料互动上，幼儿教师也可以为幼儿提供挂图以及不同的衣服贴纸，要求幼儿根据不同情况将符合要求的衣服贴在挂图上，促进幼儿自身经验的内化。

在日常观察中，幼儿教师要根据实际需要选择观察方法。除实况详录法外，幼儿教师还可以使用轶事记录法、日记描述法等叙述观察法，也可利用检核表法、评定量表法等对幼儿健康活动进行观察。《指南》将健康领域的内容划分为"身心状况""动作发展""生活习惯与生活能力"三个子领域，幼儿教师在对不同领域内容进行观察时要灵活选用观察方法，针对不同观察要求设计观察记录表。以下为针对不同观察领域设计的观察记录表（见表 3－6）。

表 3－6　幼儿情绪反应记录表

观察对象	XY	年龄	4 岁	性别	男
观察地点	教室	观察日期	2021 年 11 月 10 日		
行为场景	老师让回答问题	情绪判断	害怕、焦虑		
情绪行为表现	头埋得很低，右手不断揉搓左手			观察者	陈老师
总结	该儿童自信心差，害怕向老师提问，不爱言语，性格内向				

表 3－6 为针对幼儿"身心状况"中幼儿情绪反应状态设计的事件取样观察表，幼儿教师可记录事件发生的时间、背景、角色，总结幼儿在事件中情绪反应背后的原因。另外，在"身心状况"中还涉及对幼儿健康体态方面的观察要求，幼儿教师可以依据《指南》中对不同年龄段的身心状况要求设计相应的观察记录表。

表 3－7、3－8 是关于《指南》"动作发展"子领域的检核表，分别对幼儿的大肌肉和小肌肉动作发展进行观察记录。该表格适合对幼儿个体动作发展进行细致观察，确定幼儿的动作发展水平。在实际应用中，幼儿教师可根据自身实际情况对观察内容进行灵活调整。

表 3-7　幼儿大肌肉动作发展观察记录表

观察对象		年龄		性别	
观察地点		观察时间		观察者	
体育活动项目	观察项目	符合该年龄段的发展特点		不符合该年龄段的发展特点	
单腿站立	转体摸椅动作				
往返跑	奔跑速度				
抛接球	抛球动作				
	接球反应				
投掷	投掷体位				
	投掷站姿				
	投掷方向				
跳远	跳的质量				
	落地的质量				
	摆臂动作				
跳格子	腿部力量				
总结					

表 3-8　幼儿小肌肉动作发展观察记录表

观察对象		年龄		性别	
观察地点		观察时间		观察者	
体育活动项目	观察项目	符合该年龄段的发展特点		不符合该年龄段的发展特点	
画迷宫	握笔姿势				
	所画圆弧线质量				
	所画直线质量				
夹花生	握筷子的姿势				

在《指南》中关于健康教育的第三个子领域为“生活习惯与生活能力”。幼儿园对于幼儿生活习惯与能力的教育，通常是融入一日生活流程之中的，在生活中对幼儿的生活习惯与能力进行引导。幼儿教师也可以利用集体教学活动来对幼儿生活习惯与能力进行培养。幼儿教师在观察时可以参考检核表法对幼儿的生活习惯与生活能力进行观察。在实际观察中，幼儿教师也可以通过对幼儿一日生活的追踪，运用日记描述法、实况详录法、轶事记录法等进行观察（见表 3-9）。

表 3－9　幼儿生活卫生习惯检核表

幼儿姓名：　　　　性别：　　　　年龄：

序号	观察内容	行为表现		
		能	基本能	不能
1	能正确使用筷子，知道保持桌面及碗内干净			
2	如厕时能以正确的方式使用厕纸			
3	愿意学习整理自己的床铺			
4	能做到不吃脏东西			
5	能做到不吮吸、不咬手指			
6	知道咳嗽、打喷嚏时要捂住口鼻			
7	会用正确的方式爱护自己的身体			
8	知道避开一些危险的方法			

二、语言教育活动的观察与分析

幼儿期是语言能力发展的关键时期，语言能力的发展是幼儿各方面得以发展和成熟的先决条件，幼儿语言能力的发展是通过不断地交流和运用逐渐发展起来的。《指南》中明确指出：“幼儿的语言学习需要相应的社会经验支持，应通过多种活动扩展幼儿的生活经验，丰富语言的内容，增强理解和表达能力。”在《纲要》中也有类似表述：“发展幼儿语言的重要途径是通过互相渗透的各领域的教育，在丰富多彩的活动中去扩展幼儿的经验，提供促进语言发展的条件。”这些阐述表明了幼儿语言的学习与发展以及幼儿园语言教育活动的重要性。

幼儿园语言领域的教育活动既可以在幼儿园的一日生活当中实施，通过幼儿与成人、同伴、家长的交流与交谈进行，又可以通过专门的语言教育活动进行。幼儿教师要根据自身的观察目的来确定相应的观察情境，并依据《指南》《纲要》中对幼儿语言方面发展的具体要求来确定观察的内容。

（一）观察内容

幼儿教师在选择幼儿语言领域教育活动的观察内容时，可参考《指南》《纲要》中的具体目标要求。《指南》中将语言领域的教育目标分为“倾听与表达”“阅读与书写准备”两个子领域，《纲要》中则规定了具体的内容与要求。幼儿教师在对幼儿园语言教育活动进行观察时，要依据两个文件中对语言领域目标的要求，将相应目标分解为具体的观察内容。具体目标内容见表 3－10、表 3－11。

表 3-10 《纲要》语言领域教育活动目标

领域	目标
语言	1. 乐意与人交谈，讲话礼貌
	2. 注意倾听对方讲话，能理解日常用语
	3. 能清楚地说出自己想说的事
	4. 喜欢听故事、看图书
	5. 能听懂和会说普通话

表 3-11 《指南》语言领域教育活动目标

领域	子领域	目标
语言	倾听与表达	1. 认真听并能听懂常用语言
		2. 愿意讲话并能清楚地表达
		3. 具有文明的语言习惯
	阅读与书写准备	1. 喜欢听故事，看图书
		2. 具有初步的阅读理解能力
		3. 具有书面表达的愿望和初步技能

对幼儿语言领域活动的观察，幼儿教师可以围绕“倾听与表达”“阅读与书写准备”两个子领域来对幼儿语音、语法、语用等情况进行观察和记录。幼儿教师在具体实践中要有所侧重，如在语言游戏中观察幼儿的语音和词汇、在谈话活动中观察幼儿的倾听与表达、在阅读活动中观察幼儿的语言理解能力等。

（二）幼儿语言教育活动观察案例与分析

观察案例 3-3　一步一步走啊走

观察目的：观察幼儿教师是如何利用故事情境、通过语言示范以及动作示范与幼儿互动交流的，幼儿是如何在互动中逐渐深化掌握相应的语言经验的。

观察对象：小班幼儿。

观察时间：集体活动时间。

观察地点：公开课现场。

观察方法：实况详录法。

观察记录：

【观察背景】

今天应老师准备了羊村图片、画有小路的纸以及各种卡通人物带领小班幼儿一起进行语言教育活动，小班幼儿一起学习了《一步一步地走》的小故事。

【情境 1】一个一个的

应老师准备好了羊村大门的图片，让幼儿一起观看羊村大门的小路是怎样的。

师：小朋友们，应老师今天要带你们去一个地方玩，大家一起来看看这是什么地方？（羊村图片）

幼儿（集体）：是羊村，喜羊羊的家……

师：谁想跟我去羊村玩？（幼儿举手）好，我们准备去羊村啦！你们看，羊村前面有一条路，小路通向羊村，应老师在桌上为大家也准备了一条蓝色的小路，大家去桌上找一找！（幼儿走向活动桌，找到小路道具）

师：我们都找到了小路，现在我们要走到小路上去，大家看，小路上来了一个朋友，这个朋友是谁呀？

幼儿（集体）：一个小弟弟。

师：有小弟弟啦，小朋友看看小弟弟是怎么走的？

幼儿教师播放动画，部分小朋友看到动画中的卡通人物，也不自觉地站起身来学着卡通人物走路，老师在旁边提醒道："看看小弟弟是怎么走的？他是一步一步走的。"

师：小朋友们看，小弟弟在小路上一步一步地走，他遇见了什么呀？（出示第二幅图片）小路上走来了一个朋友，你们看看小路边的花园里，还有一个什么东西？

幼儿1：小人。

师：一个小人，还有吗？

幼儿2：小鸡。

师：一个小鸡，还有什么东西是一个的？

幼儿3：大大的绿叶。

师：一片大叶子……（幼儿教师引导幼儿找到图片中"一个一个的"物品，幼儿逐渐会用"一个、一朵、一架"来形容自己发现的物品）

师：小朋友们，我们再来看看小弟弟的脸上有什么东西是一个的？（出示第三张图片）

幼儿1：一个鼻子。

幼儿2：一张嘴巴。

师：还有吗，还有没有小朋友找到其他东西？

幼儿3：他那边的耳朵没了……

师：哦！你看到了一只耳朵！

师：还有吗？

幼儿4：一只头！

师：哦！是一个头，太棒啦！

…………

【情境2】一步一步走啊走

师：小朋友们看，小弟弟走着走着碰见谁啦？

幼儿1：乌龟！

师：好，是乌龟呀，现在小朋友们赶快把乌龟也放到你们的小路上。（幼儿各自走

向活动桌，摆放卡通人物）

师：现在小路上有两个朋友咯，小乌龟是怎么走的？

幼儿2：爬的。（幼儿学习小乌龟一步一步爬啊爬）

师：小乌龟跟着小弟弟他们两个“一步一步爬啊爬”，看看他们两个遇见谁了？

幼儿3：河马？

师：我们拿出来看看，原来是大白鸭，小朋友们，大白鸭是怎么走路的？（小朋友们纷纷离开位子学起了鸭子走路）

幼儿教师展示大白鸭走路的动画，并做出动作。

师：小朋友们看一看，大白鸭是摇着走的，谁会像大白鸭一样摇着走路？我们来播放音乐一起来学一学吧！

幼儿教师播放音乐，幼儿跟着音乐学着大白鸭摇动……

师：我们来比比看谁走路最像大白鸭，我们来比一比吧！谁想先来？（两名幼儿上台）这两位小朋友先来比一比吧，底下的小朋友来跟着一起说一说。

师幼（共同）：“大白鸭走路摇啊摇……”

师：他们摇得像不像？（老师奖励喜羊羊的印章）

幼儿纷纷上前比赛，和老师说着：“大白鸭走路摇啊摇……”

在后面的故事中，幼儿又遇到了鸵鸟，他们跟着老师边学习鸵鸟的走路姿势边说着“大鸵鸟走路跨过来……”

分析与解释：

幼儿教师在活动中利用故事情节发起了其与幼儿间的互动，并利用故事情境始终保持着与幼儿的积极互动，对幼儿的反应给予积极的引导。在材料互动上，幼儿教师的准备较为充分，并给予幼儿足够的动手操作的机会，让幼儿跟随故事情节的展开实际操作，内化故事中的语言表达形式。

佐证记录：活动中幼儿教师围绕着故事主线，利用故事语言、动作示范等使幼儿的注意始终在活动内容上，并融入本次活动的语言学习内容，同时利用动画、图片、贴纸等，使幼儿跟随故事情节的展开进行实际操作。

对策与建议：

《指南》中提到幼儿要“能口齿清楚地说儿歌、童谣或复述简短的故事”。活动中幼儿教师利用简单的故事引导幼儿逐渐掌握“一个”“一只”“一朵”“一架”等量词，并结合简单易懂的故事引导幼儿学会使用“一步一步”“一个一个”的表达。本案例的内容符合《指南》中的发展要求。

幼儿教师还可以进一步推进幼儿间的同伴互动，提高同伴间的互动质量，如游戏时由幼儿发出指令，同伴按照活动中的语言表达形式进行语言、动作以及表情的模仿等。

幼儿教师在实际观察中可以利用多种观察方法来确定幼儿的语言发展状态，如轶事记录法、日记描述法、检核表法、评定量表法等。在实际运用中，幼儿教师要依据《指南》中语言领域的两个子领域“倾听与表达”“阅读与书写准备”中的具体要求，以幼儿的基本经验为基础，头脑中有幼儿语言发展基本经验的意识，围绕幼儿语言发展的基本经验设计观察记录框架。

表 3 - 12 是针对幼儿的语言表达能力来设计的，关注的是幼儿在语言表达中词汇的使用。在实际应用中，幼儿教师可根据具体的观察对象的状态、观察的内容灵活调整，如从阅读理解、语用能力等方面来观察幼儿在语言的某一具体方面的学习与发展状态。

表 3 - 12　幼儿掌握的词汇种类与数量检核表

词汇类别		幼儿表现
1. 使用名词相关词类		
使用具体名词	如苹果、出租车	
使用抽象名词	如水果、交通工具	
使用量词	如棵、辆	
使用方位词	如上面、下面、前面	
使用所有格“的”	如壮壮的、毛毛的	
2. 使用动词相关词类		
使用介词	如把、让	
使用助词	如戴着、吃过	
使用动词补语	如站起来、走出去	
使用助动词	如会、能	
3. 使用代词		
使用所有格人称代词	如我的、你的、他们的	
使用人称代词	如我、你、他们	
使用不定代词	如每个、有些	
使用指示代词	如那个、这些	
4. 使用描述性词汇		
使用连接词	如因为……所以……、可是、既……也……	
使用副词	如很大、正在吃	
使用形容词	如漂亮的、阳光灿烂的	

三、社会教育活动的观察与分析

幼儿从出生那一刻起就处于社会环境和社会关系之中，幼儿阶段是人社会性发展的重要时期。幼儿的社会性发展是在社会领域的学习和发展的过程中逐渐完善的，社会性发展奠定了幼儿健康人格的基础。《指南》中指出：“人际交往和社会适应是幼儿社会学习的主要内容，也是其社会性发展的基本途径。”因此，在幼儿园社会领域教育活动中，通常也是围绕《指南》中“人际交往”和“社会适应”两个子领域而开展的。

(一)观察内容

幼儿社会领域的学习与发展是一个复杂的过程，社会领域的学习内容也是极其丰富的。幼儿的自我意识（自我认识、自尊、自信、自我调节等）的发展和规则意识（道德意识、亲社会行为）的发展具有不同的发展途径和规律。因此，幼儿教师作为观察者，同样需要掌握扎实深厚的幼儿发展心理学和教育心理学知识，才能系统地把握和准确地观察幼儿在社会领域的学习与发展过程。

幼儿教师同样也可以结合《指南》和《纲要》中关于社会领域教育目标的表述来确定具体的观察内容（见表 3-13、表 3-14）。

结合《指南》中关于社会领域教育目标的表述来看，幼儿社会领域的学习和发展内容大致包括两个方面：一是交往态度和交往技能、对自我和对他人的认知；二是对群体、群体生活及我群关系的感受、态度和行为。幼儿教师在对幼儿进行观察时，也可以从这两个方面进行观察。

表 3-13 《纲要》社会领域教育活动目标

领域	目标
社会	1. 能主动地参与各项活动，有自信心
	2. 乐意与人交往，学习互助、合作和分享，有同情心
	3. 理解并遵守日常生活中基本的社会行为规则
	4. 能努力做好力所能及的事，不怕困难，有初步的责任感
	5. 爱父母长辈、老师和同伴，爱集体、爱家乡、爱祖国

表 3-14 《指南》社会领域教育活动目标

领域	子领域	目标
社会	人际交往	1. 愿意与人交往
		2. 能与同伴友好相处
		3. 具有自尊、自信、自主的表现
		4. 关心尊重他人
	社会适应	1. 喜欢并适应群体生活
		2. 遵守基本的行为规范
		3. 具有初步的归属感

(二)幼儿社会教育活动观察案例与分析

观察案例 3-4　合作闯关欢乐多

观察目的：观察幼儿与幼儿在合作闯关的过程中是如何进行交流与互动并完成分

工的，观察幼儿教师是如何引导幼儿进行分工合作并帮助幼儿获得相关社会经验的。

观察对象：大班幼儿。

观察时间：集体活动时间。

观察地点：活动室。

观察方法：实况详录法。

观察记录：

【观察背景】

今天韩老师带领大班的幼儿一起来做一个合作闯关的游戏活动，活动共分四关，每一关的幼儿完成闯关后，下一关的幼儿才可以开始。第一关，跳绳（幼儿跳 10 下）；第二关，筷子夹蔬菜（幼儿要将盘子里的蔬菜道具夹到盒子）；第三关，单脚跳格子；第四关，投掷沙包。四关完成后，最后一关的幼儿要去摇响铃铛，看哪一组幼儿完成得又快又好。

【情境 1】分工合作有难度

讲完活动要求，韩老师要求幼儿自由讨论结组，分成 4 组，幼儿要商量好谁来完成哪一关，分工合作完成后才能开始游戏。幼儿教师提出任务后，幼儿立刻行动起来，寻找想一起游戏的伙伴并商量任务分工。但是，商量的过程中，幼儿似乎遇到了一些困难，下面是某一组幼儿与助教老师之间关于分工合作进行的交流：

师：你们组商量好了吗？第一关谁来呢，谁跳绳更好呢？

幼儿 1：他来。（指向另一名幼儿）

师：下一关呢？（幼儿沉默）你们互相商量下谁最擅长什么，这样可以让你们组完成得又快又好。

幼儿 2：我投沙包不好，我不想投沙包。

师：那你们谁擅长投沙包？（幼儿沉默）

幼儿 1：我来投沙包。

师：现在好像还没有人选跳绳，我记得你们两个跳绳好像都不错，你们商量下谁来跳绳呢？

幼儿 3：我的脚崴了，不能跳。

幼儿 4：老师我不想跳绳。

师：可是这位小朋友的脚崴了，不能跳了，该怎么办呢？你们是一个小组，一起来想想办法？

虽然助教老师一直在和幼儿一起想办法，但是，这一组幼儿在商讨环节似乎还没有商量出分工的结果。另一边的韩老师也在观察其他幼儿之间的商讨情况，有的组的幼儿决定以猜拳的办法决定分工，有的组的幼儿按照各自擅长的领域分工，而有的组的幼儿似乎也在为谁负责哪一关僵持不下……

【情境 2】大家一起来商量

商讨环节结束了，韩老师请各个小组说一说自己的小组是怎样分工的，都遇到了什么问题。瑶瑶站出来说道："我们组的小朋友都想投沙包，这个问题还没有解决。"针对这个问题，韩老师请在座幼儿说一说有没有什么好办法。"石头剪刀布。"有幼儿说道。又有幼儿说道："让她们单脚保持平衡，谁坚持时间长谁来投沙包。"不过，瑶瑶这一组的幼儿并不喜欢这两个方案。这时，又有幼儿补充道："可以投票！"瑶瑶组同意了这个方案，韩老师让小朋友们给两个想投沙包的幼儿分别投票，谁的票数多，谁就来投沙包……

天天也分享了自己这一组分工时遇到的问题。原来，天天和浩浩一开始都想单脚跳，两个人也发生了争执。但是后来浩浩建议："天天可以去投沙包。"虽然天天不是很情愿，但是为了小组能够顺利闯关获得胜利，还是同意了浩浩的方案。

韩老师又问另外一组幼儿的分工方案，这一组的幼儿一开始也存在争执，但是最后他们决定用石头剪刀布的办法来解决。

游戏马上要开始了，究竟先请哪一组的幼儿先来闯关呢？韩老师让幼儿决定游戏的顺序。"按照座位顺序来。"雯雯说道。"从左右的哪一边开始呢？"韩老师继续提出问题。最后幼儿决定采用猜拳的形式来解决从左边还是右边先开始游戏的问题……

【情境 3】怎么才能更快？

游戏正式开始，刚一开始就发生了一个小状况。原来是和助教老师一起商量的澄澄还是不太愿意跳绳。这该怎么办呢？幼儿建议猜拳，但是澄澄不太同意。韩老师询问澄澄想要怎么解决，澄澄说自己想通过投票来确定。幼儿纷纷开始投票，最后投票的结果依然是澄澄负责跳绳。虽然不是很愿意，但是澄澄接受了这个结果。

第一轮比赛开始，伴随着大家的加油声，每一关的幼儿都努力争取又快又好地完成自己的任务。第一轮比赛中，第一组的时间更快一些，获得了第一轮比赛的胜利。韩老师邀请第一组的幼儿来分享他们获胜的秘诀。"因为我跳绳快""我丢沙包更好""我跳得快"……第一组的幼儿纷纷说道。其他的幼儿总结第一组活动的经验，认为每一关的动作一定要快。韩老师补充道："不仅要快，还要遵守活动的规则，这样才能又快又好。"接下来，韩老师给幼儿 1 分钟的时间，让幼儿结合刚才活动的经验，再来商量分工……

第二轮比赛开始，这一次幼儿闯关的速度比上次更快了。比赛结束后，韩老师再次邀请获得胜利的小组来说一说获胜的秘诀。获胜组的幼儿说道："这一次分工，我们是按照自己擅长的项目来分工的。"原来，真正的秘诀是这样！

最后，韩老师请各组幼儿再来商量调整各自的分工，然后再去尝试。幼儿之间的交流越来越顺畅，合作分工越来越明确，闯关的速度也越来越快……

分析与解释：

该案例是幼儿园大班社会领域集体教育活动的观察纪实。案例中包含丰富的师幼互动以及同伴互动过程，师幼互动过程体现在幼儿教师的活动指导、解决争端、提出建议与要求等方面，既包含幼儿教师主动发起的互动，又包含幼儿主动发起的互动。同伴互动则更多体现在幼儿与幼儿之间的分工合作上。

佐证记录：活动刚开始，幼儿在合作商讨共同合作方面存在困难。活动中，通过幼儿自由商讨、问题引导、交流分享等方式，幼儿教师借助游戏的形式来促进幼儿同伴合作能力的发展。

在情境 1 中，教师一开始就布置了小组任务，幼儿在与同伴商讨分工的时候遇到了分歧，这时幼儿教师主动站出来，引导幼儿发现自己擅长的项目，鼓励幼儿进行尝试，顺利地推动了活动的进行。在情境 2 和情境 3 中，幼儿学会了主动分享想法，愿意与幼儿教师和同伴商讨，及时解决小组合作中出现的问题，使得活动中幼儿的合作分工进一步深化，促进了幼儿沟通与合作能力的发展。

对策与建议：

《指南》社会领域中的“人际交往”子领域就包含了培养幼儿共同活动的能力的要求，希望幼儿能够通过人际交往来沟通、协调、联合与合作，使幼儿具有目标意识、合作意识、沟通能力、自我控制与调节能力等。案例中的活动紧紧围绕《指南》中的目标要求，帮助幼儿获得了基本的合作与沟通能力。

幼儿教师可以在材料互动上推动幼儿的游戏过程。在活动的延伸环节，幼儿教师不仅可以让幼儿继续商量分工，还可以通过改变材料的设置变换闯关环节（如投掷沙包改为双脚跳），从不同角度提升幼儿与材料间的进一步互动。

从互动的角度来看可以发现，除了使用实况详录法，幼儿教师可以根据自己的观察目的灵活结合取样的方法以及评定的方法，从不同角度设计观察记录表，客观地记录幼儿在社会领域教育活动中的表现。

表 3－15 为幼儿社会领域亲社会行为的时间取样观察示例，幼儿教师可以以具体的时间段划分，如 6 分钟，在连续的时间内对幼儿的亲社会行为进行观察记录。幼儿教师在实际应用中，可根据自己的观察内容进行灵活调整。

表 3－15 亲社会行为观察表

日期	时间段	开始时间	结束时间	行为是否发生					备注
				合作	分享	谦让	帮助	同情	
8.10	1	9:00	9:06	√			√		
8.10	2	9:07	9:13		√	√		√	
8.10	3	……				√	√		

表 3－16 是根据事件取样观察法设计的针对幼儿争执行为的观察记录表，表中既包含观察对象的基本信息，也包含所观察事件的背景、时间以及产生原因与结果。幼儿教师在实际应用时，可以参考该观察记录表框架，围绕观察内容进行观察。

表 3－16　幼儿争执事件记录表

姓名	年龄	性别	争执持续时间	发生背景	行为性质	做什么说什么	结果	影响

在社会领域活动观察中，幼儿教师也可以利用检核表对幼儿的人际交往、社会适应等方面的情况进行系统的观察与评价（见表 3－17 至表 3－19）。

表 3－17　社会情绪能力检核表

1. 发起活动		
几乎总是根据自己的选择玩建构活动，常常拒绝别人的建议	是□	否□
在发起活动时偶尔需要帮助，乐于接受帮助	是□	否□
经常在发起活动之前花很长时间，有时会拒绝别人的建议	是□	否□
很少发起活动，或者常常拒绝别人的建议	是□	否□
2. 注意保持		
能够坚持从事一项自选活动很长时间	是□	否□
坚持完成一项与年龄相适宜的任务	是□	否□
需要鼓励才能坚持完成任务	是□	否□
很少完成任务，注意力快速地从一项任务转移到另一项任务	是□	否□
3. 好奇心		
对新事物、新想法感兴趣	是□	否□
主动探索房间里的新事物	是□	否□
能够被令人兴奋的事物打动，但常常缺乏兴趣	是□	否□
对任何新事物都极少或者一点都不感兴趣	是□	否□
4. 抗挫能力		
在解决问题时富有创造性，如果彻底失败，也能表现出成熟的行为	是□	否□
通常会努力尝试并坦然接受失败，如果遇到挫折也会有不成熟的行为	是□	否□
有时遇到轻微的挫折就会放弃、哭闹或者表现出攻击性行为	是□	否□
不能忍受任何程度的挫折，遇到挫折就会放弃、哭闹或者表现出攻击性行为	是□	否□
5. 与老师的关系		
独立，自愿帮助和支持老师	是□	否□
关系友好但在适当的时候会寻求帮助或关注	是□	否□
有时需要非同寻常的帮助和指导，或者通过过激的行为引起关注，偶尔表现出攻击性行为	是□	否□
持续寻求帮助、接触或关注，频繁地出现攻击性行为，或者完全忽视老师	是□	否□
6. 接受常规		
老师不在场时也能够理解并明智地遵守常规	是□	否□

续表

通常能够遵守常规，但是有时候也容易违背常规	是□	否□
频繁地挑战或不能遵守常规，或者强迫性地违背常规	是□	否□
在遵守常规方面持续出现问题，或者强迫性地违背常规	是□	否□
对违背例行安排的所有情况感到焦虑	是□	否□
7. 对幼儿的交往		
经常发起合作性游戏	是□	否□
偶尔发起游戏，经常接受他人发起的游戏	是□	否□
常常拒绝别人的提议，或者独自游戏多于和他人游戏	是□	否□
大部分时间避开其他幼儿	是□	否□

表 3－18　同伴互动检核表

观察者：________　　日期：________

幼儿：__________　　年龄：________

怎样使用检核表： 为班里每个幼儿填写此检核表。在看完所有条目后，勾出那些最能刻画该幼儿在与同伴互动时行为特征的条目。大多数情况下，勾出 7～9 种行为即可把握幼儿与同伴互动的方式。有时，检核表中的许多行为都有所表现，幼儿教师只要勾出那些最能说明特定幼儿特色的行为即可。如果幼儿教师在填写检核表时引发对此幼儿同伴关系的思考，可在最后的评注部分加以记录。	
1. 通过模仿或口头核实，把自己的行为与同伴的活动联系起来（如“你在做什么？我在做……”“让我们这样做，好吗？”）	
2. 游戏中发生冲突时进行调解	
3. 发起活动让其他幼儿参加	
4. 主动地领导但往往不成功	
5. 常常听从于其他幼儿的领导，而不是自己发起活动	
6. 花很多时间观察其他幼儿的游戏	
7. 游戏发生冲突时愿意让步或离开	
8. 对自己的活动比对其他幼儿的活动更感兴趣	
9. 常常邀请其他幼儿参加游戏	
10. 往往指导其他幼儿的行为	
11. 只要还有其他幼儿，往往会把游戏活动继续进行下去	
12. 当听从其他幼儿的请求会干扰自己的活动时，往往选择不听从	
13. 常常扩展并详细描述其他幼儿的想法	
14. 常常分派角色给其他幼儿	
15. 想控制其他幼儿所做的事	
16. 在转入不同的游戏区时，跟从其他幼儿，顺利地进行互动	
17. 坚持完成自己的活动	
18. 直接请求并接受他人帮助	

续表

19. 常常被其他幼儿排斥出去	
20. 在游戏中，首先关注材料	
21. 关心自己是否被其他幼儿接受	
22. 与其他幼儿合作	
23. 对其他幼儿所做的事常常给予反馈（如“不像那样……让我做给你看”）	
24. 经常独立地游戏	
25. 与其他幼儿分享信息和技能（如给另一个幼儿展示怎样进行游戏）	
26. 游戏中，常常比其他幼儿说得多	
27. 在其他幼儿需要帮助或关心时，给予关心和帮助	
28. 基于对活动本身的兴趣选择游戏区，而不是看是否有自己喜欢的同伴	
29. 常常难以听从他人的请求	
评注：	

表 3－19　同伴互动检核表（个人汇总表）

观察者：________　日期：________ 幼儿：__________　年龄：________
集体成员角色：检核表项 1，5，7，11，16，19
促进者角色：检核表项 2，9，13，22，25，27
领导者角色：检核表项 3，10，14，18，23，26
独立者角色：检核表项 8，12，17，20，24，28
过渡的角色：检核表项 4，6，15，21，29

四、科学教育活动的观察与分析

幼儿生来就是好奇的，好奇、好问、好探究是幼儿期的年龄特点。《纲要》中指出：“幼儿的科学教育是科学启蒙教育，重在激发幼儿的认识兴趣和探究欲望。”因此，科学领域的教育要利用幼儿周围生活中的各种事物与现象，以激发幼儿的好奇心和探究兴趣，体验探究和解决问题的过程，发展幼儿初步的探究和解决问题的能力，凸显“探究和解决问题”这一核心价值。

（一）观察内容

《指南》中指出：“幼儿科学学习的核心是激发探究兴趣，体验探究过程，发展初步的探究能力。”在科学领域教育活动中，幼儿的科学学习是在解决实际问题的过程中发现和理解事物本质的过程。《指南》中将幼儿科学领域教育目标划分为“科学探究”和“数学认知”两个子领域，幼儿教师可以根据《纲要》中科学领域的目标以及《指南》中“科学探究”和“数学认知”两个子领域的目标来观察幼儿在科学教育活动中的学习与发展状态（见表 3－20、表 3－21）。

表 3－20　《纲要》科学领域教育活动目标

领域	目标
科学	1. 对周围的事物、现象感兴趣，有好奇心和求知欲
	2. 能运用各种感官，动手动脑，探究问题
	3. 能用适当的方式表达、交流探索的过程和结果
	4. 能从生活和游戏中感受事物的数量关系并体验到数学的重要和有趣
	5. 爱护动植物，关心周围环境，亲近大自然，珍惜自然资源，有初步的环保意识

表 3－21　《指南》科学领域教育活动目标

领域	子领域	目标
科学	科学探究	1. 亲近自然，喜欢探究
		2. 具有初步的探究能力
		3. 在探究中认识周围事物和现象
	数学认知	1. 初步感知生活中数学的有用和有趣
		2. 感知和理解数、量及数量关系
		3. 感知形状与空间关系

幼儿园科学教育不强调静态知识的传递，而是重视对幼儿探究兴趣和问题解决能力的培养，因此，幼儿教师在观察科学领域教育活动时可以按照《指南》的要求去考虑观察内容，如幼儿对周围环境的态度如何，是否好奇、是否有探索的欲望；幼儿能否运用各种感官探索和解决问题，动手和动脑能力如何；在解决问题时，幼儿的归类、排序、判断、推理等逻辑思维能力如何；幼儿是否体验到数学的重要性与乐趣，如何理解数量关系等。

幼儿在种植区观察麦子的生长和成熟

（二）幼儿科学教育活动观察案例与分析

观察案例 3－5　找空气

观察目的： 观察幼儿教师为幼儿了解“空气”准备了哪些材料，幼儿教师是如何引导幼儿与材料进行互动并探索空气的性质的，幼儿获得了哪些经验。

观察对象：大班幼儿。

观察时间：集体活动时间。

观察地点：活动室。

观察方法：实况详录法。

观察记录：

【观察背景】

今天孟老师带着大班的幼儿一起来做“找空气”的主题教育活动，孟老师利用小实验来帮助幼儿认识空气。

【情境 1】什么是空气？

今天孟老师为幼儿带来了两个好朋友（充满气的塑料袋和未充气的塑料袋），孟老师请幼儿先来找一找两个塑料袋之间的不同之处。有幼儿说道：“这两个塑料袋一个有气，一个没气。”孟老师赞同了这个幼儿的说法，向幼儿解释圆鼓鼓的塑料袋里是装满了空气的。“小朋友们，你们想看一看、摸一摸空气吗？”孟老师邀请幼儿一起来看一看、摸一摸、闻一闻塑料袋里的空气。

接着，孟老师打开了塑料袋，让每个幼儿都来闻一闻、摸一摸。幼儿伸着鼻子认真地闻了闻塑料袋里的空气。

师：老师的空气已经全都放出来啦，下面谁能和老师说说你看到的空气是什么颜色的、什么样子的、什么味道的？

幼儿 1：它是看不见的。

师：非常棒，刚才老师将空气都放出来了我们也没有看见它。

幼儿 2：它是草莓味的。

幼儿 3：是香水味。

师：原来还有小朋友闻到了味道呀，谁还能说说它是什么样的？

幼儿 4：空气摸不着。

师：对，刚才我们把空气全放出去了，但是我们还是没摸到，谁还能说说空气是什么颜色的呀？

幼儿 5：粉色。

师：粉色其实是塑料袋的颜色，（老师又拿起塑料袋，让小朋友们认真观察了下）空气到底有没有颜色呢？

幼儿 6：没有颜色，是透明的。

在讨论完空气的颜色后，孟老师又转到空气的味道上：“刚才有两位小朋友给了老师两个非常好的答案，一个是草莓味，一个是香水味，这可能是塑料袋本身就有的一些芳香的味道，并不是空气的味道。”原来，空气是没有味道的。孟老师引导幼儿总结，幼儿最后得出空气原来是看不到、摸不到、闻不到的结论。

【情境 2】空气小实验

在了解了空气之后，孟老师为幼儿带来了一个非常好玩的空气小实验。孟老师拿来一个装满水的透明玻璃盆，又拿来透明的玻璃杯和干纸巾，请幼儿一起来摸一摸这块纸巾，确认纸巾的干湿。下面孟老师将纸巾放到杯子里，然后把杯子放到水里，让幼儿猜一猜纸巾会不会变湿。幼儿纷纷说道纸巾会变湿的，也有幼儿觉得纸巾不会变湿，看来幼儿的意见并不一致。

孟老师要来验证纸巾到底会不会湿。幼儿的眼睛瞪得圆圆的，盯着孟老师将水杯平平地倒放在水里。在操作时，孟老师问道："纸巾是湿的还是干的？"凭借肉眼观察，幼儿认为纸巾已经湿了。这时，孟老师站起身来，将纸巾从杯子里拿出来并打开，将其展示给幼儿，让幼儿去摸一摸，纸巾竟然真的没有湿！

看到这个神奇的现象，幼儿都来了兴趣，孟老师和幼儿一起来讨论纸巾没有湿的原因。轩轩举手说道："因为杯子能挡住水。""杯子壁确实能挡住，但是杯子口是开着的呀！"老师反问道。涛涛："因为把这个扣住了。""对，因为这个杯子把水给扣住了，导致水进不去，所以纸巾没有湿。"说着，孟老师又斜拿着杯子将水杯放到水里，水一下就进入到杯子里。孟老师解释："水把杯子口给封住了，所以水没有进去，就像一个盖子一样。"孟老师接着问道："有什么东西在挡着水，不让水进去呢？"幼儿思考着，有幼儿认为是有纸在里面，有的认为是玻璃，孟老师提示，把水挡住的是一种没有颜色的东西。"气体！"有幼儿立马说道。幼儿最终发现，虽然杯子里看起来是空空的，但是里面盛满了空气。

为了让幼儿有更深的认识，孟老师又拿着杯子实验了一次，这次孟老师要求幼儿对比杯子斜放进水里和平放进水里哪个会让纸巾变湿。幼儿发现，杯子斜着进入水里，空气挡不住水。

【情境 3】我也来试试

孟老师为幼儿准备了同样的实验道具，幼儿擦干自己的小手，纷纷上前去验证刚才孟老师做的实验。操作体验结束后，孟老师又拿了两根粉笔，询问幼儿粉笔里存不存在空气。幼儿都认为粉笔里没有空气，孟老师接下来把粉笔也放进了水里，请幼儿上前来看一看粉笔在水里的变化。"冒泡了！"幼儿急着说出了自己的发现。实验后，孟老师和幼儿交流刚才看到的，幼儿都看到粉笔沉下去之后冒了很多的小泡泡。孟老师总结道："因为水把粉笔里的空气给挤出来了，所以粉笔冒出了很多小气泡。"通过这个实验，幼儿知道了空气原来是无处不在的。

孟老师和幼儿一起交流哪里存在空气呢？"户外""地球上""海底""海边"……幼儿说着自己的答案。为了让幼儿进一步感受空气，孟老师还拿出包拍了拍，让幼儿感受空气的流动。

空气有什么作用呢？"可以让我们凉快""可以让我们呼吸"……幼儿说道。孟老师接过幼儿的答案问道："当我们捏住鼻子，我们还能呼吸吗？""不能呼吸，我们的身体就会缺少空气，没有空气我们就不能生存啦。”“人类、动物、植物都离不开空气！”最后，孟老师带着幼儿用塑料袋去户外捕捉空气啦！

分析与解释：

该案例是一个大班的科学探究活动，活动中幼儿教师通过演示以及问答维持着与幼儿之间的良性互动，同时借助材料让幼儿通过闻、摸、看等形式了解空气的特性，并设置操作环节让幼儿独立动手操作体验，帮助幼儿获得有关空气的科学概念。

佐证记录：在情境1中，幼儿教师首先准备了装有不同气味空气的袋子，邀请幼儿通过观察、触摸、闻味道等方式了解袋子中的空气是怎样的。在情境2中，幼儿教师则通过科学小实验不断引导幼儿进行思考，引导幼儿互相交流、发表自己的观点，提高幼儿对空气的认识。到了情境3，幼儿教师则要求幼儿亲自动手，通过对材料的操作来验证粉笔中的空气，最终得出空气无处不在的结论。整个活动过程都存在幼儿与材料、幼儿与教师、幼儿与同伴之间不断演变和深化的互动过程。

对策与建议：

活动中幼儿教师的做法符合《指南》中“成人要善于发现和保护幼儿的好奇心，充分利用自然和实际生活机会，引导幼儿通过观察、比较、操作、实验等方法，学习发现问题、分析问题和解决问题”的要求。幼儿教师联系幼儿的生活实际，通过对周围生活中常见事物的探索，锻炼了幼儿的科学探究能力。

活动中可以进一步增加材料互动以及同伴互动的内容，如幼儿教师利用具有不同特性的材料（粉笔、木块、海绵）等要求幼儿分组进行实验，并进行观察记录，交流各自的经验，增进幼儿之间的经验交流。

幼儿教师在观察实践中，还可以采用评定量表法、检核表法等来对幼儿的学习发展状态进行观察评估。

在对幼儿科学探究能力进行观察时，幼儿教师可以参考表3－22和表3－23中的内容，结合幼儿的年龄特点以及《指南》中“科学探究”子领域的目标要求，设计相应的观察记录表。对于幼儿“数学认知”发展的观察，可以参考表3－24中的方法。

表3－22　科学素养评定量表

内容	标准				
	1	2	3	4	5
1. 亲近自然	对大自然充满好奇，喜欢接触动植物和周围环境	喜欢接触大自然与周围环境中的新奇事物，在成人引导下表现出爱护动植物与周围环境的情感和行为	对大自然和周围很多事物感兴趣，在他人的感染下表现出关心、爱护周围环境的行为	关心自然环境和周围事物，有主动爱护动植物与周围环境的情感与行为	亲近自然，珍惜自然资源，爱护周围环境，有初步的环保意识

续表

内容	标准				
	1	2	3	4	5
2. 好奇好问	喜欢向熟悉的人提出各种各样的问题	对感兴趣的事物活或现象愿意主动提问	经常对自己接触和观察到的新事物或现象提出有关问题	对自己感兴趣的问题喜欢刨根问底	对感兴趣的事物或现象的背后缘由总是刨根问底
3. 乐于探究	好奇地摆弄各种物品和材料	好奇地摆弄各种物品和材料，愿意尝试各种玩法	喜欢参与科学活动，在活动中动手动脑，并乐在其中	常常在科学活动中动手动脑探索物体和材料，寻找问题答案	愿意尝试制订简单的探索计划，寻找信息，解决问题或寻找答案
4. 观察比较	能观察感兴趣的事物	在成人引导下能仔细观察事物，发现其明显特征	能对事物或现象进行观察比较，发现其相同与不同	在成人引导下，能通过观察、比较与分析，发现并描述不同种类物体的特征或某个事物前后的变化	能通过观察、比较与分析，发现并描述不同种类物体的特征或某个事物前后的变化
5. 猜测质疑	对周围的事物与现象，能提出一些简单的问题	对自己感兴趣的事物或现象能有目的地提问	能根据观察结果提问题，并大胆猜测	能根据探索、观察比较分析结果，尝试有依据地提问与猜测	能尝试通过探索，发现预测问题的答案
6. 探索调查	在成人帮助下尝试用不同的感官或动作探索物体	能用多种观察方法或动作探索物体，关注动作所产生的结果	能通过简单的调查收集信息	能通过多种途径收集信息，寻找问题的答案	在成人的帮助下，能制订简单的调查计划并执行
7. 记录表达	在成人的帮助下，能尝试用语言或简单的方式（如贴图）进行记录	能采用简单的标记、符号等方式尝试记录与表达	能用图画或其他符号进行记录与表达	能尝试用图画、数字或其他自己喜欢的方式进行记录与表达	能用数字、图表或其他符号记录与表达，记录结果能使同伴看懂

表 3－23　幼儿科学探究能力检核表

幼儿姓名：________　观察者：________　观察时间：________

序号	观察内容	表现	
		能	不能
1	对一些生活中的自然物体与现象感兴趣，常问有关的问题		
2	能运用各种感官感知自然物体的主要特征		
3	能尝试对自然物体分类		

续表

序号	观察内容	表现	
		能	不能
4	喜欢探索各种材料		
5	会观察动植物、了解其变化发展情况，并用图像做观察记录		
6	能照顾自然角内的动植物		
7	喜欢、专注于小实验，并尝试解决问题		
8	有观察天气情况的习惯，会做气象记录		
9	能持续较长时间对一些事物进行观察、探究		
10	会用语言的方式，与同伴交流观察、实验的印象		

表 3-24　幼儿数学认知发展评价表

序号	内容	评分标准					
		1	2	3	4	5	6
1	10以内唱数、点数、数物匹配及数量守恒	会唱1～10	手口一致点数1～10	基本掌握10以内数物匹配	熟练掌握10以内数物匹配	10以内数的守恒	长度、体积守恒
2	10以内数的组成及加减	5以内数的组成	口算5以内数的加减	口算7以内数的组成、加减	笔算10以内加减应用题	口算10以内加减应用题	较熟练地编、解10以内数的加减应用题
3	对几何形体的认识	认识圆形、正方形	认识三角形、长方形	认识半圆形、梯形	认识椭圆形、菱形	认识长方体、正方体	认识圆柱体、圆锥体
4	具有初步的时间和空间概念	知道早、中、晚，能区分上、下	知道今天、昨天、明天，能区分里、外	知道一周有7天、当天是星期几，能区分前、后	知道月、日，能区分远、近	认识时钟正点和半点，能以自我为参照区分左、右	认识时钟的分，能以相对参照区分左、右
5	按实物特征分类的能力	不会分类	能按一种特点分类	能按一种特点迅速分类	能按两种特点分类	能按两种特点迅速分类	能按两种以上特点分类
6	有根据各种标准或规律排序的能力	不会排序	会将5个长短差别明显的物体排序	会将5个大小差别比较明显的物体排序	会将10个大小差别比较明显的物体排序	会将10个差别比较细微的物体排序	能自己找出规律并按规律排序

五、艺术教育活动的观察与分析

幼儿园小班传统文化与“布洛普”美术活动的作品展

人的活动有身体的活动也有精神的活动，艺术是人类感受美、表现美和创造美的重要形式。每个幼儿心里都有一颗美的种子，艺术活动是幼儿的一种精神成长性需要的满足，是一种没有直接功利性的、以活动过程本身为目的的需要的满足。因此，在艺术领域教育活动中，幼儿教师要善于观察幼儿对艺术的感受与体验，关注幼儿的艺术表现和艺术创造能力。

（一）观察内容

《纲要》中要求幼儿教师：“引导幼儿接触周围环境和生活中美好的人、事、物，丰富他们的感性经验和审美情趣，激发他们表现美、创造美的情趣。”艺术领域教育活动要面向全体幼儿，使每个幼儿都得到美的熏陶，给予幼儿自由表现美的机会。《指南》中将艺术领域划分为“感受与欣赏”“表现与创造”两个子领域，要求幼儿园艺术教育避免用成人的审美标准去评判幼儿，对幼儿的艺术表现给予充分的尊重与理解，并围绕以上两个子领域的内容提出了各年龄段艺术教育的具体目标。幼儿教师在对幼儿园艺术领域教育活动进行观察时，可以围绕《纲要》和《指南》中的具体目标要求来确定观察内容（见表 3－25、表 3－26）。

表 3－25 《纲要》艺术领域教育活动目标

领域	目标
艺术	1. 能初步感受并喜爱环境、生活和艺术中的美
	2. 喜欢参加艺术活动，并能大胆地表现自己的情感和体验
	3. 能用自己喜欢的方式进行艺术表现活动

表 3－26 《指南》艺术领域教育活动目标

领域	子领域	目标
艺术	感受与欣赏	1. 喜欢自然界与生活中美的事物
		2. 喜欢欣赏多种多样的艺术形式和作品
	表现与创造	1. 喜欢进行艺术活动并大胆表现
		2. 具有初步的艺术表现与创造能力

《纲要》和《指南》为幼儿教师全面、深入地观察了解幼儿在艺术领域的发展提供

了一个清晰的框架。幼儿教师在应用《指南》中的具体观察目标时，需要熟记艺术领域的教育目标，在头脑中建立一个幼儿学习与发展的整体形象。施燕和韩春红（2020）围绕《指南》中艺术教育领域的目标整理了艺术领域教育活动的部分观察要点，可供幼儿教师参考（见表 3－27）。

表 3－27　幼儿艺术领域行为观察要点

	3～4 岁	4～5 岁	5～6 岁
艺术欣赏的兴趣	1. 是否喜欢观看花草树木、日月星空等自然中美的事物 2. 是否乐于观看绘画、泥塑或其他艺术形式的作品 3. 是否容易被自然界中的鸟鸣、风声和雨声等好听的声音所吸引 4. 是否喜欢听音乐或观看舞蹈、戏剧等表演	1. 是否喜欢倾听各种好听的声音，感知声音的高低、长短、强弱等变化 2. 在欣赏自然界和生活环境中美的事物时，是否关注其色彩、形态等特征 3. 能否专心地观看自己喜欢的文艺演出或艺术品，有模仿和参与的欲望 4. 欣赏艺术作品时是否会产生相应的联想和情绪反应	1. 是否乐于收集美的物品或向别人介绍所发现的美的事物 2. 是否乐于模仿自然界和生活环境中有特点的声音，并产生相应的联想 3. 艺术欣赏时是否常常用表情、动作、语言等方式表达自己的理解 4. 是否愿意和别人分享、交流自己喜爱的艺术作品和美感体验
艺术表现与创造的意愿和能力	1. 是否经常涂涂画画、粘粘贴贴并乐在其中 2. 能否用简单的线条和色彩大体画出自己想画的人或事物 3. 能否经常自哼自唱或模仿有趣的动作、表情和声调 4. 能否模仿学唱短小歌曲 5. 能否跟随熟悉的音乐做身体动作 6. 能否用声音、动作、姿态模拟自然界的事物和生活情景	1. 能否经常用绘画、捏泥、手工制作等多种方式表现自己的所见所闻 2. 能否运用绘画、手工制作等表现自己观察到或想象到的事物 3. 能否用自然的、音量适中的声音基本准确地唱歌、 4. 能否经常唱唱跳跳，愿意参加歌唱、律动、舞蹈、表演等活动 5. 能否通过即兴哼唱、即兴表演或给熟悉的歌曲编词来表达自己的心情 6. 能否用拍手、脚踏等身体动作或可敲击的物品敲打节拍和基本节奏	1. 能否积极参与艺术活动，有比较喜欢的活动形式 2. 艺术活动中能否与他人相互配合，也能独立表现 3. 能否自己制作美术作品布置环境、美化生活 4. 能否自编自演戏剧，并为表演选择和搭配简单的服饰、道具或布景 5. 能否用多种工具、材料或不同的表现手法表达自己的感受和想象 6. 能否用基本准确的节奏和音调唱歌 7. 能否用律动或简单的舞蹈动作表现自己的情绪或自然界的情景

（二）幼儿艺术教育活动观察案例与分析

观察案例 3－6　美丽的菊花

观察目的：幼儿教师是如何与幼儿进行互动，引导、帮助幼儿观察并认识菊花的颜色、形状的，重点观察幼儿如何利用现有材料来记录菊花，幼儿在与材料的互动过程中又获得了哪些经验。

观察对象：中班幼儿。

观察时间：集体活动时间。

观察地点：活动室。

观察方法：实况详录法。

观察记录：

【观察背景】

王老师为中班小朋友准备了“美丽的菊花”美术主题活动。活动采用集体教学的形式，通过让幼儿感受和观察菊花的颜色、形状等来欣赏菊花的美，并在实际操作中让幼儿按照自己的兴趣进行实际创作。

【情境1】观察菊花

活动开始，王老师采用了情境导入的形式，“花仙子”邀请中班的幼儿来到菊花王国欣赏菊花。屏幕中展示了各种各样的菊花，王老师请幼儿来说一说自己最喜欢哪一种菊花，并说明原因。

欣雨：我喜欢那朵黄黄的。

师：这个吗？为什么呢？

欣雨：因为它的那个是长条形的。

师：哦，你是说它的花瓣是长条形的，是吗？你喜欢长条的菊花。还有没有小朋友喜欢其他的菊花？

美琪：我喜欢这朵花。（手指着屏幕）

师：这个吗？这个？还是这个？（最后指向左下方的菊花）为什么喜欢这朵菊花呢？

美琪：因为它是白色的。

师：请坐！美琪说她喜欢这朵白色的菊花，因为它的花瓣很多。

心怡：我喜欢那朵橙色的。

师：哦，和欣雨喜欢的是一样的菊花，为什么呢？

心怡：因为它是长条的，我也喜欢长条的菊花。

翌晨：我喜欢那个粉色的。

师：这个吗？（指向中间的菊花）为什么呢？

翌晨：因为它是圆的。

师：哦，你喜欢圆形的菊花。

在交流完幼儿喜欢的菊花之后，王老师请幼儿再次认真观察每朵菊花花瓣的形状。“长长的”“长条的”“卷卷的”……幼儿积极地说着自己的看法。熙含小朋友看着第一朵菊花说：“它的花瓣是向下长的。”王老师表扬了熙含敏锐的观察力，说着又指向右下角的菊花，让幼儿看看这朵菊花的特点。“像金针菇一样！”有幼儿立马说出自己的看法。王老师又指向中间的菊花，说：“刚才有小朋友说这朵菊花像球一样，那你们发现它的花瓣有什么特点了吗？”“圆圆的。”有幼儿回答。除交流菊花的形状和花瓣外，王老师和幼儿又一起讨论了自己的其他发现。幼儿发现，菊花不仅有花瓣还有花心，绿色的、长长的花茎，以及又像手又像扇子的叶子……

【情境 2】留住菊花

讨论结束后，“花仙子”向幼儿说出了她遇到的麻烦：冬天到了，菊花开的时间越来越短了，小朋友们想一想，怎样才能把美丽的菊花留下来呢？“可以多浇水呀”“晒太阳”“浇点热水”“施点肥”……幼儿纷纷说着自己的观点。王老师说道：“小朋友们想一想，天气越来越冷了，怎么样才能让菊花一直留下来？”“我们可以在画上画一些小花。”美琪建议。王老师认可了美琪的想法，幼儿听到这个建议也激动了起来，大家都想帮花仙子留住漂亮的菊花。

【情境 3】画出菊花

王老师为幼儿准备了许多绘画所需的材料，邀请幼儿自由选择材料将自己喜欢的菊花留住。王老师一边交代活动的要求，一边还提醒幼儿刚才交流时观察到的菊花不仅有花瓣，还有花茎、花叶等。

绘画活动开始，幼儿自由地选择自己喜欢的绘画材料，有用彩笔的，有用水彩的，还有的幼儿想要通过剪纸的形式将自己喜欢的菊花留下来。“我要画长条的”“我要画圆圆的”……幼儿一边动手，一边和同伴交流着自己的想法。很多幼儿已经能够使用多种颜色来描绘自己喜欢的菊花了，他们画出的菊花形状各异，既有花心、花瓣又有花茎、花叶，各式各样的菊花缤纷多彩……

绘画结束后，王老师邀请幼儿分享自己的作品，有的幼儿的作品参考了活动前王老师和大家一起分享的菊花，长长的、圆圆的、像金针菇一样的……各式各样的菊花都在幼儿的作品中体现了出来。有的幼儿还加入了自己的想法：有的利用了各种颜色、有的添加了小草、有的添加了背景颜色……在分享有背景色的作品时，王老师还提醒幼儿：“小朋友们在添加背景色时不要着急，慢慢地将空白的地方涂满。”王老师又拿起一幅幼儿的剪纸作品，让幼儿来观察这幅作品的特点，幼儿发现这幅像金针菇一样的菊花花茎太长了，都超出了纸张的范围。“把花茎剪掉一部分”，有幼儿建议，王老师听到建议，把花茎向后折了一下；再让幼儿观察，这样一看菊花的花朵又太大了……最后，王老师建议幼儿在粘贴的时候，可以先把花茎粘贴上，这样就知道上边的花朵多大了……

分析与解释：

该案例完整记录了一次中班的美术集体教育活动。案例中的王老师联系幼儿的生活经验，利用生活中常见的菊花设置情境，与幼儿进行互动，让幼儿感受菊花的美，让幼儿观察、感受菊花的特征。在材料上，王老师利用多样化操作的方式让幼儿通过绘画、剪纸等形式表达自己感受到的美，自由地进行艺术创作。最后，王老师利用分享环节让幼儿与幼儿之间进行充分的交流，深化幼儿对菊花的美的认识。

佐证记录：在情境1中，幼儿教师引导幼儿不断地深入思考，发现问题，并与同伴相互交流菊花的形态，以及菊花的习性，深化了幼儿对菊花的美的认识；在情境3中，幼儿教师要求幼儿自己动手，利用各种方式和材料展现菊花，并要求幼儿分享各自的作品，引导幼儿之间讨论交流。这体现了幼儿教师推动幼儿与材料、幼儿与幼儿之间的互动，加深了幼儿对菊花美的认识过程。

对策与建议：

《指南》中要求幼儿“经常用绘画、捏泥、手工制作等多种方式表现自己的所见所想”“能用多种工具、材料或不同的表现手法表达自己的感受和想象”。案例中的幼儿教师在活动时并没有对幼儿的绘画活动做过多的干预，而是让幼儿自由地进行艺术创造，体现了《指南》的基本要求。

从案例中幼儿的表现来看，中班的幼儿已经能够利用多种颜色、形状来表现自己所感受到的美的事物，能够在创作中加入自己的想法，并使用多种形式来表现自己感受到的美。从材料互动的角度，幼儿教师除了可以提供多种多样的绘画材料，还可以提供剪纸、彩泥等其他材料，让幼儿有更多的方式表达自身对菊花美的认识；同时幼儿教师在导入以及实践活动环节也可以为幼儿提供真实的菊花，让幼儿近距离观察菊花的美，丰富幼儿的经验。

观察案例3-7 《萨沙》

观察目的：观察幼儿教师利用了哪些方法与幼儿进行互动，以及幼儿教师是如何逐渐推动活动的，幼儿在其中获得了什么经验。

观察对象：大班幼儿。

观察时间：集体活动时间。

观察地点：活动室。

观察方法：实况详录法。

观察记录：

【观察背景】

丁老师准备了一首节奏感较强的俄罗斯风情音乐《萨沙》，创设了“小鱼游”的游戏情境，邀请大班的幼儿在节奏游戏中熟悉音乐，创编动作，展现自我。

【情境1】初试游戏

音乐响起，丁老师带领着一群“小鱼”游了过来。幼儿围成小圈，用手比画着小鱼游泳的姿势，跟着音乐一起“游动”。音乐结束，幼儿回到了座位上。

师：刚才小朋友们变成小鱼，在池塘里游来游去，同时也吸引了渔夫的注意，渔夫是干什么的呢？

幼儿 1：吃小鱼的。

幼儿 2：钓鱼的。

幼儿 3：渔夫是捞鱼的。

师：没错，渔夫就是来抓鱼的。（随着丁老师音调的变化，幼儿做出了紧张的表情）

师：哎呀，鱼塘里的小鱼和刚才幼儿的表情一样，小鱼说："太恐怖了，我可不想被渔夫抓到，不想做他的晚餐。"

师：有一段咒语你要学会，这段咒语一念，所有的小鱼都要逃跑。这段咒语是："小鱼小鱼向上游，小鱼小鱼向下游，小鱼小鱼到处游，小鱼小鱼不见了。"

说完咒语后，丁老师邀请一个幼儿一起来演示小鱼是怎么和渔夫来玩这个游戏的。幼儿扮演渔夫，他的小手张得大大的，丁老师将食指放到幼儿的手掌心下。音乐响起，老师念起了咒语，随着"向上游、向下游……"的指令，丁老师的手指和小朋友一起上上下下地游起来了。"小鱼小鱼不见了。"说着，丁老师抽掉了自己的手指，幼儿的"渔网"没能抓到小鱼。

演示结束后，丁老师让幼儿和身边的朋友两两结组，一起来玩这个游戏。有的幼儿听到了丁老师的要求，立马和身边的幼儿抱在了一起，丁老师让幼儿商量谁来做渔夫谁来做小鱼，商量好后游戏正式开始。

游戏开始，"小鱼们"伸出手指，"渔夫"做好捉鱼准备。丁老师和幼儿一起伴随着《萨沙》的音乐念起了咒语，幼儿的小手随着咒语和音乐的节奏一上一下地动了起来。"小鱼小鱼不见了"，听到咒语，"小鱼们"迅速抽开了自己的手指，有的动作快得把渔夫都逗笑了。角色互换，游戏继续。这次幼儿念咒语的声音比刚才更大了，很多幼儿都开心地笑出了声，纷纷说道："我抓到了！""我也抓到了。"幼儿交流着各自游戏的成果。

丁老师提问："小朋友们说一说你在什么时候就要下手抓了呢？""他要逃跑的时候下手抓。"听到幼儿的回答，丁老师继续询问幼儿，见幼儿没有统一意见，丁老师提示："我的咒语念到什么的时候你就要下手去抓了？""不见了！"幼儿立马回答道。丁老师赞同了幼儿的观点，提醒幼儿要认真听咒语……

【情境 2】游戏升级

"现在渔夫没有捉到鱼，'哎呀呀（有节奏地拍手），真烦人（有节奏地拍腿），哎呀呀，没饭吃'。"丁老师一边说着渔夫的遭遇，一边做出相应的动作。现在，渔夫要去更大的池塘捉鱼了，丁老师邀请幼儿一起上前，围成一圈坐好。这次幼儿既是小鱼又是渔夫，一只小手变身渔网（有贴纸），另一只手变身小鱼，幼儿的手连着手。这回挑战性更强了，幼儿既要逃跑，又要抓鱼。

音乐响起，丁老师和幼儿围成一个圈开始念咒语，"小鱼小鱼向上游……"伴随着音乐和咒语，幼儿的手臂一起上上下下……在第一次游戏时，很多幼儿在咒语口令“不见了”出现之前就撤了手指，有的幼儿抓到了鱼，有的幼儿既没抓到鱼，又被渔夫抓到了。“哎呀呀，没饭吃。”（丁老师拍手、拍腿）丁老师总结了刚才游戏的结果，然后指出了幼儿出现的问题，再次强调在“不见了”出现之后再逃跑。音乐再次响起，幼儿开心地举起小手，再次跟着咒语和音乐一起有节奏地做渔夫抓鱼的游戏。

【情景 3】强化提升

好多渔夫还是没有抓到鱼，这时丁老师建议再换一种方法抓鱼。这次幼儿都争先恐后地举起了小手，想要和丁老师一起再抓小鱼。丁老师先找了一名幼儿来做示范，这次动作的要求是根据音乐的韵律拍手、拍腿、转圈各 3 次。

丁老师要求幼儿迅速找到自己的好朋友准备开始游戏。音乐响起，幼儿两两一组认真地听着音乐的节奏，有节奏地上拍手、下拍腿、手拉手，另一只手叉腰，有节奏地踏步转圈。第一次的时候，有的幼儿出现拍多、漏拍或跟不上节奏的现象，部分幼儿还是看着丁老师的示范。在体验了一次之后，丁老师着重对节奏、动作的具体要求进行了提示，让幼儿认真感受动作与节奏的关系。第二次音乐响起，幼儿再次跟着音乐的节奏动了起来，这一次虽然还有几个幼儿抢拍或漏拍，但要比第一次的时候熟练多了。

游戏难度再次提升，这次不仅要完成刚才渔夫的动作，幼儿还要加上小鱼游泳、逃跑找朋友的动作。音乐再次响起，幼儿跟着节奏做起了拍手、拍腿、转圈的韵律动作，紧接着丁老师念起了咒语：“小鱼小鱼向上游……”听着丁老师的咒语，幼儿也做出了向上、向下的动作。“小鱼小鱼找朋友”，随着音乐和口令的出现，幼儿立刻两两一组地抱在了一起。可以发现，幼儿的韵律动作已经能够跟随着音乐连贯到一起了，他们的动作越来越熟练、节奏感越来越强。音乐再次响起，小鱼游戏伴随着音乐和笑声仍在继续……

分析与解释：

该案例为大班音乐韵律活动的观察实录。案例中表现出丰富的师幼互动以及同伴互动，幼儿教师利用韵律活动，通过问答、示范等方式不断引导幼儿感受韵律与节奏，幼儿之间跟随节奏相互配合，共同完成游戏。

佐证记录：情境 1 中，幼儿教师通过语言和动作示范帮助幼儿了解游戏规则，并利用情境语言将幼儿的注意始终维持在游戏情境中。情境 3 中，幼儿教师指导幼儿自己做出动作，一开始幼儿多拍、漏拍、抢拍，幼儿教师重新示范或做出要求和提示，这些都体现了师幼互动。另外在整个游戏环节中，幼儿扮演的小鱼和小鱼之间、渔夫与小鱼之间也有着大量的游戏互动。

对策与建议：

案例中幼儿教师利用具有较强节奏感的音乐《萨沙》创编动作，通过游戏的形式让幼儿跟随音乐来做出拍手、踏步、转圈等符合音乐节奏的动作，感受音乐的韵律与节拍。幼儿教师通过逐步增加难度的形式来编排幼儿的韵律动作，让幼儿由易到难地逐渐学会有节奏地律动，感受音乐的节律。

视频 8　4 岁幼儿手工制作中精细动作的发展

幼儿教师也可以通过增设不同的材料来提升活动的质量。幼儿教师可以为幼儿提供代表不同小鱼的头饰，让幼儿通过模仿小鱼的动作特点跟随节奏进行游戏。

在观察实践中，幼儿教师不仅可以像上述案例围绕整个活动进行观察，也可围绕某个幼儿在活动中的具体表现进行观察记录（如视频 8）。除了利用实况详录法，还可以利用评定量表法、轶事描述法等来观察和评价幼儿在艺术教育活动中的学习和发展状态。

以下表格为幼儿艺术领域发展评价量表，供幼儿教师在实际观察中参考。

表 3－28 为幼儿美术能力等级评价表，幼儿教师在观察幼儿美术方面能力时，可以对照表中的内容。该表从“构想”“主动性”“兴趣性”等 9 个维度对幼儿美术能力进行了详细的划分，每个维度又细分为不同的表现条目。幼儿教师可根据每个维度与幼儿所表现出的能力之间的符合程度从高到低划分为 A、B、C、D 四个等级。

表 3－28　幼儿美术能力等级评价表

评定项目	评定内容	等级			
		A	B	C	D
构想	事先构想出主题和主要内容，动手之后围绕构思进行创造				
	预想出局部内容，完成一项后再做新的计划				
	动笔后构思，由动作痕迹出发，想画什么就画什么				
	只有动作活动，没有形象创造，表现为在纸上随意涂抹或反复掰泥、撕纸				
主动性	由自身兴趣、愿望支配，自由进行美术活动				
	由特定材料引发，开始进行美术活动				
	看到别人从事美术活动，自己跟着做				
	在成人要求下开始进行美术活动				
兴趣性	自由从事美术活动，有极大的热情，完全沉浸在其中				
	欣然从命，愉快地从事活动，在做的过程中会自言自语，流露出愉快之情				
	对美术活动迟疑不前，活动中企图离开或者张望别人做什么				
	拒绝参加美术活动				
专注性	能长时间地从事已选活动，不受外界影响				
	能在同龄幼儿一般可维持的时间内持续从事活动，中途偶有离开现象，但会回来，直至活动结束				
	需要鼓励才能把活动完成				
	不能把活动进行完，中途改变活动				

续表

评定项目	评定内容	等级			
		A	B	C	D
独立性	自己决定活动任务，解决问题，拒绝别人干涉，独立完成任务				
	主动请教他人，考虑别人的建议，然后自己完成任务				
	模仿他人完成自己的作品				
	接受并在他人的帮助下完成作品				
创造性	别出心裁地构思与利用材料进行造型				
	重新组织以前学过的造型样式、方法和技能进行造型				
	重复以前学过的造型样式、方法和技能进行造型				
	只按照老师当时传授的造型样式、方法和技能造型				
操作熟练性	掌握工具姿势正确、轻松，操作动作连贯、迅速准确，依次完成动作，作品质量好				
	掌握工具姿势正确，操作动作平稳，但不太准确，作品质量好				
	掌握工具动作正确但笨拙，操作动作迟缓、准确性差，有失误不知修改，作品粗糙				
	掌握工具姿势笨拙有误，只有重复性的动作，不能完成作品				
自我感觉	自己的任务完成得很成功，主动请别人看自己的作品，并讲解作品的含义，能慷慨地将作品送人				
	对自己的作品感觉满意，但不主动展示，听到别人的称赞感到愉快，希望保留作品				
	认为不太成功，接受别人的看法，希望将作品交给老师				
	感到沮丧，对别人的反应无动于衷或者抵触，对作品去向不关心或毁掉作品				
习惯	有顺序、有步骤地完成作品				
	步骤弄错，发现后主动纠正，完成作品				
	想到什么就做什么，混乱中完成作品，作品有缺陷				
	只完成局部，半途而废				
	保持工具材料的固定位置，用时取出，用后放回				
	大致保持原位置，错放后能找到				
	一片混乱，用后乱放，取时找不到				
	不会取放，拿到什么就用什么				

表3－29、表3－30为幼儿音乐表现能力等级评价表及具体评分标准，幼儿教师观察幼儿在音乐活动中的学习与发展时可以参考以下内容。幼儿教师使用时可以按照“好、较好、一般、较差”进行评价，再按照权重求出各维度所得等级分数，也可对个别幼儿音乐表现能力的发展状态采用实况详录法进行记录分析（如视频9）。

视频9　4岁幼儿的音乐游戏

表 3－29　幼儿音乐表现能力等级评价表

评定项目	评定内容	等级
情绪态度	幼儿在活动中能保持轻松愉快的情绪，以饱满的情绪积极主动地投入活动 幼儿能够注意力集中地倾听、观看老师或其他幼儿的谈话或表演	
	幼儿在活动中能经常保持愉快的情绪，能够积极主动地投入活动 在老师或其他幼儿谈话、表演时，幼儿一般能集中注意力倾听和观看	
	幼儿在感兴趣的环节中感到轻松、愉快，对感兴趣的活动内容能够主动参与 在老师或其他幼儿谈话、表演时，幼儿偶尔能集中注意力倾听和观看	
	幼儿对整个活动缺乏兴趣、热情，情绪紧张或平淡，时常显得疲劳和不耐烦 在老师或者其他幼儿谈话、表演时，幼儿不能集中注意力倾听或观看，多数幼儿走神或做小动作	
内容掌握	绝大多数幼儿掌握了活动的主要内容，学习质量好	
	多数幼儿掌握了活动的主要内容，学习质量较好	
	部分幼儿掌握了活动的主要内容，学习质量一般	
	多数幼儿没有掌握活动的主要内容，学习质量差	
能力锻炼	大多数幼儿在活动中获得了能力锻炼的机会，有一定的进步	
	部分幼儿在活动中获得了能力锻炼的机会，稍有进步	
	少数幼儿在活动中获得了能力锻炼的机会，进步不大	
	幼儿在活动中极少有能力锻炼的机会	

表 3－30　具体评分标准

评价项目		权重	等级分数		评分标准			
					好（100）	较好（85）	一般（65）	差（45）
幼儿表现	情感态度	12%	30	12	12	10.2	7.8	5.4
	内容掌握	8%		8	8	6.8	5.2	3.6
	能力锻炼	10%		10	10	8.5	6.5	4.5

第三节　幼儿园区域活动的观察与分析

区域活动，也称“区角活动”“活动区活动”等，主要是指通过在活动室、走廊等地设置相对固定的区域，有目的、有计划地投放各种材料，让幼儿在一种自由宽松的氛围下按照自己的意愿和能力，自主选择活动主题和同伴，主动进行操作、探索和交往的一种活动形式。

区域活动在我国幼儿园中已经实践了较长的时间，它作为一种基于幼儿立场的综合性教育活动更具开放性和生成性，因此区域活动中幼儿表现的行为，更能反映幼儿当前的情绪、认知技能、操作技能以及社会性发展等多方面状态。这就更需要幼儿教师能够及时有效地观察幼儿的活动状态和活动需求，并能因时、因人、因事做出有效的应对，也只有这样才能增进幼儿对学习主题的感知、体验和思考，才能够在拓展经验的同时不断发展幼儿发现问题和解决问题的能力以及形成良好的学习品质和个性品质。

一、区域活动观察的主要方法与内容

（一）区域活动观察的主要方法

科学合理地选择幼儿园区域活动的观察方法，能够使幼儿教师的观察更加全面、细致且具有针对性。幼儿园区域活动观察方法的选择取决于幼儿教师的实际观察需要以及观察目的。一般来说，区域活动的观察方法主要有扫描式观察、蹲点式观察和追踪式观察三种方法。

1. 扫描式观察

扫描式观察也称“全面观察”，这一方法所面向的观察对象是全体幼儿或整个区域活动。利用扫描式观察，幼儿教师可以把握幼儿在区域活动中的整体活动状态，同时能够了解幼儿在活动区中的同伴交往、角色扮演及活动趋向等基本信息，为幼儿教师把握未来区域活动的整体走向提供了参考。

2. 蹲点式观察

蹲点式观察则是建立在幼儿教师全面观察基础上的一种观察方法，它要求幼儿教师有目的地选择观察内容，这一观察内容既可以是针对具体某一区域的活动的细致观察，也可以是对某一幼儿或幼儿的某一特定行为的观察。蹲点式观察能够更进一步地帮助幼儿教师了解幼儿的活动过程、行为表现及活动的完成度，深入了解幼儿的发展水平、行为特征等问题，并发掘深层问题，为幼儿教师评价和改进区域活动，使之更具发展适宜性提供支撑。

3. 追踪式观察

追踪式观察最大的优点在于能够让幼儿教师准确、持续地把握幼儿行为的发展水平以及发展状态，即幼儿教师可以对幼儿的某一特定行为或某一特定区域活动进行持续性的观察，这种追踪观察既可以在一个区域活动中从开始到结束，也可以跨越前后几次活动，这种方法可以针对需要重点关注的幼儿或区域进行更为深入的了解。

（二）区域活动观察的主要内容

幼儿教师观察区域活动的目的在于了解幼儿的行为水平及行为模式，以便有针对性地对其活动进行指导。幼儿教师对幼儿区域活动的指导建立在全面、系统和有针对性的观察与评价的基础之上。幼儿教师在区域活动中的观察内容影响了未来活动的指导效果。丁海东（2011）认为，区域活动的观察内容可以参考以下几个方面：

（1）幼儿在活动中能否发挥自主性和积极性。

（2）幼儿在活动区能否产生典型的活动主题及形式。

（3）幼儿的活动行为是否具有一定的目的性和计划性。

（4）幼儿是否遵守活动的常规和游戏的规则。

（5）幼儿能否与同伴和材料积极互动。

（6）幼儿能否保持甚至创造良好的区域环境。

（7）幼儿能否满足自己生理的需要并照顾自己。

以上内容可以作为幼儿教师在对幼儿区域活动进行观察时的内容参照。在观察中，幼儿教师还要考虑幼儿的年龄特点、身心发展规律以及具体的区域特点等内容。在幼儿园中，各园根据自身资源以及本园幼儿特点来创设各种形式的区域，如语言区、建构区、美工区、科学区、表演区等。不同区域都有着各自的独特特点，为了给读者在区域活动观察中提供一般化的参照模式，本书总结了区域活动观察的关键要素，提供了部分区域活动的观察与分析案例。

二、区域活动观察案例与分析

观察案例 3－8　美工区活动观察

观察目的：观察两个幼儿间的经验差异，以及幼儿如何与材料进行互动，获得了哪些经验；幼儿教师在活动中是否与幼儿进行了互动，互动的质量如何。

观察对象：庆庆、宁宁（大班）。

观察时间：区域活动时间。

观察地点：美工区。

观察方法：轶事描述法。

观察记录：

今天是庆庆和宁宁第一次预约美工区中的“变废为宝”。庆庆看了看放在桌上的材料：若干纸杯、大小不一且多彩的圆形纸盘、各色彩条、毛根、剪刀、水彩笔……“老师，有没有红色纸杯？我需要红色纸杯。老师，有没有毛线？”庆庆大声地向老师询问。“没有，所有的材料都在桌子上了，你自己想想办法吧。”老师简单地回应后便让庆庆自主解决。“可是我要做红色灯笼呀，那我先用白色的做吧！”说完庆庆拿起一个白色的纸杯，并用剪刀把白色纸杯的杯身剪成长条状。

在庆庆剪的过程中，宁宁也开始用白色圆形纸盘制作西瓜：“我要做西瓜。”说完便把白色圆形纸盘剪成两半，并用黑色水彩笔顺着纸盘中的弧线进行勾边。庆庆剪完后准备在纸杯的圆形底座中央戳一小洞，在她用剪刀尝试时，老师走过来轻轻地说：“换成用剪刀的一边更好戳。”在老师的提示下，庆庆快速由剪刀整体戳洞转变为剪刀单边戳洞，“我成功啦！戳了一个小洞”，并挑选了一根白色毛根从小洞中穿过。这时宁宁也描完了西瓜的黑边，并选用红色水彩笔涂色表示西瓜瓤，涂完西瓜瓤后便用黑色水彩笔在上面画圆点表示西瓜籽。宁宁快速地完成西瓜作品后，想要参照老师提供的作品图片制作猫头鹰，但她不会剪圆形：“我不会剪圆形，我要剪小的。”“你绕着剪就行了。”庆庆说。“可我不知道怎么剪”……

庆庆暂时完成了灯笼的第一部分，开始进行第二部分，她还是选择纸杯，这次她剪去杯身的 3/4，只保留 1/4 的圆形底座，并用双面胶覆盖圆形底座的周边，接着把第一部分剪好的长条状的杯身一个挨着一个贴于圆形底座。在贴的过程中她发现长条状的底端会卷起，不容易贴牢，所以她把长条状的底座全都剪成三角形再贴，并且边贴边说：“这样才贴得牢。”之后她挑选红色衔纸条贴于灯笼的上下两端，贴完挑选红色吸管和粉色毛根进行最后一步——把白色毛根的一头穿入吸管中，作为灯笼的提手；另一头和剪短的粉色毛根放在一起并用橘色毛根缠绕固定，作为灯笼的灯笼穗。

区域活动结束时，庆庆完成了灯笼的制作，宁宁一直停留在制作猫头鹰如何剪圆形的第一步。

分析与解释：

上述案例记录了幼儿在美工区的学习活动，活动中幼儿与材料之间有着较为充分的互动过程，但是，幼儿教师与幼儿之间的互动相对较少，且互动质量不高。

佐证记录：在材料互动上，案例中的材料较为丰富，幼儿对材料进行了剪、戳、画、缠绕等操作。在师幼互动上，幼儿教师对幼儿的需求或问题只有简单的回应，在幼儿遇到困难时，幼儿教师的互动方式是直接为幼儿提供解决问题的答案。

对策与建议：

案例中的庆庆主动发现问题，并探究解决问题的办法，具有较高的目标导向。庆庆在遇到困难时善于观察与发现材料的属性以及不同材料之间的差异，不轻易求助和改变目标。

应该增进师幼互动以及同伴互动。在师幼互动上，幼儿教师即使不能满足幼儿的材料需求，也可通过建议或启发的方式让幼儿转换思路，找到替代材料，而不是简单的回应。幼儿教师在活动指导上，也可以通过开放式的引导、操作示范等形式让幼儿自发地想到或观察到问题的解决办法。活动中，幼儿与幼儿之间的互动相对贫乏，幼儿教师可以为幼儿提供一些共同的活动目标，让幼儿自由结组、分工合作。

美工区强调的是幼儿对不同颜色、形状、大小、质地的美工材料属性的探究，通过画、剪、贴、揉等技巧探究材料的差异，并创作相应的作品。幼儿教师在观察幼儿美工区活动时可参考以下内容（见表 3－31）。

表 3－31　美工区观察分析要点

材料选择	选用了哪些材料
	是单一还是多种材料
	是有目的地选择材料还是无目的地摆弄
表征的主题	喜欢表征什么样的主题
	表征主题与幼儿已有经验的关系
工具的使用	使用了哪些工具，工具的使用情况
采用的美工表现形式	绘画、纸工、泥工、综合手工等
表现能力	作品的构图、布局、线条等
	色彩的感知和运用
	想象力和创造力
动手能力	小肌肉动作及手眼协调能力

观察案例 3－9　科学区活动观察

观察目的： 观察幼儿在科学区的活动过程，分析幼儿当前的经验水平以及最近发展区，并观察幼儿如何与相应的材料进行互动，互动的质量如何。

观察对象： 庆庆（大班）。

观察时间： 区域活动时间。

观察地点： 科学区。

观察方法： 轶事描述法。

观察记录：

庆庆完成“无字天书”的内容后，开始进行风车的制作，她把所有的材料都拿到操作垫上，这时刚刚看完一本绘本并记录完的珊珊来到了庆庆的旁边，安静地看庆庆制作风车。

幼儿在玩自己做的风车

第一步，庆庆挑选了一张红色的正方形彩纸，并用尺子对准彩纸四个角，在 10 厘米的位置用铅笔画线进行标记。第二步，庆庆用剪刀沿着刚刚标记的横线进行裁剪。第三步，庆庆挑选了一根铁丝，在用铁丝把风车的角连起来时她遇到了困难。“从前面串还是从后面串？”庆庆拿着铁丝和彩纸向老师询问，老师示意她看说明书。庆庆再次观看说明书，并说："我知道了，从后面串，隔一个串一个，要不就记不住要串哪一个了。"说完，她用铁丝把要串起来的四个角都戳了一个小洞，然后把戳好小洞的角一个一个地串在铁丝中，但她一放手，四个角便全部散开了。"好难呀。"她说。

说完，她再次进行尝试，这次她把所有戳洞的角对齐后拿在手里，然后试着用铁丝把它们串起来，这次也没有成功。她又以同样的方式再次操作了一遍，还是没有成功，她看了一会儿说："哦，我没有对整齐。"说完，她以第一次的方式再次操作，把铁丝从戳好小洞的角中一个一个地穿过，这次她成功了。

在庆庆不断调整的过程中，珊珊也开始制作自己的风车了。珊珊在用铅笔标记之前先把方形彩纸进行对折，使对角线明显，庆庆看到后说："不能折，这个不是折纸。""我知道不是折纸，但是我可以先把它压出印子，就好标记了。"珊珊回应道，然后再用尺子对齐，在10厘米的位置用铅笔进行标记。"你要不要也试试这种方法？"珊珊问庆庆。"用铅笔画线会更好，我下次试试。"这时老师播放音乐，提示区域活动时间结束了，开始收整材料。

分析与解释：

案例中幼儿利用铅笔、铁丝等来制作风车，可以看到幼儿对材料进行了对折、画线、标记以及串联等操作，反映了幼儿与材料之间的充分互动。另外，整个活动过程也展现了两名幼儿主动发现、思考和观察的科学思维过程以及积极的互动过程。

佐证记录：庆庆利用铅笔对彩纸进行画线标记、用铁线将彩纸串在一起。在同伴互动上，珊珊在遇到困难时，庆庆主动建议如何对彩纸进行操作，珊珊也主动分享自己用尺子进行标记的经验。

对策与建议：

案例中庆庆表现出在科学区活动中主动探索的意愿，坚持自己的目标，主动探索解决问题的办法，不断调整自己的操作，遇到困难不断变换方法，最终完成了自己的制作目标。珊珊虽然没有完成自己的科学制作，但是也表现出主动参与观察的倾向，愿意加入制作风车的活动当中，并在制作过程中主动分享自己的想法，仔细观察风车的制作细节，与同伴进行交流与互动。

当幼儿在活动中遇到困难时，幼儿教师要给予幼儿之间足够的时间讨论与解决问题；当幼儿不能有效解决问题时，幼儿教师可以通过主动询问、建议、示范以及参与游戏等方式与幼儿互动，协助幼儿发现解决问题的办法。

科学区活动为幼儿进行深度学习、发展提供了空间与资源。科学区活动能够发展幼儿的科学探究综合能力。幼儿教师针对幼儿在科学区的活动可以参考以下几个方面进行观察：

探究兴趣：幼儿是否有探究欲望？是否对动植物充满好奇？

认知经验：幼儿的已有经验是什么？需要哪些新建构的经验？

探究能力：幼儿探究的方式有哪些？猜想与验证？

观察能力：在探究过程中，幼儿用了哪些观察方法？

记录方式：幼儿是否愿意将自己的发现记录下来？用哪些方式进行记录？

本章小结

本章主要介绍了集体活动、区域活动等各类教育活动的观察与分析要点、注意事项、观察过程以及分析方法。

幼儿教师在对这些幼儿教育活动进行观察时，首先要把握《指南》中对幼儿各领域发展的现实要求，明确观察目的与要点。本章中的案例大多采用轶事描述法和实况详录法，以便读者了解案例的情境信息。本章中也介绍了检核表法、评定量表法的使用技巧，幼儿教师在观察时须根据观察目的灵活选择。本章在观察分析幼儿教育活动时的核心原则是围绕两个维度来进行观察与分析，一是围绕《指南》对幼儿的学习活动进行分析与解释，二是围绕幼儿与环境的互动，即从幼儿在各类教育活动中与材料的互动、同伴的互动、幼儿教师的互动等方面进行观察分析。

同步练习

一、选择题

1. 在对教育活动进行观察时，可以观察个别活动、小组活动及（　　）。(单选)

A. 集体活动　　B. 区域活动　　C. 主题活动　　D. 领域活动

2. 幼儿教师在教育活动中对幼儿行为观察的角度通常指向两个方面，一是幼儿教师的观察直接指向目标幼儿，二是指向（　　）。(单选)

A. 活动的内容　　B. 活动的主题　　C. 教师的反应　　D. 幼儿的行为

3. 在对幼儿教育活动进行观察时可以从幼儿的学习活动和（　　）两个方面入手。(单选)

A. 教师的教学活动　　B. 幼儿与环境的互动

C. 幼儿的实践活动　　D. 个别活动

4. 对幼儿学习活动的观察可以从学习的内容、学习的方式以及（　　）等方面来进行观察。(单选)

A. 学习的态度　　B. 学习的反应　　C. 学习的动机　　D. 学习的效果

5. 在观察幼儿在教育活动中与环境的互动情况时，通常包括师幼互动、材料互动和（　　）。(单选)

A. 同伴互动　　B. 主题互动　　C. 游戏互动　　D. 学习互动

二、判断题

1. 个别活动不属于幼儿教育活动观察范围。（　　）
2. 在对集体教育活动进行观察时，要关注幼儿的生成状态。（　　）
3. 幼儿的倾听与表达能力是社会领域教育活动观察的目标之一。（　　）

三、简答题

1. 在对幼儿园教育活动进行观察前要做哪些准备？
2. 在观察幼儿园集体教育活动时如何选择观察对象？
3. 幼儿园区域活动观察的主要方法有哪些？

四、思考题

1. 请自选幼儿园五大领域中的某一集体活动进行观察与分析。
2. 请使用检核表法，观察幼儿的自主游戏活动。

第四章

0～3岁婴幼儿行为观察与分析

学习目标

知识目标

1. 了解0～3岁婴幼儿的阶段划分标准。

2. 掌握0～3岁婴幼儿不同阶段的行为特点。

能力目标

1. 掌握0～3岁婴幼儿行为观察的相关方法。

2. 能够对0～3岁婴幼儿的行为进行合理的解读和指导。

素养目标

1. 通过了解0～3岁婴幼儿的阶段划分及其行为特点，提高对幼儿身心发展规律的认识。

2. 通过学习0～3岁婴幼儿行为观察的方法，用以指导身边家长和教师的育儿实践，推动科学育儿的社会普及。

案例导入

哭成泪人的爸爸

宝宝打预防针，爸爸心疼得哭成了泪人。宝妈徐女士介绍，她带着3个月大的宝宝打预防针，“当时我在咨询医生问题，爸爸把孩子抱出去了，等我出去看见他俩在一起哭”。徐女士称老公很心疼女儿，“因为哄不了女儿也着急，全身都出汗了，哭得比女儿还惨”。徐女士直言，看到他俩哭自己又想笑又心疼。

问题：案例中的爸爸为什么哭成了泪人？爸爸应该如何正确安抚孩子？对于上述现象，你如何看待？

第一节　0～3岁婴幼儿行为特点概述

一、研究0～3岁婴幼儿行为特点的意义

著名的幼儿早期教育专家怀特指出，孩子头三年经验的重要性，远远超过我们过去所想象的。对于婴儿和学步的孩子，每个生活中简单的动作都是他们日后一切发展的基础……没有什么工作比抚育头三年的孩子更重要。我国谚语有“三岁看小、七岁看老”，这些言论背后的事实是世界各国对0～3岁婴幼儿早期教育的高度重视。

我国对0～3岁婴幼儿早期教育的认识，重点在身体照护，在此基础上，促进家庭科学养育婴幼儿以及婴幼儿的全面发展。研究认为，一些国家认为婴幼儿早期是儿童未来学习和社会性发展的奠基阶段，婴幼儿早期教养的性质、从业人员的资质也不同。因此，对0～3岁婴幼儿的行为进行科学的观察、记录和分析，有助于我们更加深入、全面的理解婴幼儿的成长规律，并能更好地指导我们实施高质量的保育和教育活动，促进婴幼儿的身心健康发展。

二、0～3岁婴幼儿阶段的划分

0～3岁婴幼儿的范围界定，医学上的分歧在于是否从受精卵开始，即是否包含胎教。从教养角度看，胎教主要为父母的责任，本书不做更多讨论。本书认为，0～3岁是指胎儿娩出、脐带结扎至3周岁。

0～3岁期间，婴幼儿的身体变化较快，尤其是从出生到1岁，是人的第一个快速生长期，如“三翻六坐九爬十二走”就是对这个阶段婴儿身体快速变化的一种形象表达。因此，中国家庭科学育儿指导中心将0～1岁按照3个月一个周期划分为五个阶段（其中0～3个月分为0～1个月和2～3个月）；将2～3岁按照半年一个周期分为四个阶段。日本京都大学医学部小儿科专家松田道雄更是将0～1岁阶段按月细分，其中第一个月划分为出生到1周、1周到半个月、半个月到1个月。[①]

视频10　6个月婴儿在练习翻身

通常情况，医学上将0～3岁婴幼儿划分为三个阶段：出生至4周（28天）内为新生儿期，4周至2岁内为乳儿期，2岁至3岁为幼儿前期。总的来说，0～3岁婴幼

① 松田道雄．育儿百科［M］．王少丽，译．北京：华夏出版社，2010.

儿的身心发展水平与学前教育机构中3～6岁的儿童有较大的差异。无论专业理论，还是教育教学实践都对婴幼儿教育指导提出了新的要求与规范。

三、0～3岁婴幼儿的行为特点

根据各项发展进程观察婴幼儿的行为可以发现，婴幼儿的行为特点表现为不同的生理与心理现象。依照年龄阶段，主要具有下列发展特点：

（一）0～1岁婴儿期的行为特点

1. 生理发展特点（动作）

这一时期是婴儿动作发展最迅速的阶段，其发展是按照一定的顺序和规律进行的。

从整体动作到分化动作：婴儿最初的动作是全身性的、笼统的、散漫的，以后才逐步分化为局部的、准确的、专门化的。

从上部动作到下部动作：使婴儿俯卧在平台上，他首先出现的动作是抬头，然后慢慢发展到翻身、坐、爬、站立、走。

从大肌肉动作到小肌肉动作：婴儿首先出现的是躯体大肌肉动作，如头部、躯体、双臂、腿部的动作，然后才是灵巧的手部小肌肉动作，以及准确的视觉动作等。

（1）手的动作的发展。

婴儿约从3个月起，一种不随意的手的抚摸动作就开始了。他无意中抚摸亲人或玩具、自己的被褥、自己的衣服、自己的小手。5个月后，手的动作带有一定的随意性，当他看见亲人或玩具时，他不但会发出快乐的声音，而且要伸出手来抓一抓或者摸一摸。这样，婴儿开始把手作为认识的工具来感知外界事物的属性。

从婴儿出生后的6个月开始，手的动作有了进一步的发展。婴儿逐步学会了拇指与其余四指配合的抓握动作。在抓握过程中，逐步形成眼和手，即视觉和动觉的协调运动。手的动作发展得更加复杂了。从手眼配合摆弄一个物体到同时摆弄两个物体，再到用多种不同的方式来摆弄各种物体，如把小盒放到大盒里，用小棒敲击铃铛等，使婴儿进一步认识了事物之间的联系和关系。在经常接触物体的过程中，由于成人的反复示范和婴儿自身的不断模仿，他们逐步具有熟练地摆弄和运用这些物体的能力，如用茶杯喝水、用匙子吃东西、穿衣服、扣扣子、戴帽子、洗手等。

（2）行走动作的发展。

行走动作的发展同样要经过一个漫长的过程。大约3个月时，婴儿开始能够翻身，6个月左右能坐起来，8～9个月会爬，1岁左右能够站立并开始行走。

当然，由于遗传、经验、性别、种族、营养状况、练习的机会等差异，每一个婴幼儿的动作发展是存在很大差异的。两个在其他方面相似的婴儿学习走路的时间可能并不相同，一个在10个月时就开始走，另一个到18个月才开始走，这都是正常的。

2. 心理发展特点

（1）语言特点。

0～1岁为前语言阶段，这个阶段婴儿需要通过大量的发声练习才能掌握语音系统。

根据发音的多少、复杂程度以及与母语的接近程度，大致分为如下三个阶段：

0～3个月：简单音节阶段。1）听觉比较敏锐，对语音较敏感，具有一定的辨音水平。出生24天之后的婴儿能够区分男人和女人的声音、抚养者和不熟悉的人的声音。这个时期婴儿更喜欢母亲的声音，更偏好“妈妈语”。2）当父母和婴儿进行面对面的“交谈”时，婴儿能对父母的声音做出反应。父母对婴儿说话时，婴儿会以微笑、踢腿和挥动手臂来表达喜悦。3）能够发出一些简单的音节，但多为单音节。如第一个月，婴儿能发出ei、ou的声音；第二个月，婴儿能断断续续地发出a、ai、e等声音；到第三个月，婴儿能用连续的a和ai来招呼别人，吸引别人的注意。

视频11　2个多月的宝宝与奶奶的互动

4～8个月：连续音节阶段。1）经常发出连续的音节，如ma-ma、ba-ba、na-na等。2）懂得简单的词、手势和命令，理解具有情境性。这一阶段的婴儿已经能够听懂成人日常生活中的很多语言，会指认一些日常用品、辨别照料者的不同称谓。3）在交往中出现学习交际“规则”的雏形，如成人说一句，婴儿发几个音；当一段“对话”结束后，婴儿会用发一个或几个音来主动引起另一段“对话”，使交流继续下去。4）能辨别一些语调、语气和音色的变化，如能用微笑和平淡的态度对愉悦的、冷淡的语调做出反应，而愤怒的语调则会引起婴儿的紧张或害怕的情绪。5）出现“小儿语”，会用语音来吸引别人的注意。

9～12个月：学话萌芽阶段。1）近似词的发音增加，出现了第一个有意义的词。例如：他会说māo-māo，用来专指他的玩具猫。这是婴儿进入口语期的标志，是婴儿语言发展过程中最重要的里程碑。2）真正理解成人的语言，语言交际功能开始扩展。比如成人说：“跟妈妈再见。”婴儿就会挥挥自己的小手。

（2）认知特点。

1）0～1岁婴儿感知觉的特点。

● 视觉敏锐度。

视觉最初的发展表现在视觉敏锐度（简称视敏度）上，生命最初半年是视敏度迅速发展的关键期。

新生儿虽然能看到东西，但是比较模糊。出生后2～3周内，新生儿的两眼活动还不协调，遇到光线眼睛就会眯成一条缝或完全闭合。2个月时，婴儿明显地出现视觉集中，即视线首先集中在活动或鲜明发亮的物体上，逐渐还能随光亮的刺激物移动；

4个月时，其注视时间和距离不断延长，视觉集中也逐渐由被动转变为主动；6个月时，婴儿能够注视距离较远的物体，此时他们对周围环境的观察更具主动性；6个月至1岁，婴儿视敏度已基本上达到成人的水平。

● 听觉。

现代心理学研究发现，不仅新生儿明显具有听觉能力，就是尚未出生的胎儿也有明显的听觉反应。在对声音刺激的感受方面，2～3个月的婴儿听到声音时，表现出"倾听"；3～4个月会转头寻找声源；8～9个月能认识声音，能对不同的声音做出不同的反应，如听到和蔼的声音便微笑，听到严厉的声音会惊哭。婴儿普遍具有语音敏感性，在一岁之内能够分辨不同语言的语音。但是，如果没有接触不同语言语音的经验，他们对非母语语音的分辨力就会下降。

● 触觉及其他。

婴儿一出生就有了触觉反应，像吸吮反射、抓捏反射、巴宾斯基反射等无条件反射。新生儿触觉最敏感的部位是嘴唇、手掌、脚掌、前额、眼睑和手。

味觉和嗅觉也与生俱来，保护好婴儿与生俱来的味觉和嗅觉的敏感性，有助于其认识周围环境。

研究证明，把6～7个月的婴儿放在一块厚玻璃板上，玻璃板下铺有图案的布单，使下面看起来好像是一道"深沟"。虽然母亲在"深沟"的另一边召唤着，但婴儿一般不敢爬过"深沟"，这表明婴儿已有感知深度的能力。

2）0～1岁婴儿注意的发生。

● 原始的注意行为。

新生儿在出生时就具备了注意的能力，巨声、强光、活动的物体、能发出声响的或色彩鲜艳的玩具等会使他暂停吸吮或手脚的动作，明亮的物体会引起他视线片刻的停留。

● 无意注意的发生。

出生后2～3周，新生儿出现了明显的视觉集中和听觉集中现象。出现注视、追视和倾听的表现，这说明无意注意已经发生了。

婴儿的注意力不断发展，注意的客体不断增加。例如：母乳或牛奶最初能引起婴儿的注意，因为他们可以直接满足婴儿的机体需要。以后，凡和满足机体需要有关的客体也能引起婴儿注意。例如：婴儿看到母亲或奶瓶便会盯着，停止哭叫；当喜爱的玩具不见了的时候，他会去寻找。

半岁以后，婴儿不仅对具体的事物发生注意，而且对周围人们发出的声音也会注意。婴儿的注意虽已发展，但集中时间很短，很容易被吸引。

如果从年龄角度看，0～3个月的婴儿只有无意注意，听觉注意强于视觉注意，注意时间为几秒钟；4～6个月时注意范围有所扩大，婴儿偏爱复杂的视觉对象，出现对刺激的习惯化；7～9个月时注意对象扩展，婴儿自身经验在注意中起到一定作用；10～12个月时注意时间开始变长，可以一直注视某一样物品超过10秒钟。

3）0～1岁婴儿记忆的发生。

记忆是在头脑中积累和保存个体经验的心理过程。条件反射的形成是记忆发生的标志。

新生儿的记忆主要表现在建立条件反射和对熟悉的事物产生“习惯化”两个方面上。新生儿的记忆是短时记忆。研究表明，出生一周的新生儿已能辨别母亲的气味和其他人的气味。母亲喂奶时往往先把孩子抱成某种姿势，然后再开始喂奶。一个月左右，每当孩子被抱成这种姿势时，奶头还未触及孩子的嘴唇，他就已开始吮吸动作了，这种现象说明婴儿已经记住了喂奶姿势，把抱姿当作喂奶的信号，这种对喂奶姿势形成的条件反射被认为是儿童最早的记忆。新生儿另一个记忆表现就是对熟悉事物产生“习惯化”。一个新异刺激出现时，新生儿都会注意它一段时间（定向反射），随着同一刺激物反复出现，新生儿对它的注意时间就会逐渐减少甚至消失，这种现象称为“习惯化”。

1～3个月是长时记忆开始发生的阶段。3～6个月婴儿的长时记忆有很大发展。8个月左右的婴儿开始出现工作记忆。不过，婴儿的记忆力仅仅开始发展，记住的时间也很短暂，大多属于再认。最明显的再认出现在6～7个月，表现为“认生”，即对熟悉的人会愉快地接近，对陌生的人则畏怯躲避，甚至惊哭。

记忆的潜伏期是指从识记到能够再认或回忆之间的时间。婴幼儿长时记忆保持的时间逐渐延长。一岁前再认的潜伏期只有几天。

婴幼儿记忆内容随年龄而变化。婴儿出生2周左右出现运动记忆，6个月左右出现情绪记忆。6～12个月左右出现形象记忆，一岁左右出现语词记忆。一岁前的形象记忆和动作记忆、情绪记忆紧密联系。在幼儿阶段的记忆中，形象记忆占主要地位，比重最大。婴幼儿这几种记忆的发展，是一个相当复杂的相互作用的过程。

4）0～1岁婴儿思维的发生。

思维是人脑借助语言、表象或动作而实现的对客观事物间接的、概括的反映。思维是在感觉、知觉、记忆等心理过程的基础上形成的，在个体心理发展中出现较晚。思维的发生不但标志着婴儿的认识过程已经齐全，而且使婴儿的认识过程发生质变。

0～3岁，婴幼儿以直观行动思维为主。皮亚杰认为，0～2岁婴幼儿的思维处于感知运动阶段，这种思维的突出特点是思维离不开动作，完全是无意识的。林崇德（1987）认为，婴儿8～9个月，是思维发展的第一个飞跃期，直观行动思维从这个时期之后获得发展。

11～12个月的婴儿通常会用手指向成人指出他想要的东西，或是他想去的地方，嘴里“啊啊”地叫着。这些声音和简单的动作所表示的复杂的意义就反映了思维的间接性：他想干什么，凭他自己的能力达不到目的，成人有能力帮助他而且愿意帮助他。

（3）情感与社会性特点。

行为主义心理学的创始人华生根据对医院500多名婴儿的观察提出，新生儿有三种主要情绪：怕、怒和爱。

20世纪80年代后，情绪发展研究专家伊扎德认为，婴儿出生时具有五大情绪：惊奇、痛苦、厌恶、最初步的微笑和兴趣。4～6周时，婴儿出现社会性微笑；3～4个月时出现愤怒、悲伤；5～7个月时，出现惧怕；6～8个月时，出现害羞；0.5～1岁，出现依恋、分离伤心、陌生人恐惧；1岁半左右，出现羞愧、自豪、骄傲、内疚和同情等。

具体来讲，0～1岁婴儿的情感和社会性特点如下：

0～1个月：初生的婴儿喜欢被爱抚、拥抱；会注意到近距离的人的面部表情，喜欢看人脸，尤其是母亲的笑脸；听到人的声音有反应，母亲的声音对哭闹的婴儿有安抚作用。

2～3个月：婴儿对成人的逗引会用动嘴巴、伸舌头、微笑或摆动身体等表示情绪反应；见到母亲会微笑、发声或挥手蹬脚，表现出快乐的神情。

4～6个月：婴儿开始会用哭声、面部表情和姿势与人沟通；此时的婴儿开始怕羞、认生，对陌生人会出现注视、躲避等反应，对熟人表现出愉悦的情绪反应；会辨别语调；对熟悉的人或物有观察意识；开始有明显的依恋。

7～9个月：婴儿会对主要看护人表现出依恋和喜爱，对陌生人会有害怕、拒绝等情绪反应；知道成人表示肯定或否定的面部表情；喜欢躲猫猫、拍手一类的交往游戏，喜欢镜子中自己的映像。有的婴儿在这个阶段学会了用挥手表示再见、拍手表示欢迎；听到表扬会高兴地重复刚才的动作。

10～12个月：婴儿喜爱家庭成员和熟悉的人，对陌生人表现出忧虑、退缩、拒绝等情绪反应；当言行得到认可时会高兴地重复表现；初步具有保护自己物品的意识。这个阶段婴儿爱尝试，喜欢重复玩交往游戏。

（二）1～3岁幼儿期的行为特点

1. 生理发展特点（动作）

这个时期，幼儿开始学会走路。一般来说，1.5岁以前，每个幼儿的行走动作的发展各异；约2岁时，幼儿就能掌握行走的技巧了，在平坦的道路上行走能达到“自动化”的程度，活动空间增大，接

2岁幼儿的平衡力训练

触到的事物明显增多。

2～3岁时，在粗大动作方面，幼儿不但学会了行走，而且也逐渐地学会了跳、跑、攀登阶梯、越过小障碍等复杂的动作，并可能学会按着节奏来做某些动作，如可以边走边推小车，但经常无法把握方向。在精细动作方面，幼儿能做简单的穿衣和脱衣的动作，会拉大的衣服拉链；能成功地用小勺吃饭。

幼儿精细动作发展

2岁左右，幼儿会自己动手画画、玩游戏、吃饭、穿衣、攀爬等；2岁以后，幼儿的自我意识开始形成，有了自己的意愿和想法，学会了表达自己的需求，开始与人交往；同时，幼儿思维也得以产生和发展。

2. 心理发展特点

（1）语言特点。

● 1～1.5岁：单词句阶段。

在这一阶段，幼儿常常用一个词来表达整个句子的信息，幼儿说出的词所代表的对象和包括这一对象在内的整个情境相联系。例如：幼儿说"车车"，可以反映多种意思：要玩车车玩具，看见了一辆车车，或者要坐汽车等。这个阶段幼儿语言的特点如下：

1）出现发音紧缩现象，会用简化策略发出语音。1岁以后，幼儿发出的无意义的连续音节大大减少，他们往往只用手势和动作来进行表达，独处时也停止了那种自发的发音活动，出现了一个短暂的相对沉默期。这一阶段的幼儿还会使用一些特殊的发音策略来简化他们难发或者还不会说出的语音。

2）理解水平迅速发展，能理解比较复杂的意思。这一阶段，幼儿能理解的语言大量增加，但是他们能听懂的话比能说出的话要多得多。幼儿所能理解的名词和动作较多。名词主要是幼儿生活中熟悉的物品的名字、人物的称谓、动物的名称和特征较明显的身体器官的名称等。动词主要有表示身体动作、表示事件和活动的能愿动词和判断动词。这一阶段幼儿对成人命令式的语言能理解并能执行，对于成人具有方向性的命令式语言，不用凭借动作或面部表情就可以完全理解。

3）词义模糊，出现词义泛化和词义窄化现象。词义泛化是指幼儿最初使用一个词来指代更为广泛范围内的物体、动作或事件的倾向。例如："猫"这个词，不仅被用来专指一只猫，还用于指代四条腿的小动物，或所有会活动的小动物等。词义窄化是指幼儿用一般化的单词指代较小范围内的物体、动作或事件的倾向，如只将"车"指代自己用的婴儿车，而不是所有的交通和运输工具。

4）以声代物，词性不确定。将物体的声音作为该物体的名称（以声代物）是1岁半以前的幼儿说话的一个明显的特点，如"嘟嘟"表示汽车，"汪汪"表示小狗，等等。但是，幼儿的声音在不同的情境下往往包含不同的意义。例如："喵喵"可以当作名词称呼"猫"，或者表示"猫的叫声"，还可以当作动词表示"猫正在叫"。

● 1.5～2岁：双词句阶段。

在这一阶段，幼儿开始把两个词以不同的方式组合在一起来表达语义。这一阶段，幼儿的说话积极性非常高，语词大量增加，集中的、无意义的发音现象已经消失，此时的发音已经与发出的词和句子整合在一起。这一阶段应该是幼儿掌握词语的第一个关键期，语言发展特点主要表现在以下几个方面：

1）能理解和掌握的词汇数量与日俱增，出现了"词语爆炸"现象。这一阶段，幼儿掌握新词的速度突然加快，词汇量急剧增多，平均每月说出25个新词。18个月的幼儿经常挂在嘴边的词有20个左右，到20个月时能说出的词就有100个左右，24个月能说出300多个词。这种掌握新词速度猛然加快的现象是以后各阶段不再有的，我们称之为"词语爆炸"。在幼儿所掌握的词汇当中，近70%的词仍是名词。

2）双词句为主，且增长速度加快。双词句是由两个单词组成的句子，如"妈妈抱抱""看狗狗""饼饼没了"。这些话听起来就像我们发电报时所采用的省略句，因此又被称为"电报句"。在这一阶段初期，单词句仍然占主要地位。从20个月开始，幼儿开始说出双词句。到这一阶段末期又出现了复合句。

3）喜欢提问，开始学会使用疑问句和否定句。这一阶段后期，幼儿开始进入人生的第一个反抗期。幼儿开始不断向成人提问，要求成人告知他各种事物的名称、特征、用途、构造等有关信息。幼儿开始使用疑问句来提问，运用否定句来表示反抗，幼儿经常把"不"挂在嘴边以示拒绝。

● 2～3岁：语言发展关键期。

2岁以后至入学前，是幼儿学习语言和发展语言的关键时期，也是他们学习口语的最佳期。他们已经掌握了最基本的语言，有了初步的语言能力，能用语言来调节自己的动作和行为，具体表现为：

1）词汇量迅速增加，对新词感兴趣。这一时期，幼儿的语言发展特别迅速，说话积极性特别高，词汇量急剧增加，几乎每天都在掌握新词。到 3 岁时，幼儿的词汇量可达 1 000 个左右，是 2 岁时的三倍，而且词类的比例也在发生变化。这种变化表现在名词和动词的比例减少，较抽象的形容词、副词和代词的比例增加，但是名词和动词仍然占多数。

这一阶段由于好奇心和求知欲的发展，幼儿对新词句表现出极大的兴趣，变得喜欢提问，经常提出“这是什么？”“那是什么？”“为什么？”之类的问题，从成人的回答中他们也会学到很多新词。例如：当幼儿指着某个物体问“这是什么？”时，成人不要只限于教幼儿说物体的名称，而是要教会幼儿物体的作用、对物体外部特征的描述，如大小、颜色、形状、轻重等，扩展他对物体的理解，使幼儿有更大的收获。

2）句法结构日趋完善。在这一阶段，幼儿开始运用简单句来表达自己的意思。随着简单句的不断完善，从 2 岁起，幼儿开始能说出复杂句，即由几个结构相互联结或相互包含所组成的单句，如“小红吃完饭就看电视”“老师教我们做游戏”“两个小朋友在一起玩就好了”。3 岁幼儿的话语已基本上都是简单句或复杂句了。句子的含词量不断增多，大部分句子都有 6 ～ 10 个字，由不同的词构成。简单句的结构主要包括主谓、谓宾和主谓宾结构三种类型。与此同时，自 2 岁起，幼儿语言中还出现了复合句（即两个或两个以上的意思关联比较密切的单句合起来构成的句子）。最初的复合句是省略连词的简单句的组合，如“我不喜欢哥哥，他打我”。经常出现的复合句已经占总句数的 1/3 以上。由于逐步掌握了各种基本的句式，幼儿可以和他人进行更多有效的交往，能够按照成人的要求完成某个动作或行为，能够表达自己的愿望或提出请求等。到了 3 岁，幼儿说话的方式基本上和成人差不多了。

3）语言理解能力不断提高。2 ～ 3 岁的幼儿逐步摆脱了具体情境的约束，对语言的理解能力迅速提高。这一时期，幼儿能理解的词汇量达 900 多个。随着对词义理解的加深，幼儿对词的概括程度也有很大提高，词的泛化和窄化现象明显减少，对词义的理解也逐渐接近成人用词的含义。语言对于心理活动和行为的调节作用也明显增强，对于成人的语言指示都能做出相应的正确反应。

4）语言表达能力不够流畅。虽然这一阶段的幼儿掌握了很多新词，但是要把这些新词组织成有条理的句子说出来，还是有一定的难度的。由于这个阶段的幼儿思维迅速发展，组织语言时，说的能力赶不上思维的速度，想用语言表达自己的想法，一下子找不到合适的词汇，但又着急想要把它说出来，因此就出现了说话不流畅、经常重复同一个词或句子、不该换气的地方换气而显得气喘吁吁等现象，看起来好像是口吃。但对 3 岁的幼儿来说，说话不连贯、重复都是正常现象。如果处理不当，反而会引起他们语言发展上的危机，语言发展的缺陷也就会在这个时期出现。

（2）认知特点。

1）1～3岁幼儿感知觉的发展。

● 触觉

触觉对幼儿心理发展有着十分重要的意义。触觉有助于刺激身体的早期生长发育，特别是对于早产儿来说，触摸是一种很重要的刺激。触觉是幼儿探索世界的一种主要方式，特别是2岁前的幼儿。触觉是父母与孩子之间相互影响的基本途径，幼儿通过安慰性接触建立依恋关系，所以触觉也对幼儿社会性发展有重要意义。

幼儿触觉探索有两种形式：口腔探索和手的探索。

口腔探索：幼儿对物体的探索最初是通过口腔活动进行的。新生儿的口腔触觉十分灵敏。1个月的婴儿能辨别软硬质地不同的乳头。人生第一年，尤其是在手的探索形成之前，口腔发挥着重要的探索功能。这就是为什么婴儿总爱把东西往嘴里放的原因。

手的探索：婴儿期是手的探索活动的形成时期，大体经历了三个阶段：手的本能性触觉反应阶段；视触协调阶段；手的有目的的探索阶段。婴儿很喜欢摆弄物体，在摆弄各种物体的过程中，他们逐渐认识了物体的粗糙、光滑、硬软、弹性等属性，也发展了触摸能力。

幼儿触觉发展

● 形状知觉

2岁以后，在游戏等日常生活中，幼儿往往会表现出辨别物体的大小、形状或颜色的能力，甚至说出有关大小、形状和颜色的语词。例如：搭积木时，幼儿能选取最大的放在底层，而后逐次堆较小的积木；看图画时，幼儿能说出这是“圆圆的”“方方的”；2岁的幼儿会玩圆形、方形的拼板，他们也可以分辨红色，少数幼儿还可以分清红绿两种颜色。总的来说，幼儿只能做粗略的分辨，还不能感知细微的差异，表现为有时硬要把大的东西塞入小的匣子，或者把拼板错误地嵌到形状相近的孔中。研究发现，2岁7个月至3岁的幼儿在认识物体时，100%按照物体的形状选择。这表明在这个时期，幼儿认识物体首先注意的是物体的形状，而不是物体的颜色。

2）1～3岁幼儿注意的发展。

这个时期，幼儿的注意是无意注意占主要地位。当幼儿要独立行动、运用双手摆弄物体，他们在行动中就必须留心周围的事物，在操作中就必须注意所运用的物体。此外，成人也常提醒幼儿或提出要求，如听故事要安静、行走时不要碰到东西、喝水吃饭不要泼洒。这些都促使幼儿主动注意自己的行动和周围有关的事物，促使幼儿有意注意开始出现。不过，这种主动的注意还只处于萌芽状态，维持的时间十分短暂，还要成人不断地提醒，幼儿才能集中注意力。

12个月后，幼儿注意方面表现为对事物表象的认知，当看到与表象有巨大差异的事物时，会产生关注。这时幼儿还可以通过成人的表情来判断他们是高兴还是生气，用手势来表达自己的意愿。

2～3岁幼儿，有意注意逐渐成为主导，其注意力已经不仅仅局限在与外部世界的交往，更多的是要了解和自己不一样的人；幼儿可以集中一段时间听故事、看图书、看电视节目，注意转移和分配能力逐步提高。

3）1～3岁幼儿记忆的发展。

1～3岁的幼儿记忆功能由短期记忆逐渐向长期记忆发展。有的幼儿能将其他小朋友的名字记忆数月乃至1年以上，他们对自己父母记忆的时间更长。一部分3岁的幼儿对自己的父母可以终身记忆。这个时期的记忆除了机械记忆，还有一部分是理解之后的记忆。

1岁以后的幼儿已经能够记住一些简短的儿歌，尤其对有韵律的、歌词重复的儿歌更加喜欢，更能记住。同时，他们还能记住一些经常听到的简短故事。对于那些有关幼儿日常生活和他们所理解的故事，以及一种情节反复出现的故事更容易记住。成人在家中或者入园预备班中可以和幼儿一起复述故事，如视频12中的幼儿可以根据自己对绘本故事的记忆进行表演绘本剧。

视频12　利用绘本剧形式帮助幼儿记忆故事情节

在这一时期，幼儿对于这些儿歌、故事完全是自然而然记住的。他们还不会有意识地、主动地去记住某些经历过的事物，对于记住的东西也不能保持很长的时间，要不断复习才能继续记住。

再认的潜伏期。随着年龄的增长，回忆的潜伏期也逐渐延长，2岁幼儿可能延长到几周。3岁前幼儿的记忆一般不能永久保持，这种现象称为“幼年健忘”。3～4岁后出现了可以保持终身的记忆。

记忆提取方式。幼儿最初出现的记忆全都是再认性质的记忆。回忆是2岁左右逐渐出现的，这一阶段出现的延迟模仿是幼儿回忆能力发展的显著表现。在3岁前，幼儿的再认比回忆发展得好。再认依赖于感知，而感知是幼儿自出生以后就已经具有或开始发展的，因此再认形式的记忆发展较早。1岁以后，由于语言的发展，幼儿得以用符号进行表征，从而产生了符号表象记忆。回忆依靠的是表象，表象则在1岁半至2岁才开始形成。回忆和再认的差距随着年龄的增长而缩小。

4）1～3岁幼儿思维的发展。

1岁以后幼儿的思维通过语言逐渐显露出来，幼儿的思维主要以直觉形象思维为主。此时，幼儿知道用杯子喝水，用勺子吃饭，皮球是用来拍的，小汽车推着才会走。这反映了幼儿对“类”概念的模糊认识，是幼儿初步概括的表现。在此基础上，幼儿开始用“试误”的方法寻找解决问题的手段。例如：幼儿要拿放在桌子中间的玩具，几次伸手都没拿到，踮起脚也没拿到。他偶然带动桌布，玩具好像近一些了，这时，幼儿就开始有意识地拉扯桌布，很快就拿到了玩具。像这类解决问题的智慧性动作的出现，标志着个体思维的发生。2岁的幼儿在过家家游戏中明确知道一家人应该在一起，还知道把同类动物玩具放到一个小箱子中，一些幼儿还知道大与小的概念。

林崇德（1987）认为，2岁至3岁（主要是2.5～3岁），是思维发展的第二个飞跃期，这个时期是从直观行动思维向具体形象思维发展的一个转折点。皮亚杰认为，2～7岁幼儿的思维居于“前运算阶段”，最突出的特点是幼儿具有了符号表征能力，即幼儿能够利用语言、心理表象来思考客体和事物。

3岁的幼儿具有初步解决问题的能力，如当够不到高处的东西时，可以搬一个小板凳帮助身体“长高”来拿东西。他们认识了物体、了解了物体的用途，他们像小科学家那样，通过自己的试验来探索并认识这个世界。

（3）情感和社会性特点。

1～3岁阶段，幼儿的情绪开始多样化。尤其是到3岁以后，陆续产生同情、尊重、爱等20多种情感，同时一些高级情感开始萌芽，如道德感、美感。

具体来讲，1～3岁幼儿的情感和社会性特点如下：

1～1.5岁的幼儿自我意识开始萌芽，能理解并遵从成人简单的行为准则和规范，可在安全、依恋的环境中共同游戏，情绪变化丰富而迅速。

1.5～2岁的幼儿对主要抚养者表现出比较强的依恋，当与主要抚养者分离时会感到沮丧，并会较长时间地延续这种情绪状态；自我意识逐步增强，开始表现出独立行为倾向，喜欢自己独立完成某一动作，开始意识到自己的性别角色，喜欢与其他幼儿共同参与游戏活动；模仿性强，喜欢模仿成人动作，如学着收拾玩具，喜欢帮忙做事。

2～2.5岁的幼儿开始自主表达自己的情感并意识到他人的情感，产生简单的是非观念，喜欢参与同伴的活动。例如：幼儿会一起玩简单的角色游戏、会相互模仿，但是他们的角色扮演意识模糊，还不能很好地控制自己的情绪。

2.5～3岁的幼儿开始能较好地调节自己的情绪，发脾气的时间减少，会用“快乐”“生气”等词来表达自己和他人的情感，有时也会隐瞒自己的情感；能和同龄幼儿分享玩具，有一定的规则意识。这一阶段的幼儿开始知道自己的性别及性别的差异，喜欢玩与自己性别相符的玩具。

第二节　0～3岁婴幼儿家庭行为观察与分析

一、0～3岁婴幼儿动作发展观察案例

动作发展是人能动地适应环境和社会并与之相互作用的结果，动作的发展与人的智力、行为和健康发展的关系十分密切。对于0～3岁婴幼儿的发展来说，动作的发展是很重要的一个方面，常被人们作为测定婴幼儿心理发展水平的一项重要指标。

动作发展包括躯体和四肢的发展。一般将婴幼儿的动作发展分为粗大动作的发展和精细动作的发展。其中粗大动作，又叫“大肌肉动作”，是个体全身大肌肉或者大肌肉群的运动，常伴有强有力的大肌肉收缩、全身运动神经的活动以及肌肉活动的能量消耗。粗大动作主要包括颈部、躯干和四肢等大肌肉幅度较大的动作，决定婴幼儿抬头、翻身、坐、爬、站立、行走、跳跃、四肢活动以及躯体协调平衡等各种运动能力。精细动作，又叫“小肌肉动作”，是由小肌肉所组成的随意动作，一系列小肌肉动作构成了协调的小肌肉运动技能。精细动作主要是指手的动作，以及手眼协调，包含抓握、把弄、握笔、搭积木、书写、绘画和劳作等技能技巧。

观察案例4－1

观察目的：了解婴儿肢体动作的发展。

观察对象：小胖墩（男孩，2个月）。

观察时间：2022年11月9日。

观察地点：家中卧室。

观察方法：轶事描述法。

观察记录：

晚上，爸爸拿了一个新纸尿裤给小胖墩换。爸爸把小胖墩平放在床上，把纸尿裤递给小胖墩，小胖墩的手指半曲着，似乎想接纸尿裤，但尝试了一次没成功，就挪开了。随后，爸爸用一只手握着小胖墩的两只脚把他的屁股抬起来，另一只手把纸尿裤铺放至他的腰部，然后放下小胖墩的双脚。小胖墩笑眯眯地看着爸爸，两条胳膊和双脚不时动来动去。

穿好纸尿裤后，爸爸顺手在小胖墩腰部轻轻推了一下，小胖墩就从平躺变成趴在

了床上。开始，小胖墩的嘴巴、鼻子和面部都贴着床，很快，小胖墩轻轻抬头并扭动脖子把头侧放在床上。被爸爸翻身的时候，小胖墩的一条胳膊压在了身下，他自己没有办法把胳膊挪出来，爸爸轻轻抬起小胖墩的身子，并把他压着的胳膊挪了出来。这时，小胖墩的两只脚像小鸭子一样前后交替蹬被子，但是他的身子并没有往前移动。然后，爸爸把手放在小胖墩的脚掌上，小胖墩再用力一蹬，身子就稍微往前挪动了一点。这时，小胖墩两只胳膊弯曲，头部左右交替慢慢侧翻，就像匍匐的士兵一样。

视频 13　父亲与 2 个月婴儿的亲子互动爬行

分析与解释：

1 岁以内的婴儿，其动作大多是全身性的、笼统的、散漫的，以后才逐步分化为局部的、准确的、专门化的动作。

佐证记录：爸爸把纸尿裤递给小胖墩，小胖墩的手指半曲着，似乎想接纸尿裤，但尝试了一次没成功，就挪开了。小胖墩的两条胳膊和双脚不时动来动去。爸爸把手放在小胖墩的脚掌上，小胖墩再用力一蹬，身子就稍微往前挪动了一点。这时，小胖墩两条胳膊弯曲，头部左右交替慢慢侧翻，就像匍匐的士兵一样。

3 个月以内的婴儿，一般还不会翻身。婴儿俯卧在平台上，首先出现的动作是抬头。

佐证记录：爸爸把纸尿裤穿好后，顺手在小胖墩腰部轻轻推了一下，小胖墩就从平躺变成趴在了床上。开始，小胖墩的嘴巴、鼻子和面部都贴着床，很快，小胖墩轻轻抬头并扭动脖子把头侧放在床上。

对策与建议：

促进婴儿粗大动作发展。粗大动作是婴儿生长发育的过程中非常重要的组成部分，良好的发展会对身体、心理等多方面有益。家长应多提供机会促进婴儿粗大动作的发展。作为家长，在婴儿 3 个月左右，可以用双手分别握着婴儿的双脚，有规律地做蹬自行车等游戏；另外，适当练习抬头动作。

促进婴儿精细动作发展。2～3 个月婴儿的精细动作主要是被动抓握。此时要多与婴儿交流互动，适当做一些精细动作的身体示范，促进婴儿对动作的理解与模仿。例如：家长可以每天为婴儿做手指按摩；也可以做触碰抓握训练，在婴儿面前不断示范握拳、伸开、拍手等动作；还可以一边唱歌“一个手指点点点、两个手指减减减、三个手指弯弯弯、四个手指叉叉叉、五个手指开了花”一边示范相应动作。要注意的是，家长在给婴儿玩游戏或者玩具之前，要检查装有珠子或者小铃的玩具是否结实，以免脱落后被婴儿误食引起窒息。

观察案例 4－2

观察目的：了解幼儿肢体动作的发展。

观察对象：皮皮（女孩，1 岁 3 个月）。

观察时间：2022 年 3 月 5 日。

观察地点：家中卧室。

观察方法：轶事描述法。

观察记录：

妈妈带着皮皮在家里玩，屋子里没有开暖气，皮皮穿了厚厚的羽绒服，脚上穿着新买的黑色皮鞋。

皮皮能够站起来走了，不过她一边走一边扶着屋子里的学步车。突然，她微微弯腰，想去抓旁边的垃圾桶，但是距离有点远，她就放弃了。然后她转了个身，用单手扶着学步车，另一只手去扶沙发，来到了沙发旁边。她沿着沙发走，一边拍沙发，一边往前走，身子有点左右轻微摇晃。

突然，她不再走了，双手也不再扶沙发，而是靠着沙发拍了拍自己的身子，朝茶几走去，大约 5 秒钟后，她扶住了茶几。皮皮看到褐色的地板有一个大大的白色购物袋，想伸手去捡。第一次，她右手扶着茶几，弯下腰，左手去捡，没够到；第二次，她直起身子，往前走了两步，再次弯腰左手去捡，这一次她捡到了。她直起身子，要把购物袋放到茶几旁边的柜子上，柜子的高度到皮皮的眼睛处，有点高，她没有能够放上去。这时妈妈过来，帮皮皮把购物袋放了起来。

分析与解释：

1 岁半左右的幼儿，大动作发展较快，有时试图跑起来，或者会退后走；走路时能够停下来，然后重新出发到达目的地；能够很好地蹲，是这个月龄宝宝最大的进步。

佐证记录：皮皮在 1 岁 3 个月，已经能够双手不扶任何物体，独立行走。突然，她不再走了，双手也不再扶沙发，而是靠着沙发拍了拍自己的身子，朝茶几走去。

精细动作方面。幼儿喜欢拉拉链、扣扣子；喜欢尝试自己洗手、洗脸；能够很熟练地用食指、拇指捡起地上的小物品。

佐证记录：皮皮看到褐色的地板有一个大大的白色购物袋，想伸手去捡……第二次，她直起身子，往前走了两步，再次弯腰左手去捡，这一次她捡到了。她直起身子，要把购物袋放到茶几旁边的柜子上，柜子的高度到皮皮的眼睛处，有点高，她没有能够放上去。

对策与建议：

在大动作发展方面，1 岁 3 个月至 1 岁 6 个月前后的幼儿，能够蹲下来，喜欢爬楼梯，平衡能力逐步增强。父母此时应注意衣物穿着的适宜性、活动环境的安全性，放手鼓励幼儿自主行动，并多参加户外活动。亲子互动方面，家长可以蹲在宝宝面前，伸出双手，鼓励他向你走过来，锻炼宝宝的行走能力；也可以通过牵手跑、放手跑、自动停稳跑，帮助宝宝学会跑。

精细动作方面。这一时期的幼儿能够摘帽脱鞋，自己拿杯子喝水、拿勺吃饭。家长应注意在日常的喝水、进餐、穿脱衣物方面，鼓励宝宝独立完成；在亲子互动方面，可以共同参与拼图等游戏。

观察案例 4－3

观察目的：了解幼儿肢体动作的发展。

观察对象：丁丁（男孩，2 岁 5 个月）。

观察时间：2022 年 7 月。

观察地点：家中和附近公共健身区。

观察方法：检核表法。

观察记录：见表 4－1。

表 4－1　幼儿肢体动作发展检核表

观察目标	观察内容	是否做到	备注
上楼梯	手脚并用爬上楼梯	×	
	用手扶着栏杆或墙壁一阶一阶上楼梯	√	有时单手扶栏杆
爬上沙发	可以爬上半米高左右的沙发	√	
	能够独自爬下沙发	√	
独自从椅子上下来	不敢下，需要成人帮忙	×	
	身子转向椅子后背，背着身趴着从椅子上下来	√	
下楼梯	能够扶着楼梯扶手或墙壁一阶一阶下楼梯	√	
	侧着身子，扶着栏杆或墙壁，一阶一阶下楼梯	×	
大肢体动作	可单脚站立	√	仅能坚持 2～3 秒
	身体保持平衡地跑	×	身子摇摇晃晃
	能自己走过平衡木，并双脚跳下	√	
	会用手接住大人抛出的球	×	
	能双脚跳并站稳	√	

分析与解释：

运动发育发展较好。2～3 岁时，幼儿粗大动作中的攀爬能力发展较好，大部分已经能够单手扶着栏杆上下楼梯以及攀爬一定高度的物体。这个阶段的幼儿能够独自爬上或者爬下沙发，不过一般是背着身子从沙发上下来。

佐证记录：丁丁有时可以单手扶着栏杆上楼梯，可以爬上、爬下半米高的沙发。

这个阶段的幼儿不但学会了行走，而且也逐渐学会了跳、跑、越过小障碍等复杂的动作。例如：幼儿走路富有节奏，由疾走变为小跑；可以做跃起、向前跳跃和接物等动作，不过身体较为僵硬。

佐证记录：丁丁能够身体基本平衡地跑，不过身子比较僵硬，有点摇摇晃晃。丁丁还能双脚跳并站稳。

手眼协调能力发展一般。2 岁 3 个月的幼儿，手眼已经可以和肢体动作很好地配合，完成投掷和抛的动作，但是丁丁还无法接住大人抛出的球，说明手眼协调和肢体的配合能力稍差，还需要进一步关注。

佐证记录：丁丁还不能接住大人抛掷的球。

对策与建议：

加强幼儿攀爬及障碍类粗大运动游戏。对于幼儿主动地想要做攀爬类动作，家长应尽量放手让孩子去尝试，并做好安全性防护，多给孩子提供判断和障碍类活动的机会，如可以减少坐电梯，尝试走楼梯，或者多到健身器材处游戏。

多做一些趣味性游戏，促进幼儿平衡能力发展。建议做单足站立的游戏，锻炼幼儿小腿肌肉的力量，增加练习的趣味性，进而锻炼幼儿的平衡能力，如踢球、跨越障碍物等。另外，在训练的时候，建议循序渐进，先双臂支撑单足站立，随后单臂支撑单足站立，每次站立 30 秒后再换腿，最后是无支撑单足站立，不断练习平衡能力和肌肉力量。

练习手眼协调和肢体配合能力。2 ～ 3 岁是幼儿发展肌肉协调性的关键时期，此时家长可以利用以下方法帮助宝宝练习手部肌肉协调性，不断提高其手眼协调能力，增强手腕、手臂等小肌肉力量。

二、0 ～ 3 岁婴幼儿语言发展观察案例

0 ～ 3 岁是婴幼儿语言发展的关键期，对其今后的语言发展有着里程碑式的意义。随着生理发育的逐渐成熟，婴幼儿通过不断与周围环境的互动交往而习得语言。婴儿在出生那一刻开始发出的啼哭声就是他们最初的语言，在周围语言环境的影响下，慢慢学会倾听他人所说的语言，并对所听到的内容作出相应的反应，学会发出断断续续的音节，用声音和成人进行语言互动，直到学会语音、词语、简单的句子。在语言萌发的关键期，婴幼儿语言的发展情况会受到生理器官的成熟及周围环境的多重影响，因此在不同阶段和环境下的婴幼儿发展情况也存在着明显的个体差异。

将婴幼儿从牙牙学语到能说出完整句子的过程记录下来是一件非常有趣并且有意义的事。通过观察和记录，可以逐渐了解到婴幼儿语言学习的整个过程。

观察案例 4 - 4

观察目的：了解婴儿的言语知觉的发展情况。

观察对象：宁宁（女孩，5 个月）。

观察时间：2022 年 7 月 10 日。

观察地点：家中卧室。

观察方法：轶事描述法。

观察记录：

妈妈抱着宁宁在卧室，爸爸拿手机给她们录像。宁宁一直看着爸爸，嘴里发出“a-bu，a-bu”的声音，而且还经常吐一下舌头，这种情况持续了一分钟。然后爸爸半开玩笑地说：“你说的是什么呀！你在唱歌吗？”随后，宁宁不再发出“a-bu”的声音了。妈妈两手分别握着宁宁的两手，唱起了歌谣“拍拍手、手拍拍，宁宁是妈妈的好乖乖”，然后宁宁笑了，妈妈继续唱其他歌谣，不过宁宁不再配合，扭头看其他地方了。

分析与解释：

言语表达。4～8个月婴儿的语言表达处于连续音节阶段，发音内容大多是以辅音和元音相结合的音节为主，并且有一个从单音节发声过渡到重叠音节发声的过程。

佐证记录：宁宁嘴里一直发出“a-bu，a-bu”的声音，这种情况持续了一分钟。

交际倾向。4个月左右的婴儿，在与成人的交往中似乎在学习基本的交际“规则”：对成人的话语给予语音应答，仿佛开始说话交谈；出现与成人轮流“说”的倾向，即成人说一句，婴儿发几个音；当一段“对话”结束后，婴儿会用发一个或几个音来主动引起另一段“对话”，来使交流继续下去；在4～10个月间，婴儿会逐渐学会使用不同的语调并伴以一定的动作和表情来表达自己的态度。此时婴儿的交际已经具有明显的“社会性”成分。

佐证记录：爸爸半开玩笑地说：“你说的是什么呀！你在唱歌吗？”随后，宁宁不再发出“a-bu”的声音了。随后，妈妈带着宁宁唱歌谣，宁宁感受到鼓励，就笑了起来。

对策与建议：

听觉游戏。家长可以利用玩具或者家中的各种物品，与婴儿进行互动，如追踪声音的来源、辨别声音的方向等。家人也可以把婴儿熟悉或者喜欢的声音录下来，并经常播放。另外，家长也可以播放不同的常见动物的叫声，一边播放一边告知婴儿叫声对应的动物名称，利用多种语音和不同的声音刺激婴儿的语言发展。

亲子互动。这个时期婴儿的言语表现，具有一定的“社会性”成分，所以当婴儿发声的时候，家长应及时予以积极回应。同时，家长应多与婴儿进行面对面的交流，增进感情，帮助婴儿形成安全感（如视频14）。另外，面对面的交流能促进婴儿对语言与动作之间的关联的理解，增加其语言模仿能力，促进其交往能力的发展。

视频14　父亲与4个月婴儿的亲子互动

观察案例4－5

观察目的：了解婴儿言语理解的发展情况。

观察对象：球球（男孩，9个月）。

观察时间：2022 年 3 月。

观察地点：家中。

观察方法：轶事描述法。

观察记录：

9 个月的球球还不太会说话，不过妈妈在和他说话的时候，他的嘴里经常会发出哼哼唧唧的声音。外婆带着他在家里玩的时候，他想念妈妈了就会发出“ma-mu-ma”的声音；晚上妈妈下班回家敲门时，球球会拉着外婆的手，一边指着大门，一边嘴里说着“ma-mu-ma”的声音。有的时候，妈妈喊正在玩玩具的球球，球球会转头看妈妈。妈妈说：“把你的玩具给我玩一玩好吗？”球球会把玩具递给妈妈。球球有时候想拿妈妈的手机，妈妈担心摔地上，就会说：“不要拿。”球球就会缩手，不再拿手机了。妈妈早上上班要出门，跟球球说再见，球球会摇摇自己的小手。

分析与解释：

言语发音与言语理解。成长于正常语言环境中的 9 个月大的婴儿就能开始真正理解成人的语言。虽然还不会说话，但是他们能够使用语音、动作和表情的组合对成人的话语作出反应。婴儿理解成人的语言的一个重要表现就是能执行成人简单的指令，并建立动作联系。

佐证记录：球球会发出“ma-mu-ma”的声音，但说话不清楚。妈妈喊正在玩玩具的球球，球球会转头看妈妈。

言语交际。9 个月大的婴儿能用一定的声音来表示一定的意思了。这时，声音对于这一阶段的婴儿来说，已经具有初步的交际作用了。他们会用手指一辆运动的小汽车，嘴里发出“嘟嘟”的声音，来告诉成人这是一辆汽车。由于这一阶段的婴儿还没有真正掌握词，因此虽然他们能将一定的语音与实物相联系，但缺少概括性。这种交际作用也还处于一种萌芽状态。

佐证记录：晚上妈妈下班回家敲门时，球球会拉着外婆的手，一边指着大门，一边嘴里发出“ma-mu-ma”的声音。球球有时候想拿妈妈的手机，妈妈担心摔地上，就会说：“不要拿。”球球就会缩手，不再拿手机了。妈妈早上上班要出门，跟球球说再见，球球会摇摇自己的小手。

对策与建议：

提供适当的语音感知环境，支持婴儿发音。婴儿感受语言的最初能力是听力，发音是学习说话的基础。1 岁前的听音、发声练习是非常重要的。成人应该创设适当的语音感知环境，以丰富婴儿的语言刺激。例如：成人可以在婴儿周围挂一些彩色植物、发响玩具，引起其对声音的注意和发出声音；每天让婴儿听一段悦耳的音乐、小故事或儿童歌曲，让其听不同的声音，提高听觉的敏感性；用亲切、爱抚的言语逗引婴儿，以发展他们的言语听觉和方位听觉。在为婴儿提供丰富语言刺激的同时，成人还需要积极支持并诱导婴儿发音。当婴儿发音时，如果成人报以微笑、爱抚，鼓励婴儿进行语音的发声练习，这些语音将会成为婴儿构建第一批语词的材料。例如：当婴儿发出"啊""噢呜""嗯咕"等语音时，家长积极地给予爱抚并加以重复，这样最能引起婴儿的共鸣与反应。

遵循婴儿的语言发展规律，经常和婴儿"对话"。婴儿语言发展的规律是：先学会听，再学会说，语言的理解先于语言的产生。经常与婴儿"对话"，不仅能促进婴儿语言的发展，而且还能帮助婴儿学习与人交往。父母用丰富的面部表情、富有变化的语调与婴儿"对话"，让婴儿看成人说话的口形和嘴的动作，使言语视觉和言语听觉协调起来，刺激婴儿调动各种感官感知并积极模仿父母的语言，逐渐将话语与具体意义联系起来。例如：在孩子情绪好时，家长可从不同的方向叫孩子的名字，开始可让孩子看到成人，慢慢过渡到只用声音逗引他，使他学会跟踪声音；还可以结合家庭的日常生活，指导孩子建立语言和自身行动的有机联系，如示范摆手时，说"再见"等。即使他们一时听不懂也没关系，幼儿在多次接触同一动作的基础上便能把动作和词义联系起来。

观察案例 4－6

观察目的：了解幼儿言语表达能力的发展情况。

观察对象：娜娜（女孩，2岁3个月）。

观察时间：2022年10月。

观察地点：家中。

观察方法：轶事描述法。

观察记录：

晚上爸爸下班回家给娜娜带了个小礼物盒子，娜娜跑到爸爸身边问："这是什么？"爸爸让娜娜猜，娜娜继续问："是我喜欢的芭比吗？"爸爸让娜娜自己拆开看，果然是芭比娃娃。娜娜非常高兴。晚饭时，娜娜只吃牛腩，不吃芹菜，妈妈说："你还记得《肚子里有个火车站》里的茱莉亚吗，我们可不要挑食，小精灵们最喜欢和不挑食的小朋友做好朋友，我们要做一个健康的小朋友。"娜娜听了妈妈的话，撅了撅小嘴，还是把芹菜吃了。晚饭后，妈妈正在书房看手机，娜娜突然跑进来对妈妈说："破了，破了。"妈妈问什么破了，娜娜说："厨房……婆婆……"妈妈跑进厨房，看见地上摔破了一个小碗，婆婆正在拿扫把打扫，不过还好，婆婆没有受伤。

分析与解释：

2～3岁是幼儿学习语言和发展语言的关键时期。这一阶段，由于好奇心和求知欲的发展，幼儿对新词句表现出极大的兴趣，变得喜欢提问。另外，幼儿已经掌握了语法和句子结构的基本要点，开始运用简单句来表达自己的意思。随着简单句的不断完善，幼儿从2岁起开始能说出复杂句。

佐证记录：晚上爸爸下班回家给娜娜带了个小礼物盒子，娜娜跑到爸爸身边问："这是什么？"爸爸让娜娜猜，娜娜继续问："是我喜欢的芭比吗？"

2～3岁的幼儿逐步摆脱了具体情境的约束，对语言的理解能力迅速提高，对"水果""蔬菜"这些词已能理解成代表一类事物的词，能够说出自己喜欢的或者熟悉的水果和蔬菜的名称。语言对于心理活动和行为的调节作用也明显增强，幼儿对于成人的语言指示都能做出相应的正确反应。

佐证记录：当娜娜不喜欢吃芹菜时，妈妈讲了《肚子里有个火车站》的故事，告诉娜娜吃芹菜的好处，娜娜虽然有些不情愿但还是吃了。

2～3岁幼儿思维迅速发展，组织语言时，说的能力赶不上思维的速度，想用语言表达自己的想法，一下子找不到合适的词汇，但又着急想要把它说出来，于是就出现了说话不流畅、经常重复同一个词或句子、不该换气的地方换气而显得气喘吁吁等现象，看起来好像是口吃。

佐证记录：娜娜在厨房看到婆婆把碗摔破了，很慌张地跑去告诉妈妈，但娜娜说话结结巴巴，似乎口吃了。

对策与建议：

提供丰富的语言学习环境。发展幼儿的语言能力要注意丰富幼儿的生活环境，让幼儿广泛接触周围的人和事，在和人的交往说话中发展和丰富语言。在家庭中，家长应建立愉快的家庭语言气氛，以一种童心去了解孩子的想法和需要，给予孩子积极的、温和的、有效的语言刺激，使孩子没有负担、轻松地掌握语言；让孩子与不同的人交往对学习语言很有必要，孩子接触的人越多，所习得的词汇越丰富，语言活动越频繁，其思维越活跃，智力发展也越快；经常播放有简短儿歌、童谣的录音给孩子听，使孩子在一种无意识的状态下，不断地接受语言的刺激。

注重随时随地的指导。日常生活是幼儿学习语言的基本环境，成人应抓住一切机会培养幼儿的语言能力，如穿衣时教他们说出各种衣服的名称，吃饭时教他们说不同食物的名称等。成人在日常生活中对于幼儿说话中的发音不准、用词不当、口吃等问题及时纠正。当幼儿指着某个物体问"这是什么"时，成人不要只限于教幼儿说物体的名称，而是要教会幼儿物体的作用，扩展他对物体的理解，使幼儿获得更大的收获。对3岁的幼儿来说，说话不连贯、重复都是正常现象，家长应妥善处理，避免引起语言发展上的危机甚至引起语言发展的缺陷。

组织多种活动发展幼儿的语言。在这一阶段，成人可以组织欣赏文学作品、听说游戏、早期阅读、谈话等活动，提高幼儿对语言艺术的兴趣和敏感性，丰富他们的词汇，使其在不知不觉中发展辨音能力、掌握发音的方法，强化其对文字的感受，培养其对书面语言的兴趣，提高其参与阅读的积极性。

三、0～3岁婴幼儿认知发展观察案例

婴幼儿的认知是一个复杂的心理过程，包含一系列复杂的心理活动，包括感觉、知觉、注意、记忆、思维和想象等心理因素，是人对客观世界的认识活动。通过对0～3岁婴幼儿认知发展各个心理因素进行观察与记录，可以准确地了解其认知发展水平，以采取适当措施与策略，促进其认知能力的良好发展。

观察案例4－7

视频15　出生后3天的婴儿在游泳时的表现

观察目的：了解婴儿感知觉的发展情况。

观察对象：小宝（女孩，出生后3天）。

观察时间：2021年9月14日。

观察地点：医院。

观察方法：轶事描述法。

观察记录：

出生后第3天，妈妈带小宝到医院的游泳池体验游泳。游泳池所在屋子里有白炽灯，游泳池的水温大约38℃。小游泳圈套在小宝脖子上，小宝闭着眼睛，两条蜷缩的小腿交叉着，偶尔踢一下水；妈妈推一下游泳圈，小宝的游泳圈碰到游泳池边缘时，不再动了，小宝没有反应；妈妈又推动游泳圈，让小宝在水池里游动。这么持续了大约2分钟，小宝偶尔微微张开一下眼睛，不过大部分时间都是闭着眼睛；其间，小宝的表情看起来很平静。2分钟后，旁边的医生说，不能进来太多家属，小宝的爸爸说，“那我出去，你在这里吧”。小宝似乎听到了谈话，开始有点不耐烦了，嘴巴咧着，过了一会儿，她就开始哭了。

分析与解释：

婴儿在0～3个月时视觉发展水平很低，虽然能看到东西，但是比较模糊。出生后2～3周，新生儿的两眼活动还不协调，遇到光线（室内有白炽灯）眼睛就会眯成一条缝或完全闭合。

佐证记录：小宝在游泳的时候，持续了大约2分钟，偶尔微微张开一下眼睛，不过大部分时间都是闭着眼睛。

正常婴儿在一出生就具有听觉，并具有一定的听觉识别能力。

佐证记录：当医生与小宝的家人谈话，不让太多人在现场的时候，引起了小宝的注意，小宝开始不耐烦了，过了一会儿，开始哭了。

婴儿对触觉如温度、刺激等很敏感。游泳池的水温与婴儿在妈妈体内羊水中的温度接近，婴儿感觉很舒服，表现得很平静。

佐证记录：小宝在游泳池了，妈妈拉着小宝的腿游动，小宝对接触到的水温、妈

妈的皮肤都很熟悉和亲切，表现平静。

对策与建议：

通过抚触促进婴儿触觉发展。给婴儿进行抚触，有利于婴儿的生长发育，不仅能增强免疫力，还能增进食物的消化和吸收，减少婴儿哭闹，增加睡眠；同时，抚触可以增强婴儿与父母的交流，帮助婴儿获得安全感，建立对父母的信任感。因此，建议家长每天在固定的时间，给宝宝做系统的抚触，促进其身体触觉的发展。

视觉刺激。虽然 0 ～ 3 个月的婴儿视觉发展水平不高，但适当的视觉刺激能够促进其视觉的良好发展。例如：在室内可以挂一些大型的图画卡片，刚开始挂黑白的，慢慢过渡到彩色的卡片，父母每天将卡片呈现给宝宝，同时可增加一些语言刺激；另外，还可以在室内放置一些鲜艳的玩具，如摇铃、床铃等，促进宝宝视觉能力发展。

亲子游戏。父母多与宝宝进行以婴儿身体为“道具”的捉迷藏、找声源等游戏，培养亲子感情的同时，促进宝宝听觉、视觉和触觉的发展。

观察案例 4－8

观察目的：了解幼儿注意的发展情况。

观察对象：安琪（女孩，2 岁 6 个月）。

观察时间：2022 年 11 月。

观察地点：家中。

观察方法：轶事描述法。

观察记录：

周末，爸爸带着安琪在家，爸爸要处理一点工作，就让安琪自己看会儿书，并挑了一套安琪爱看的《青蛙弗洛格的成长故事》图画书，安琪就坐在爸爸旁边的垫子上看了起来。不到 2 分钟，安琪就指着弗洛格对爸爸说：“爸爸，你看弗洛格跳得多高！”爸爸“嗯”了一声但没有转头，继续看着电脑忙了起来。安琪继续一边看书，一边不时地对爸爸说几句话，爸爸没有理会安琪，安琪也没有找爸爸。大约 10 分钟后，爸爸忙完了，挨着安琪坐到垫子上。他问安琪：“宝贝，你刚才说哪个弗洛格跳得高？”安琪找了一会儿，挑出了刚才指的那一页给爸爸看。随后，她说：“爸爸，讲给我听，好吗？”爸爸就给安琪讲了起来，一口气读了 3 本书给安琪听，这个读书的过程持续了大约 20 分钟。

分析与解释：

注意的发展。2 岁 6 个月的幼儿，有意注意已经成为主导，而且有特定的动作、视觉等注意偏好。另外，语言发展制约注意的发展，而且会影响注意的内容和引起注意的方式。幼儿对语词的注意使其注意相应的物品，可以将注意力集中到成人用词表达的对象上。

佐证记录：爸爸忙完了，挨着安琪坐到垫子上。他问安琪：“宝贝，你刚才说哪个弗洛格跳得高？”安琪找了一会儿，挑出了刚才指的那一页给爸爸看。

对于有兴趣的事物，2岁半以上的幼儿能集中注意10～20分钟。

佐证记录：安琪听爸爸讲故事，坚持听了20分钟。

对策与建议：

幼儿的注意受语言发展的影响，建议通过亲子活动训练幼儿的注意。新生儿期可以多看一些鲜艳的图画或听一些语调比较舒缓的音乐。父母要经常和孩子说话。对于稍大一点儿的婴儿，父母可以通过一些实际的身体动作，如手势等来吸引孩子的注意力。1岁以后，幼儿能对成人的言语指令做出相应的反应，因此家长应多与孩子进行交流以及适当提问，以增加语言刺激。当孩子专注于一件事的时候，家长要有耐心陪伴，避免打断孩子。当孩子能够用手势或语言表达时，应及时引导孩子用更多的注意来观察细小和复杂的事物。生活中，家长可以告诉孩子某个物品的名称，让他去注意这个物品，练习听觉注意与视觉注意的结合。

家长要注意以身示范。如果成人经常有打人的动作，孩子也会经常模仿。因此，这个时期成人一定要注意自己的举止。

观察案例4-9

观察目的：了解幼儿记忆力的发展情况。

观察对象：轩轩（男孩，1岁6个月）。

观察时间：2022年5月30日。

观察地点：家中。

观察方法：轶事描述法。

观察记录：

妈妈给轩轩买了一本关于动物的有声图书，有小狗、牛、羊等，按一下动物的身子，动物就会发出自己的叫声，然后会说这是哪种动物，轩轩总是拿出这本书玩。有一次，妈妈问：“小羊在哪里？”轩轩就会按一下小羊的位置。妈妈又问：“哞哞哞在哪里？”轩轩就会按一下牛的位置。妈妈带轩轩到动物园，指着羚羊给轩轩看，轩轩说：“羊……咩咩咩。”

分析与解释：

1～3岁的幼儿记忆由短期记忆逐渐向长期记忆发展。1岁半的幼儿，对于经常听到的简短故事、儿歌，或者生活中反复出现的场景，会较容易记忆。

佐证记录：妈妈问：“小羊在哪里？”轩轩就会按一下小羊的位置。妈妈又问：“哞哞哞在哪里？”轩轩就会按一下牛的位置。

幼儿最初出现的记忆全都是再认性质的记忆。这种记忆是自然而然记住的。他们还不会有意识地、主动地去记住某些经历过的事物。对于记住的东西也不能保持很长的时间，要不断复习才能记住。

佐证记录：妈妈带轩轩到动物园，指着羚羊给轩轩看，轩轩说："羊……咩咩咩。"

对策与建议：

幼儿早期无意记忆表现明显。幼儿的记忆带有很大的无意性。直观、形象、具体、鲜明的事物容易引起幼儿的无意注意，也容易被幼儿在无意中记住；同时，对幼儿生活具有重要意义的事物、符合幼儿兴趣的、能激起幼儿强烈情绪体验的事物都比较容易成为幼儿注意和感知的对象，也容易成为幼儿无意记忆的内容；多种感官的参与有助于提高无意记忆的效果；幼儿在竞赛性的游戏活动中的积极性较高，无意记忆的效果比较好。因此，家长应通过亲子游戏或提供趣味性较强的图画书、歌曲、故事等，培养幼儿的记忆力。

形象记忆、机械记忆占优势。家长应有足够的耐心，不断提供重复性的阅读内容，使孩子在不知不觉中记忆，如通过词卡游戏、听歌游戏，发展孩子的记忆力。不过，让幼儿学习、记忆最好要与"快乐"同行。家长首先要培养孩子对记忆事物感兴趣，在此基础之上让孩子保持快乐的心情，这样学习记忆才会有效。如果强迫幼儿学习背诵，甚至训斥幼儿，必将会对幼儿的身心产生不良影响。

观察案例 4－10

观察目的：了解幼儿概念与分类思维能力的发展情况。

观察对象：然然（男孩，2 岁 10 个月）。

观察时间：2022 年 4 月 10 日。

观察地点：家中。

观察方法：轶事描述法。

观察记录：

妈妈和然然玩了一下午游戏，地毯上散落了一地的积木、图书、卡片。妈妈把积木桶放在然然旁边，对他说："然然，你把积木都放在这里吧！"然然说"好"，就开始捡积木往桶里放。他开始只捡马鞍形状的，捡一个看一下，再丢进积木桶；妈妈帮着然然，很快积木收完了。妈妈说："然然，把卡片收一下吧，水果放我这里、动物放你那里。"然然开始收卡片，一边收一边嘴里说："水果一类、动物一类。"她看见一张苹果卡片，就放妈妈旁边，看到一张猴子卡片，就放到自己旁边。然然看到一张黄瓜卡片，问妈妈："黄瓜放哪里？"妈妈接过卡片说："黄瓜是蔬菜，另放一堆。"然后，妈妈伸出大拇指说："然然真棒，会自己收拾玩具了！"

分析与解释：

2 岁至 3 岁（主要是 2.5 岁～3 岁）是思维发展的第二个飞跃期，这个时期是从直观行动思维向具体形象思维发展的一个转折点。接近 3 岁的幼儿可以对物品按照形状或者颜色进行分类。

佐证记录：妈妈让然然把积木放进积木桶，然然开始只捡马鞍形状的，捡一个看一下，再丢进积木桶。

3 岁可以对物品进行多种属性的分类，如轻重、长短、大小、高低，并有了初步的概念认知。

佐证记录：然然把苹果卡片放在水果一类，把猴子放在动物一类；他对黄瓜有疑问，说明他对蔬菜和黄瓜的类属关系还未建立。

对策与建议：

与幼儿玩分类的亲子游戏，如进行垃圾分类，开超市等，也可以与幼儿一起参与收拾玩具的活动，在培养幼儿良好行为习惯的同时，锻炼幼儿的分类能力。要注意的是，在玩分类游戏的时候，建议家长不要过多干涉孩子的分类方法，引导孩子进行多种多样不同分类标准的分类游戏，既可从颜色、形状、重量等物理属性分类，也可以从较复杂的社会属性方面进行分类。

培养幼儿对数的感受能力，先目测，再数数。数数是幼儿早期数概念发展中最重要的技能之一，它是一个十分复杂的认知活动，涉及视觉、动觉、记忆和语言等方面的活动以及对这些活动的组织与协调。大多数幼儿的数数技能的最终完善要到小学一年级才能完成。不过，对于 2～3 岁的幼儿，培养其对数的感受能力，有助于后期数数等思维能力的发展。家长可以通过“唱数”等方法教孩子准确说出数词，然后慢慢理解数词，进而与单位实体建立一一对应关系。例如：数手指、走楼梯、拍手、搭积木，都可以结合“唱数”的形式培养孩子对数的感知；另外，家中可以布置一些数字词卡，或者让孩子多观察家中的钟表等带有数字的物品。

四、0～3 岁婴幼儿情绪发展观察案例

婴幼儿情绪的发展往往与认知和意志的发展密切相关，0～3 岁婴幼儿情绪的发展为以后的情绪表达和情绪管理奠定了基础，对以后的性格和社交能力发展会产生重要的影响。

对情绪发展的轨迹进行观察和记录，有助于成人更好地了解婴幼儿情绪发展状况，及时发现婴幼儿行为异常，为后续的教育指导提供有效依据。

观察案例 4－11

观察目的：了解婴儿积极情绪的发展情况。

观察对象：心心（女孩，2 个月）。

观察时间：2022 年 11 月 27 日。

观察地点：家中。

观察方法：轶事描述法。

观察记录：

2个月大的心心每次吃完奶都会微笑着看一看妈妈，然后左看看右瞧瞧，好像在找什么东西。她不时挥舞着自己的小胳膊，伸伸自己的小腿儿。这天爸爸竖抱着心心，妈妈坐在心心对面，心心盯着妈妈仔细打量。妈妈逗心心，给心心唱了首儿歌，心心就笑了笑。妈妈这样逗心心玩，大约5分钟后，心心不再专心看妈妈了。不过，妈妈想要离开的时候，心心总是会哭闹一阵，妈妈需要抱一抱再拍一拍心心，或者让心心吃饱奶再离开，心心就不再哭闹了。

分析与解释：

自发性的笑。笑是愉快情绪的表现，婴儿的笑比哭发生得晚。婴儿最初的笑是自发性的，或称“内源性的笑”，这是一种生理表现，而不是交往的表情手段。内源性的笑主要发生在婴儿睡眠中，困倦时也可能出现。这种微笑通常是突然出现的，是低强度的笑。这种笑主要是嘴周围的肌肉活动，不包括眼周围的肌肉活动。这种早期的笑在3个月后逐渐减少。2个月左右的婴儿对人的脸部产生了极大的兴趣，容易被周围人发出的声音和做出的表情所吸引，而突然开怀大笑。

佐证记录：2个月大的心心吃完奶后会露出微笑。

依恋与安全感的产生。依恋是婴儿寻求并企图保持与另一个人亲密的身体联系的一种倾向，婴儿的依恋对象主要是母亲，也可以是别的抚养者或与婴儿联系密切的人。依恋对象能使婴儿具有安全感。当依恋对象离开时，婴儿会表现出哭闹等不安全感。

佐证记录：妈妈想要离开的时候，心心总是会哭闹一阵，妈妈需要抱一抱再拍一拍心心，或者让心心吃饱奶再离开，心心就不再哭闹了。

对策与建议：

与婴儿建立良好互动，形成良好亲子关系。良好亲子关系不是突然产生的，而是婴儿与抚养者在较长时期的相互作用中逐渐建立的。2个月左右的婴儿对外界刺激反应十分明显，婴儿喜欢听成人的声音，注视成人的脸，成人的逗弄可以引起婴儿微笑、手舞足蹈、咿呀作语。另外，轻柔的抚触和拍打，会让婴儿产生愉悦的情绪，这能促进良好亲子关系的建立。

学会聆听婴儿的哭声。哭声是婴儿早期情绪发展中一项非常重要的观察内容。出生后，婴儿最明显的情绪表现就是哭。哭代表不愉快的情绪。哭最初是生理性的，以后逐渐带有社会性。新生儿的哭主要是生理性的，幼儿的哭已主要表现为社会性情绪了。新生儿啼哭的原因主要是饿、冷、痛和想睡觉等，也有由其他刺激引起的，如环境变了会哭。新生儿还有一种周期性的哭。许多新生儿每天晚上都要哭一阵子，这种哭是新生儿在表达内在的需要，也可以说是他的一种放松途径。刺激太多也容易引起新生儿啼哭。婴儿啼哭的表情和动作所反映出来的情绪随着婴儿年龄成长日益分化。随着年龄的增长，啼哭的诱因会有所增加，啼哭次数会减少。一方面，婴儿对外界环境和成人的适应能力逐渐增强，从而减少了婴儿的不愉快情绪；另一方面，婴儿逐渐学会了用动作和语言来表示自己的不愉快的情绪和需求，取代了以哭表示不满。作为家长，在孩子哭的时候，应该及时赶到他们身边，判断孩子哭的原因，并进行有针对性的处理。

观察案例 4-12

观察目的：了解婴儿消极情绪的发展情况。

观察对象：乐乐（男孩，11个月）。

观察时间：2022年。

观察地点：商场。

观察方法：轶事描述法。

观察记录：

乐乐平时主要由奶奶带着在小区里玩，很少出门。这天周末，乐乐妈妈抱着1岁的乐乐逛街，乐乐看见商场里的玩具，很兴奋，总想去抓。这时，乐乐妈妈碰见了同事，同事很想抱抱乐乐，可是乐乐却一直把头埋在妈妈的身上，紧紧地抱着妈妈；同事伸手去摸乐乐的脸蛋，乐乐立马就大哭起来，弄得妈妈很尴尬，最后大家不欢而散。

分析与解释：

恐惧情绪发展与陌生人焦虑。怕生是婴儿恐惧的一种表现，恐惧是婴儿出生就有的情绪反应，甚至可以说是本能的反应。婴儿最初的恐惧不是由视觉刺激引起的，而是由听觉、肤觉、机体觉刺激引起的，如刺耳的高声就可能引起婴儿的恐惧。随着年龄的增长，婴儿从4个月左右，开始出现与知觉发展相联系的恐惧，即引起不愉快经验的刺激会激起恐惧情绪。这时，视觉逐渐成为恐惧产生的主要原因。从6个月左右开始，怕生和依恋情绪同时产生。伴随着婴儿对母亲依恋的形成，怕生情绪也逐渐明显、强烈。到2岁左右，随着想象的发展，幼儿还会出现预测性的恐惧，如怕黑、怕坏人等。不过，幼儿在母亲膝上或者怀里时，怕生情绪较弱；离开母亲，则怕生情绪比较强烈。因此，恐惧与缺乏安全感相联系。人际距离的拉近或疏远，影响婴幼儿安全感的减少与增加。

佐证记录：乐乐妈妈抱着1岁的乐乐逛街，乐乐看见商场里的玩具，很兴奋，总想去抓。但是，当乐乐遇到陌生的同事的时候，表现出来是一直把头埋在妈妈的身上，紧紧地抱着妈妈，寻求一种安全感。

愤怒情绪的产生。愤怒一般由限制婴儿的运动，进而引发婴儿不愉快的情绪引起。不愉快的情绪没有得到及时解决就会转化为愤怒的情绪。婴儿的愤怒表现因人而异，有的是苦恼，有的是不理他人。

佐证记录：同事伸手去摸乐乐的脸蛋，乐乐立马就大哭起来，弄得妈妈很尴尬，最后大家不欢而散。

对策与建议：

理解幼儿消极情绪。孩子在表现出消极情绪的时候，家长千万不能数落，甚至打骂；而要理解孩子，因为此时孩子产生消极情绪是因为缺少安全感，所以家长要抱紧他、安慰他，让他有足够的安全感。

提供充足的交往机会。家长要多创造机会让孩子和别人交往，如多去公园等同龄人多的地方，鼓励孩子大胆交往，或与伙伴一起玩玩具、玩游戏等；分享自己的情绪体验，让孩子从中获得满足与开心。家长也可以选择适合孩子年龄特征的、优秀的儿童文学艺术作品，培养孩子的高级社会情感。

视频 16　9 个月的婴儿面对母亲“抢”物品后的情绪表现

观察案例 4－13

观察目的：了解幼儿复杂情绪的发展情况。

观察对象：苗苗（女孩，2 岁 8 个月）。

观察时间：2022 年 10 月。

观察地点：家中。

观察方法：轶事描述法。

观察记录：

苗苗特别喜欢画画，每天都要画 3 ～ 4 幅画，画完之后会跟妈妈说画的内容，还会自己给画作取一个名字；然后在妈妈的帮助下，苗苗签上作品的名字、自己的名字、日期。妈妈把苗苗画得比较好的画裱了起来，挂在了客厅的墙上，苗苗非常开心。后来，家里来客人，苗苗的妈妈就会给客人介绍这是苗苗画的，客人们都夸苗苗画得好。再后来，家里来客人的时候，还没等妈妈介绍苗苗的作品，苗苗就会主动地像个解说员一样，一一介绍自己的作品，客人都伸出大拇指称赞苗苗，苗苗得到他人的表扬，就会喜笑颜开。这天，客人带了一个 5 岁的哥哥来苗苗家玩，哥哥的手工做得非常好，他用超轻黏土做了一个精致的城堡，妈妈和客人都大声夸赞哥哥有艺术天分，苗苗显得有点不开心，甚至有些生气的样子。随后，哥哥要摆弄苗苗的小狗玩具，苗苗伸手把玩具抢了回来，嘴里还发出不满意的、略带哭腔的、哼哼的声音。

分析与解释：

对他人情绪的预判。随着想象的发展，以及经验的积累和社会交往能力的不断提高，幼儿已经能够对环境作出预判，进而调节自己的情绪。幼儿会发现在顺从的时候，成人会展现出积极的情绪，反之则会出现消极的情绪。同时，幼儿对成人的语言会更加敏感，并渴望得到成人的称赞或夸奖。

佐证记录：家里来客人的时候，还没等妈妈介绍苗苗的作品，苗苗就会主动地像个解说员一样，一一介绍自己的作品，客人都伸出大拇指称赞苗苗，苗苗得到他人的表扬，就会喜笑颜开。

嫉妒的表现。嫉妒是一种负面的情绪，它是一种消极的主观情绪体验，这种体验让人产生不愉快的感觉，甚至对他人产生敌意。幼儿在嫉妒心理的支配下，可产生嫉妒行为。嫉妒感最早可能在学步前的婴儿期就已出现。[①] 当母亲忽视幼儿时，幼儿会表现出消极的行为，如焦虑、反抗、不安等，这可能产生了嫉妒心理。不过，嫉妒也有积极的一面，可以使周围人加强对幼儿的关注。

佐证记录：有一次，客人带了一个5岁的哥哥来苗苗家玩，哥哥的手工做得非常好，他用超轻黏土做了一个精致的城堡，妈妈和客人们都大声夸赞哥哥有艺术天分，苗苗显得有点不开心，甚至有些生气的样子。随后，哥哥要摆弄苗苗的小狗玩具，苗苗伸手把玩具抢了回来，嘴里还发出不满意的、略带哭腔的、哼哼的声音。

对策与建议：

让幼儿充分地表现，允许幼儿适当的宣泄。面对孩子的不良情绪，家长切不可发火生气，更不可大声训斥孩子，但也不要马上哄孩子，应给孩子一定的时间充分表现、宣泄、冷静。建议家长为孩子创设发泄情绪的环境和情境，培养孩子多样化的发泄方法并让其学习自我疏导，如给孩子设一个“情绪小屋”，让孩子有一个自由的发泄空间。对于年龄稍大点的孩子，家长还可以通过情绪转移等方法，帮助孩子慢慢学会控制情绪。

多鼓励少表扬，掌握正确称赞幼儿的方法。幼儿喜欢通过表现自己来获取别人的关注和称赞，但过度的表现欲会对幼儿今后的同伴交往和个性发展产生不利影响。对于表现欲太强的孩子，家长可以用布置任务来代替孩子在他人面前表现自己，让完成任务时获得的喜悦感和成就感代替得到简单表扬的满足感。成人在表扬幼儿时要注意方式方法，多采用肯定、鼓励的方法，肯定其付出的努力和取得的进步，而不是直接表扬结果，这样不仅能使幼儿获得情绪上的满足，还能培养其具有开阔的心胸。

建立良好的家庭关系和亲子关系。和谐的家庭生活、良好的情绪示范、科学的教养态度都是帮助幼儿养成良好情绪的重要因素。愉快、和谐的家庭生活，亲情对幼儿情绪发展影响极大。幼儿情绪容易受感染、模仿性强，因此成人的情绪示范非常重要；在日常生活中，成人要经常显示积极热情、乐于助人、关心爱护幼儿的良好情绪，这对幼儿良好情绪的发展起着潜移默化的积极作用。另外，对于“两孩”“三孩”家庭，父母尤其要注意科学的态度，公正地对待孩子，帮助孩子适应变化的环境，坚持正面教育、榜样示范。

---

① 张燕燕，姜涛，杜春娟，等. 滨州市婴儿嫉妒心理发展的调查研究［J］. 广东医学，2017，38（7）.

第三节　0～3岁婴幼儿托幼机构行为观察案例

根据0～3岁婴幼儿托育服务空间的不同或主体的不同，托育服务存在三种类型：家庭式托育服务、机构式托育服务和社区式托育服务。本节所述的0～3岁婴幼儿托幼机构，是指机构式托育中心，也称集合式托育机构。机构式托育类型很多，如托儿所、幼儿园、早教中心等。目前我国针对0～3岁婴幼儿的托幼服务机构主要包括以幼儿园为主体下设的托儿所和民办的早教机构两大类。

在幼儿入托年龄问题上，曾任上海市婚姻家庭研究会秘书长的李苏华（2016）研究认为，家长多希望在孩子2岁左右入托；中国人口与发展研究中心的李沛霖等（2017）研究认为，家长及托育机构普遍认为接收幼儿的最低年龄为1.5岁或2岁，如果年龄过小就亲子分离则不利于幼儿心理健康，而且托育成本更高，收费更高，一些家长难以承受。

政策层面。2015年，“全面两孩”政策的出台，2019年国务院办公厅发布的《关于促进3岁以下婴幼儿照护服务发展的指导意见》，2021年“三孩生育”政策的实施，都对0～3岁婴幼儿托育服务的发展，提出了更大的需求。但是，目前托幼机构中普遍存在师资水平参差不齐的问题，师资的专业性水平难以保证。因此，针对0～3岁婴幼儿在托幼机构中的行为进行观察与分析，不仅有助于我们更全面地把握婴幼儿的发展规律，还能提高保教专业水平。

因为上一节对0～3岁婴幼儿进行了较为详尽的案例观察与分析，所以本节将观察对象限定在1.5～3岁，并分别从动作、语言、认知和情绪发展四个方面，选择具有代表性的案例进行观察与分析。

观察案例4-14

观察目的：幼儿进餐行为观察。

观察对象：小柴（男孩，2岁）。

观察时间：2022年9月27日。

观察地点：某幼儿园。

观察方法：轶事描述法。

观察记录：

早上，妈妈送小柴去幼儿园。入园后，小柴仅用左手拿着自己的不锈钢水杯喝了一杯水。然后，他坐到自己的塑料凳上开始吃早饭。早饭是八宝粥，小柴左看看右看看，右手用“握拳”的方法拿起小勺子，先是搅了搅碗里的粥，很稠，然后舀了一大勺并把勺子拿起来，勺子拿得有点歪，不过因为粥比较稠所以没有洒下来。他吃饭前，吹了吹粥，抬头看了看老师，做了个鬼脸，吃了一小口，剩下的放回了碗里，又舀了一大勺。大约10分钟后，小柴把碗里最后一勺粥刮干净并吃完了。他左手端起碗和勺，站起来要送到回收处，他一边走，一边把右手在自己衣服上擦了擦。到回收处，他看了看已经放好的碗和勺子，就把自己的碗和勺子分别放在了对应的地方。最后，他两只手在自己的衣服上交替擦了擦。他把自己刚才坐的小凳子推到墙边，坐在地上，等着老师发玩具到凳子上。

分析与解释：

身体协调能力较好，能够独立完成进餐。2～3岁的幼儿，已经能够正常行走，甚至跑跳、攀爬。在精细动作方面，他们能够做简单的穿衣和脱衣的动作，会拉大的衣服的拉链，能成功地用小勺吃饭。

佐证记录：小柴能够自己单手端水杯喝水；能够独立拿勺子吃饭。

进餐习惯整体较好，卫生习惯有待加强。良好进餐习惯的培养是幼儿在园的一项重要训练内容，餐前餐后洗手、进餐时安静进餐、进餐后收拾餐具等行为，都是良好进餐习惯的表现。

佐证记录：小柴能够安静地完成进餐；进餐后能够把餐具分类放回餐具回收处。不过小柴进餐后多次用衣服擦手，未洗手就直接拿凳子等待老师发放玩具。

对策与建议：

培养幼儿良好的进餐习惯。幼儿在园一般包括三餐两点，良好进餐习惯的培养对幼儿的健康和身体发育非常重要。进餐包括进餐前、进餐中和进餐后。餐前半小时左右应结束活动，幼儿教师请幼儿收拾玩具，整理活动室，组织幼儿如厕、洗手等。进餐时，幼儿教师要关注幼儿嚼、咽食物的方法及进餐时的情绪状态。进餐后，幼儿教师应鼓励幼儿收拾整理餐桌、餐具，让幼儿养成饭后洗手、漱口、擦嘴的好习惯。

将食物拼搭成趣味图案，让幼儿参与食物制作的过程。有的幼儿挑食、厌食，有多方面的原因。幼儿教师和家长应帮助幼儿，如可以将食物拼搭成趣味图案，也可以让幼儿参与食物制作的过程，这不仅能提高幼儿动手能力，还能使其体会劳动的乐趣。另外，在进餐前，幼儿教师可以向幼儿介绍当天的食物，以此来引起他们的食欲，帮助他们克服挑食和偏食的毛病，培养他们良好的饮食习惯。在等待进餐时，幼儿教师可以放一些优美、轻松的音乐或故事，或者组织一些语言类、手指类的安静游戏，安抚幼儿的情绪，使他们养成安静等待同伴一起进餐的习惯。

父母的榜样示范。父母是孩子的第一任老师。有的孩子挑食或者吃饭不专心的行为，是从父母那里学来的。所以，父母应做好榜样示范。

观察案例4-15

观察目的：幼儿如厕行为观察。

观察对象：轩轩（男孩，29个月）。

观察时间：2022 年 7 月 20 日。

观察地点：社区幼教中心。

观察方法：轶事描述法。

观察记录：

户外活动结束后，孩子们跑进教室，有的喝水，有的上厕所。这时，厕所里传来了争执的声音："这是我先抢到的！老师，他推我！""不行，我就要第一个！""哇……"（哭声）老师过来一看，八九个小朋友一起拥到厕所里。轩轩刚跑进来，但是要抢第一，其他孩子就不乐意了，于是轩轩就动起了"武力"。老师问轩轩为什么要抢第一，轩轩说"我快要尿裤子了"，一边说一边双腿打战。前几天，轩轩尿湿过裤子，轩轩为此妈妈特意叮嘱过老师，轩轩玩起来就容易忘记小便，想要小便就特别着急。这时刚好有个幼儿离开小便池，老师说："轩轩快憋不住了，我们让他先小便。"轩轩小便结束，去洗手池洗了手，就到教室玩去了。

分析与解释：

幼儿如厕意识的问题。在如厕方面，2～3 岁的幼儿白天已经能控制，但偶会失控，必须经提醒才会上厕所。户外活动结束后一般是如厕的高峰期，这个时候比较容易出现排队拥挤现象。如果幼儿如厕意识不强，就容易出现拥挤的情况。

佐证记录：轩轩刚跑进来就要第一个上厕所。

幼儿如厕规则问题。户外活动结束，是如厕的高峰期，一些幼儿往往容易受到同伴影响，会"不由自主"地跑进教室或者抢着上厕所。

佐证记录：户外活动刚结束，孩子们跑进教室，八九个小朋友一起拥到厕所里。

对策与建议：

提升幼儿的如厕意识，培养幼儿如厕习惯。如厕环节共划分为六个子项目，分别是：1）能够正确表达大小便意愿；2）能够正确使用坐便器或蹲便器；3）能够及时脱下内裤、外裤；4）当穿多层裤子时，能够一层一层提好内裤、外裤；5）大小便后能整理好衣服；6）便后有擦屁股的意识，愿意尝试自己擦屁股（小班），能够便后擦干净屁股（中、大班）。针对 2～3 岁幼儿，第一个环节至关重要。由于幼儿年龄小，身体发育、注意力发展未健全，幼儿教师应在活动前和活动后，多次提醒幼儿如厕，或帮助幼儿养成间隔一定时间就如厕的习惯。

循序渐进培养幼儿如厕能力，培养如厕的规则意识。研究表明，婴幼儿如厕能力的发展一般遵循如下顺序：10 个月时，婴儿能表达尿湿了或大便了的行为；12 个月时，婴儿大便的行为较有规律；15 个月时，在有人陪伴的情况下，幼儿能短暂地坐在马桶上；18～21 个月时，幼儿的小便较有规律；22 个月时，幼儿开始表达上厕所的需求；24～36 个月时，幼儿白天已经能控制，但偶尔会失控，必须经提醒上厕所；30 个月时，幼儿能够告诉他人要上厕所；34 个月时，幼儿可自己坐在马桶上；3～4 岁时，幼儿可以自行上厕所，可能还需要人帮忙穿脱裤子，擦屁股；4～5 岁时，完全独立。因此，幼儿教师应循序渐进提升幼儿如厕能力和规则意识，如提醒幼儿如厕要排队，如厕时要注意脱裤子，尤其是下蹲时要注意扶好栏杆，要注意对准坑位，如厕后要按顺序提好裤子、掖好衣服，并洗手且不要在厕所逗留。同时，幼儿教师要建议家长给幼儿穿宽松舒适的衣物。幼儿年龄小，天冷的时候，外裤、衬裤、内裤一层一层脱下来很不方便，不利于幼儿如厕自理能力的培养。

观察案例 4－16

观察目的：幼儿午睡情况观察。

观察对象：丫丫（女孩，30个月），鹏鹏（男孩，32个月）。

观察时间：2022年12月7日。

观察地点：社区幼教中心。

观察方法：事件取样法。

观察记录：

丫丫午睡时经常睁眼、动来动去，一会儿玩手指一会儿玩被子。有时，老师看见她闭眼了以为她睡着了，结果老师一走开，她马上又睁开眼睛。丫丫入睡准备时间较长，半个小时左右才能渐渐入睡（见表4－2）。丫丫妈妈反馈，丫丫在家需要妈妈陪伴才能入睡。

表4－2　丫丫午睡观察记录

午睡状况	周一	周二	周三	周四	周五	入睡率
	未入睡	未入睡	未入园	未入睡	未入睡	
午睡中出现的行为	一直在抠手指，眼睛没闭	总是翻身，偶尔闭眼	无	闭眼约一小时，睁眼后玩被子	躺着不动，老师靠近，闭眼	0%

鹏鹏在家主要是爷爷带着，周末从来不睡午觉。在幼儿园也很难午睡，每次躺下不到10分钟，他就开始提要求了："老师，我要小便。"老师说："睡觉前每个小朋友都小便过了，你怎么又要去？""老师，我憋不住了！"于是，老师让他去如厕了。过不了半小时，他又说："老师，我要喝水。"老师让他午睡结束再喝水（见表4－3）。

表4－3　鹏鹏午睡观察记录

午睡状况	周一	周二	周三	周四	周五	入睡率
	未入睡	未入睡	入睡	未入睡	未入睡	
午睡中出现的行为	躺着玩手指，老师靠近，闭眼	前10分钟睁着眼睛，然后小便一次，半小时后提出喝水要求，后小便2次	前10分钟睁着眼睛，然后小便一次。在不断提醒下入睡约一个小时	躺着玩手指，老师靠近，闭眼	躺着玩手指，老师靠近，闭眼	20%

分析与解释：

幼儿不愿意午睡的原因多种多样，有自己玩或躺着不影响他人的安静型；有自己玩但发出声响影响他人的吵闹型；有不断制造声音，吸引老师注意的寻求关注型。

佐证记录：丫丫为安静型幼儿；鹏鹏为寻求关注型幼儿。

影响幼儿睡眠状态的因素——作息规律和入睡习惯。有的幼儿因为不规律的作息时间而影响午睡质量，幼儿教师和家长应该针对婴幼儿个体差异，采取针对性措施，提升幼儿心理安全感，提高睡眠质量。

佐证记录：丫丫在家睡觉需要妈妈陪伴才能入睡；鹏鹏在家很少午睡，有时睡得早，有时睡得晚，作息很不规律。

对策与建议：

培养幼儿良好的午睡习惯。充足的睡眠是保证幼儿健康成长的先决条件。幼儿周末或假期在家时，应按时让幼儿午睡，尽量让幼儿独立入睡，自然入睡，养成良好的睡姿。

合理处理睡眠不安的情况。据调查，40% 的幼儿在睡眠过程中时有惊醒、翻身的情况，14% 的幼儿在睡眠过程中总是哭泣、翻身及发呆。[①] 为此，幼儿教师应先查明原因，如幼儿是否受了委屈、听了惊险的故事，睡前是否吃得过饱，或饥饿、口渴，或尿床，或内衣太紧、太硬以致躯体不适，以及肠道寄生虫或其他原因导致的腹痛、呼吸道感染等，给予针对性处理。对于幼儿睡眠不安的情况，幼儿教师应克服焦虑情绪，既不宜过分抚弄幼儿，也不要烦躁或发脾气。

观察案例 4－17

观察目的：幼儿入园分离焦虑行为观察。

观察对象：思思（女孩，26 个月），小哲（男孩，29 个月）。

观察时间：2022 年 12 月 14 日。

观察地点：社区幼教中心。

观察方法：事件取样法。

观察记录：

思思刚入园没几天，但几乎每次入园都要妈妈抱着，跟妈妈分手的时候，总爱哭泣，有时紧紧地抱着妈妈的脖子，不要去幼儿园。妈妈给她带了她最喜欢的歪歪兔，让她带到班里。思思进班后很长时间提不起精神。

小哲家离幼儿园有点远，每次都是爸爸开车来送。小哲从下车开始，就哇哇大叫“我不要去幼儿园”，动作非常剧烈。爸爸连拖带抱，把他送给幼儿教师，没有回

① 郭柯然. 幼儿生活自理行为特点研究［D］. 武汉：华中师范大学，2020.

头就直接开车走了。小哲进班后，一个人坐在椅子上，一直说："我要回家，我要回家……"老师过来安慰他："小哲，恐龙来找你玩了。"说着拿出一个恐龙放在小哲面前。小哲看到自己喜欢的玩具，不再抽泣了，并且很快就玩了起来（见表4－4）。

表4－4　幼儿分离焦虑行为表现记录表

A 大声哭　B 独自游戏　C 哭泣　D 不正常进餐　E 不正常午睡　F 依恋老师
G 依恋自带物　H 重复句子　I 哭闹　Z 默坐

姓名	周一	周二	周三	周四	周五	备注
思思	CDGZ	CGZ	CGZ	CGZ	CGZ	
小哲	ABFHI	AFHZ	AEFH	GZ	FGZ	周一和周三爸爸送，周四和周五妈妈送

分析与解释：

幼儿初入园容易产生分离焦虑问题。分离焦虑是焦虑的一种。根据对已有"分离焦虑"内涵的解析——主要是与父母分离或与所爱和依赖的人分离或面临分离的威胁等情况下，表现出的一系列恐惧、焦虑紧张和不安的情绪反应。① 生理上，分离焦虑影响幼儿的饮食、消化、睡眠和免疫力等；情绪上，幼儿主要表现为常常哭闹、依恋幼儿教师、依恋自带物、不吃不睡等。入园分离焦虑是低龄幼儿入园的普遍表现；女孩分离焦虑水平高于男孩。②

佐证记录：思思和小哲都是入园不到一个月的幼儿，观察的一周时间内，他们每天都有分离焦虑的表现。

家庭亲子关系与幼儿独立能力会影响幼儿入园分离焦虑。和谐融洽的家庭氛围，可让幼儿在成长环境中能够体会到爱与温暖，从而增强他们的自信心与安全感，在离开父母来到陌生环境中不会感到紧张、害怕，从而预防分离焦虑的形成。独立生活能力强的幼儿，其自信心较强，从而更能发挥主观能动性，幼儿的适应行为更良好，也可预防分离焦虑的形成。

佐证记录：幼儿教师反馈，思思的爸爸长期出差，平时妈妈一个人带孩子，白天工作，晚上陪伴幼儿质量不高，所以幼儿很容易在入园后产生分离焦虑。小哲在家是爷爷带，爷爷很宠爱他，穿衣脱鞋等事情都很少做，独立生活能力较弱。

对策与建议：

分离焦虑是幼儿普遍存在的现象，家长和幼儿教师要足够重视。分离焦虑一般出现在一岁之前（此时婴儿正在形成最初的社会性依恋），在14～20周时达到顶峰，然后在整个婴儿期和幼儿期，其强度逐渐减弱。在不同的文化背景下被养育的幼儿，最

---

① 黄志敏．小班幼儿新入园分离焦虑研究［D］．桂林：广西师范大学，2004．

② 李娜娜．小班幼儿接受早教机构教育、亲子关系、在园适应的现状及其关系研究［D］．沈阳：沈阳师范大学，2020．

早出现分离焦虑的时间也不尽相同。亲子依恋、父母教养方式及教师敏感性都会影响幼儿入园分离焦虑的表现[①]，因此，幼儿教师在发现幼儿出现分离焦虑的时候，要认真查找原因，避免冷淡处理或者打骂幼儿。

预防分离焦虑的措施。幼儿在3岁前进入托幼机构，一般是由于家庭无适合的看护人员，因此家长和幼儿教师应更加关注这些幼儿在生理上和心理上的入园适应问题。预防分离焦虑的措施有很多，概括来讲：一是良好亲子关系的建立，尤其是发展非独生幼儿的亲子关系，提升亲子关系质量；二是可以采用梯度入园制度，如延迟托班或小班幼儿早晨入园时间；三是引入新异刺激转移幼儿注意，如案例中思思带的歪歪兔，以及老师给小哲拿的恐龙；四是关注幼儿中的特殊群体，多关注女孩分离焦虑，促进幼儿情绪健康发展；五是家园共育，促进幼儿对新环境的适应。

观察案例 4-18

观察目的：幼儿在园角色扮演行为观察。

观察对象：小琴（女孩，2岁半）。

观察时间：2022年5月。

观察地点：某幼儿园的托班。

观察方法：轶事描述法。

观察记录：

小琴很喜欢幼儿园里的图书屋和娃娃家，她经常在吃完饭后的自由活动时间去图书屋看书，她一边翻书，还一边跟书里的人物“对话”。这天，小琴来到了娃娃家，她穿了件娃娃家里的公主裙，拿起了电话，开始说了起来：“喂，我在忙着呢……要带上我的芭比？……好……加上这个……叫上魔法公主一起……”她一边说，一边用手指着娃娃家里的芭比、魔法棒、魔法公主。过了一会儿，她突然把电话扔掉，捡起另一个手机说：“保安叔叔，外边有大灰狼，快抓走吧，我吓死了……”小琴做了个挂电话的动作，丢下手机，躺在了娃娃家的垫子上，用双手捂上了自己的眼睛。这时，老师走过来，对小琴说：“大灰狼已经被抓走了，起来玩吧。”于是，小琴就站起来玩其他游戏了。

分析与解释：

语言能力增强，想象逐渐发展起来。新生儿没有想象。1.5～2岁的幼儿基本可以想象，但此时的想象只是最初级形态的想象，简单贫乏、有意性很差，一般是记忆表象的简单迁移，加工改造的成分极少。例如：一个2岁左右的幼儿正在吃饼干，忽然，他对着手中被他咬了一口的饼干看了片刻，举起来高兴地喊着：“妈妈！看！月亮！”这种

① 沙晶莹，王元，房卫鑫．幼儿入园分离焦虑的研究述评［J］．中国健康心理学杂志，2014，22（6）．

想象是一种简单的联想——由被咬掉一口的饼干联想起头脑中原有的关于月亮的形象。2岁以后，随着幼儿生活经验的增加，语言理解能力逐渐增强。分析综合能力的提高使幼儿的想象逐渐发展起来。他们喜欢想象，一会儿把自己当成警察，一会儿把自己想象成超人，一会儿又把自己当成某部动画片中的人物形象……

佐证记录：小琴在图书屋中经常与书中的人物“对话”；在娃娃家里和人打电话。

幼儿想象以无意想象为主，有意想象开始发展；以再造想象为主，创造想象开始发展；想象常常脱离现实或与现实混淆。

佐证记录：小琴想象自己看到了大灰狼，给保安叔叔打电话让他把大灰狼抓走。老师过来对小琴说：“大灰狼已经被抓走了，起来玩吧。”于是，小琴就站了起来玩其他游戏了。

对策与建议：

想象是对头脑中已有的表象进行加工改造，创造出新形象的过程，是一种高级的认识活动。其具体的心智操作有：黏合、夸张（强调）、典型化、联想。想象可以帮助幼儿掌握抽象的概念，理解较为复杂的知识，创造性地完成学习任务。想象的发展是幼儿创造性思维发展的核心；想象是维持幼儿心理健康的重要手段。因此，幼儿教师应丰富幼儿的表象，扩大幼儿的视野，丰富幼儿的感性知识和生活经验。幼儿教师可以多带幼儿到大自然中活动，让幼儿去触摸、去观察、去模仿；还可以通过参观、旅游等活动开阔幼儿视野，不断积累感性知识，为幼儿想象增加素材。

发展幼儿语言表现力，促进想象力提高。幼儿想象力的发展离不开语言活动。想象是大脑对客观世界的反映，是需要经过综合分析的复杂过程，这一过程和语言思维的关系是非常密切的。因此，幼儿教师在丰富幼儿表象的同时，要发展幼儿的语言表达能力。在看图讲述时，幼儿教师可以让幼儿在认真观察的前提下，丰富感性经验，展开自由联想，将所见内容用语言表述出来；在科学活动中，鼓励幼儿用丰富、正确、清晰、生动形象的语言来描述现象和事物，还可以让幼儿描述在大自然中看到的事物。

提供充分的玩具材料，通过游戏活动发展幼儿想象力。在游戏过程中，幼儿可以通过扮演各种角色，发展游戏情节，展开自己的想象。因此，幼儿教师应注意，提供适宜的、丰富多彩的玩具材料，给幼儿创设适宜的环境；同时，注意在日常生活中的引导，认真倾听幼儿的想法，鼓励幼儿大胆表达，引导幼儿进一步想象、思考、探索，促进幼儿的想象力发展。

本章小结

本章主要介绍了0～3岁婴幼儿在动作和心理方面的行为特点及代表性案例。案例以家庭场景为主、托幼机构为辅，较为全面的从动作、语言、认知、情绪和社会性等方面介绍了如何观察与分析婴幼儿。

需要说明的是，多项研究表明，0～3岁婴幼儿对于系统性的早教活动有接受能力。早教活动对于促进智力发育有一定效果，但婴幼儿时期接受早教对于普通学龄儿童的长期影响尚未发现。所以对于商业早教应当理性看待，虽然早教确有效果，但早教对于婴幼儿的整个人生来说其价值尚无定论，也没有造就“神童”的神奇效果，更不存在“输在起跑线上”的问题。①

• 同步练习 •

一、选择题

1. 下列对0～3岁婴幼儿行为特点表述不正确的是（　　）。（单选）

A. 婴幼儿动作发展一般规律是：从整体动作到分化动作，从上部动作到下部动作，从大肌肉动作到小肌肉动作

B. 0～1岁为前语言阶段大致分为：简单音节阶段，连续音节阶段，学话萌芽阶段

C. 当婴儿最早开始出现注视、追视和倾听的表现的时候，表明有意注意已经发生了

D. 婴儿期是手的探索活动的形成时期，按顺序大体有三个阶段：手的本能性触觉反应阶段；视触协调阶段；手的有目的的探索阶段

2. 陆老师在观察3岁的明明小朋友，只要明明出现打扰人的行为，陆老师就进行观察和详细的记录，陆老师使用了（　　）。（单选）

A. 轶事描述法　　B. 时间取样法

C. 事件取样法　　D. 日记描述法

3. 2岁的丁丁在户外健身场所玩耍，为了更好地了解丁丁的肢体动作发展水平，以下最适宜的观察方法是（　　）。（单选）

A. 轶事描述法　　B. 时间取样法

C. 事件取样法　　D. 检核表法

4. 2岁的小美急匆匆地跑到厨房对妈妈说“撞了……撞了……”，妈妈问什么撞了，小美说“哥哥……滑板……”，妈妈来到客厅，看见哥哥玩滑板把大花盆撞碎了。小美平时说话是正常的。你认为以下表述不正确的是（　　）。（单选）

A. 小美开始口吃了

B. 小美遇到特殊情况变得着急，于是组织语言赶不上思维的速度，导致说话吞吞吐吐

C. 妈妈应肯定小美的报告行为，并安抚小美的情绪，让其能够“心平气和”地

---

① 梅林晨. 我国0-3岁儿童早期教育实践研究综述［J］. 陕西学前师范学院学报，2015，31（5）.

说话

D. 妈妈应组织多种活动帮助小美发展语言能力，如欣赏文学作品、听说游戏、早期阅读、谈话等

5. 一般认为，托幼机构接收幼儿的最低年龄是（　　）。（单选）

A. 1～1.5岁　　B. 1.5～2岁

C. 2～2.5岁　　D. 2.5～3岁

二、判断题

1. 从出生到1周岁，是人的第一个快速生长期。（　　）

2. 对幼儿进行行为观察时，要收集多方面的主观材料。（　　）

3. 幼儿在认识物体时，一般先注意物体的颜色，然后是物体的形状和大小。（　　）

4. 观察时，观察者首先应根据观察目的，选取合适的观察角度，以获取有价值的信息去分析问题、解决问题。（　　）

5. 1岁7个月的然然总是拿出同一本绘画书让妈妈讲，这是因为幼儿最初出现的记忆全都是再认性质的记忆，要不断复习才能记住。（　　）

三、简答题

1. 简述用轶事描述法观察1岁幼儿粗大动作发展的过程。

2. 简述事件取样法观察幼儿入园分离焦虑行为的步骤。

3. 简述对0～3岁婴幼儿进行观察与分析的意义。

四、思考题

试述如何在观察分析的基础上，改善幼儿的攻击性行为。

第五章

特殊儿童行为观察与分析

学习目标

知识目标

1. 了解特殊儿童的定义、分类。

2. 掌握常见特殊儿童的行为特点及鉴别标准。

能力目标

掌握常见特殊儿童行为的观察方法。

素养目标

1. 通过学习特殊儿童行为的观察与分析内容，了解特殊儿童的身心发展特点，增加对特殊儿童的关注与支持。

2. 提升对特殊儿童的关爱，帮助特殊儿童健康成长。

案例导入

5 岁不会用筷子吃饭是罹患了孤独症吗?

2022 年 8 月，国家卫生健康委印发《0～6 岁儿童孤独症筛查干预服务规范（试行）》，其中对儿童孤独症有哪些预警征象予以明确，如 4 岁不会单脚站立、5 岁不会用筷子吃饭、6 岁不会奔跑是孤独症的预警征象之一。

随后，舆论场便出现了“5 岁不会用筷子吃饭可能是孤独症”的论调，引起不少父母的焦虑：自己的孩子 5 岁还不会用筷子，到底是不是孤独症?

同时，有数据显示，我国儿童孤独症患病率约为 7‰，严重危害儿童健康和家庭幸福。孤独症通常起病于婴幼儿期，目前尚缺乏有效治疗药物，主要治疗途径为康复训练，最佳治疗期为 6 岁前，越早干预效果越好。

问题：什么是孤独症？通过行为观察与分析，能否辨别孤独症儿童?

第一节　常见特殊儿童行为特点概述

一、特殊儿童的定义

我们在观察一群儿童时不难发现，即使年龄相同，个体之间的差异仍然是十分明显的。有的儿童健壮，有的儿童瘦弱；有的儿童动作灵巧，有的儿童笨拙；有的儿童聪明伶俐，有的儿童反应迟钝；有的儿童善于交际，有的儿童很不合群。那么，什么样的特征或表现属于常态，什么样的特征或表现属于非常态呢？哪些儿童属于普通儿童，哪些儿童属于特殊儿童？要回答这些问题就涉及特殊儿童的界定问题。

美国特殊教育专家柯克和加拉赫认为（汤盛钦等，1989），特殊儿童通常既包括残疾儿童又包括天才儿童，是指在以下几方面偏离常态的儿童：1）智力特征；2）感觉能力；3）神经运动或身体特征；4）社会行为；5）交际能力；6）多种缺陷。这个定义强调了特殊儿童在生理、心理和行为等方面具有偏离常态的特征。

特殊教育专家郭为藩等人（1975）指出，特殊儿童与青少年乃是在教育情境中较为特殊（个体差异特别显著），可能有特别的学习困难（尤其在普通班级中）、需要特殊教育方案的儿童。他们主张应该从教育的角度来界定特殊儿童，并认为生理缺陷不能构成特殊儿童的充分条件。

特殊教育专家朴永馨（1995）提出，特殊儿童可以有两种理解：一种是广义的，即把正常发展的普通儿童之外的各类儿童都包括在内；另一种是狭义的，专指生理或心理发展上有缺陷的残疾儿童。

综上，我们把特殊儿童定义为一群在生理和心理发展的某一方面或多个方面明显地偏离普通儿童的发展水平、有特别的学习或适应困难、只有接受了特殊教育才能充分发展的儿童；同时，我们把特殊儿童的年龄范围界定为 0 ～ 6 岁。

特殊儿童与普通儿童的共性和差异如下：

特殊儿童与普通儿童之间既有共性，又存在差异，且共性远大于差异，这是目前国内外大多数特殊教育专家和学者已经达成的共识。

陈政见认为，特殊儿童与普通儿童的共性主要体现在以下五个方面：1）发展历程模式相似；2）生理组织结构相似；3）心理需求要素相似；4）人格结构发展相似；5）社会适应内容相似。

特殊儿童与普通儿童之间的差异是客观存在的，主要表现在以下三个方面。

第一，大部分特殊儿童有生理和心理的缺陷，这些缺陷妨碍了他们以正常的方式或速度学习和发展。

视障儿童的视觉器官有缺陷，他们不得不靠耳朵、手指等感官来感知外界事物。由于失去了接收外界信息的一条非常重要的感觉通道，视障儿童对事物的认识往往是不全面的。听障儿童听觉器官的缺陷，对语言学习产生不利的影响，而语言发展的局限性又会妨碍其抽象思维的发展。肢体残疾儿童在动作技能的发展上会受到很大的限制，甚至影响其生活自理。智力障碍儿童的智力有缺陷，因此，他们学习某些知识和技能的时间比普通儿童晚、起点低、速度慢，所能达到的水平也极其有限。

第二，特殊儿童的个体间差异和个体内差异都明显大于普通儿童。

个体间差异既包括不同类型的特殊儿童之间的差异，又包括同类型特殊儿童之间的差异。无论属于哪一种，特殊儿童个体之间的差异都是非常大的。例如：天才儿童与智力障碍儿童分别代表了智力水平较高和智力水平较低的两类儿童，这两类儿童之间有着巨大的差异。又如，视障儿童接收外界信息的方式明显不同于听障儿童及其他儿童。即使同属于一类儿童，因造成心理发展异常的原因不同，个体特征也是不同的。正是由于特殊儿童之间存在巨大的差异，因此在实施教育教学之前应该对他们进行鉴别和分类。

个体内差异通常是指个体内部不同能力之间的差异。特殊儿童个体内部各种能力的发展是不平衡的，个体内差异特别大。例如：有些孤独症儿童的记忆力非常好，而语言理解力、人际交往能力特别差；又如，有些听障儿童虽然听不见声音，但手眼协调能力却非常好。因此，在制订教学计划之前要对特殊儿童的能力结构进行评估，以便根据其特点安排教学活动。

特殊教育机构的沙盘游戏治疗室

第三，特殊儿童难以适应普通学校中的常规教学内容、教学手段或教学组织方式，需要接受特殊教育。

普通学校的教学内容对于智力发展优异的天才儿童可能过于容易，而对于智力低下的智力障碍儿童则可能太难。普通学校的教学通常以幼儿教师的口头讲授为主、直观的演示为辅，对大多数听障儿童来说这种教学方式是难以适应的，对视障儿童来说则可能因无法阅读普通课本而跟不上教学的进度。

目前普通学校基本上都采取大班级授课制，这种教学组织方式在教育资源有限的情况下能为社会多培养一些人才，但却不能使所有儿童都得到充分的发展。在这种班级里，特殊儿童可能因教学进度太慢或太快而对学习失去兴趣，并表现出各种各样的学习或适应的问题。只有根据特殊儿童独特的教育需要设计的适合他们发展的课程和教材，采取个别化干预和教学，特殊儿童才可能获得最大限度的发展。

二、特殊儿童的分类

（一）如何分类

随着特殊教育的发展，对特殊儿童的分类方法也发生了一些变化。过去人们关注的是残疾或障碍，一般以医学诊断作为分类的基础。从 20 世纪 70 年代起，人们开始尝试根据特殊儿童当前的表现以及所需要的教育和服务进行分类。1972 年伊斯科和培恩提出（孙锋，2002），从基本状况、调节状况和教育状况三个方面共九个维度对特殊儿童进行评估和分类（见表 5－1）。

表 5－1　特殊儿童的评估与分类

基本情况	调节状况	教育状况
可见的生理偏差 运动能力及局限 沟通能力及问题	同伴接受 家庭干预 自我尊重	动机 学业状况 教育潜能

美国智力与发展性障碍协会（American Association on Intellectual and Developmental Disabilities，AAIDD）在 1992 年的分类系统中也提出，应依照需要支持和辅助的程度对特殊儿童进行分类。该协会根据智力障碍儿童需要的支持和辅助将其分成间歇的、有限的、广泛的和全面的四类（肖非，2002）。

如今，人们更多的是从学习者的角度来看待特殊儿童，在分类上表现为：一方面，人们越来越倾向于采用与教育有关联的分类体系；另一方面，随着特殊教育对象的日益扩大，一些与学习或适应困难有关的类别，如学习障碍、情绪和行为障碍等也包括在新的分类体系当中。

（二）我国对特殊儿童的分类

我国至今尚未在法律中对特殊儿童的分类作出明确规定，不过，在一些与特殊教育有关的法令或文件中提到过几类特殊儿童。例如：《中华人民共和国义务教育法》中提到了视力残疾、听力语言残疾和智力残疾的适龄儿童；在 1989 年的《关于发展特殊教育的若干意见》的文件中提到了盲、聋、弱智、肢体残疾、学习障碍、语言障碍、情绪障碍等儿童。

另外，在一些学者的著作或文章中，如朴永馨主编的《特殊教育概论》、汤盛钦主编的《特殊教育概论》，把病弱儿童、轻微违法和犯罪儿童、天才儿童等也包括在特殊儿童的范畴里。

本书参照国内外已有的分类系统，将特殊儿童分为三大类共十二个小类，包括发展性障碍（智力障碍，学习障碍，言语和语言障碍，情绪和行为障碍，孤独症）；身体功能障碍（视觉障碍（盲、低视力），听觉障碍（聋、重听），肢体障碍，病弱）；其他（多重障碍，天才，轻微违法和犯罪）。

三、常见特殊儿童的行为特点及鉴别标准

特殊儿童有不同的类别，每类儿童都有各自的行为特点和鉴别标准。我们在发展性障碍、身体功能障碍、其他三大类中，分别选择几个有代表性的特殊儿童的行为特点及鉴别标准进行介绍。

（一）发展性障碍儿童的行为特点及鉴别标准

1. 智力障碍儿童的鉴别标准

智力障碍儿童是指在发育期间智力发展显著地落后于同龄儿童的平均水平，同时在适应行为方面存在明显缺陷的儿童。

（1）认知方面。

智力障碍儿童的注意力是很容易分散的，注意的持续时间非常短暂，选择性注意和注意的分配均很差。由于注意力是学习活动的基本条件之一，因此注意力的缺陷必然会影响智力障碍儿童对知识的掌握。

智力障碍儿童的感知觉速度十分缓慢，容量比同龄儿童小得多；视知觉、空间知觉和时间知觉等都不够分化。因此，智力障碍儿童所获得的信息不仅数量少，而且质量很差。

智力障碍儿童的短时记忆有困难；识记的速度很缓慢，识记得不牢固，再现不准确。这些缺陷与智力障碍儿童记忆材料缺乏目的性、不善于运用记忆策略有一定的关系。

智力障碍儿童的思维发展停留在前运算或具体运算阶段。智力障碍儿童的抽象概括能力非常薄弱，思维刻板，缺乏独立性和批判性。

智力障碍儿童的语言发展迟缓。与同龄儿童相比，智力障碍儿童句法简单，词汇贫乏；不仅言语理解有困难，而且在言语表达上还经常出现构音、声音和语流等方面的障碍。

（2）个性和社会性方面。

智力障碍儿童在学习和活动中缺乏主动性和坚持性；兴趣范围狭窄且不易持久；对环境变化缺乏随机应变的能力；情感发展长期处于较低水平，情感体验不深刻，情绪不稳定，缺乏自我控制能力；处理日常事务的能力比同龄儿童差很多。

2. 学习障碍儿童的鉴别标准

学习障碍是一组异质性综合征，指的是注意、记忆、知觉、推理、感觉运动协调等基本心理过程中存在一种或多种障碍，从而导致在获得和运用听、说、读、写、推

理、数学运算能力方面出现明显的困难。

对学习障碍儿童的鉴别一般依照以下三条标准：

（1）个体智力正常或在一般水平以上，但其潜力与学业成就（如口头表达、听力理解、书面表达、基本阅读技能、阅读理解、数学运算、数学推理等）之间存在显著性差异。

（2）学习障碍主要不是视觉障碍、听觉障碍、智力障碍、情感障碍或环境、文化、经济不利等因素导致的。

（3）用对于大多数儿童都有效的教学方法和教材来对他们进行教学，无法取得显著效果，需要提供特殊教育服务。

3. 言语和语言障碍儿童的鉴别标准

言语和语言障碍儿童是指与同龄普通儿童相比，语言理解或语言表达能力有明显的异常或发展迟缓现象，因而导致交流困难的儿童。

说话时如果出现构音、嗓音或语流障碍，这个儿童就可以被鉴别为言语障碍儿童。由于运用语言与他人进行交流时出现的障碍有多种形式，因此对不同类型的言语和语言障碍儿童有不同的鉴别标准。

构音障碍是指说话的语音有省略、替代、添加、歪曲、声调错误或含糊不清等现象，以致影响听话人对说话内容的理解。

嗓音障碍是指说话的音调、音量或音质与个人的性别或年龄不相符。

语流障碍是指言语不流畅，在某些音、音节、词或词组上有重复、延长、停顿、急促不清或首语难发等现象。语流障碍的典型表现是口吃。

如果语言发展迟缓或有失语症，这个儿童就可以被鉴别为语言障碍儿童。其中，语言发展迟缓主要表现为在词汇量、字形辨认、语义理解、语法使用以及语言运用方面明显落后于同龄普通儿童。

失语症则是指由于中枢神经系统损伤或功能失调而造成的语言丧失。

4. 孤独症儿童的鉴别标准

孤独症（Autism Spectrum Disorder，ASD），又叫作“自闭症”或“广泛性发育障碍”，是以社会互动、语言交流以及兴趣行为等表现异常为临床特点的神经发育障碍。

社会交往 / 交流障碍、狭隘兴趣、刻板行为、问题行为及感知觉异常是孤独症的核心症状，也是孤独症确诊的必要条件。

（1）社会交往 / 交流障碍。

社会交往障碍是孤独症的核心症状，早期多数为父母发现孤独症儿童似乎“叫不应、眼不看”，通常喜欢独自玩耍，对父母的指令常常充耳不闻，但是父母通常清楚地知道孩子的听力是正常的，因为孩子会执行其所感兴趣的指令，如上街、丢垃圾、吃饼干等。孤独症儿童与父母在一起时通常缺乏目光接触或对视短暂、游离；有需要时通常拉着父母的手到某一地方，但是并不能用手指物，也不能依照指令用手指认亲人；或是完全没有与人交往的兴趣，或是缺乏与人交流的技巧，不愿意、不懂得或不擅长与父母或小朋友进行合作性、分享性、对话性、模仿性、轮流性、竞争性、对抗性游戏；多数孤独症儿童不怕陌生人，与父母之间似乎缺乏依恋关系或是有延迟反应的表现，在多数时间对亲人的离开和归来缺乏应有的或恰当的情感表现，似乎不能用余光注意父母是否在场；躯体语言运用能力落后，较少运用点头或摇头表示同意或拒绝；很少主动寻求父母的关爱或安慰、很少用眼神参照、示意；无论是否具备语言能力，都很少有向父母告知或分享的行为，也不会向父母展示、显耀自己，不会撒谎、很少告状；不能与他人共同注意周围发生的事情，如显著的声响、东西的跌落、人物的出现等；在交流方面与他人不同步、不协调。需要指出的是，社会交往障碍也存在不同程度的差异呈谱系分布，从严重的几乎完全无交往状态，到愿意交往但交往互动技巧欠缺，这是谱系障碍概念的体现。

语言是社会交流的手段，然而并非是仅有的手段。孤独症儿童在语言交流方面存在障碍，这是多数孤独症儿童家长带孩子到医院就诊的首要原因。不同儿童因病情轻重程度不同，存在不同程度的语言障碍，也体现了谱系特征。多数儿童语言发育落后，通常在 2 岁甚至 3 岁时仍然不会说话；部分孤独症儿童在正常语言发育后，出现了语言倒退或停滞；部分孤独症儿童具备语言能力，但是缺乏交流互动，表现为无意义的发音、难以听懂的语言、重复刻板的语言，或是自言自语、语言内容单调，不能正确运用“你、我、他”等人称代词。孤独症儿童多使用“指令”语句，如“上街”“要吃麦当劳”，很少会使用疑问句或征询意见的语句；少数孤独症儿童语言过多，显得滔滔不绝，重复提问、明知故问、自问自答、自说自话，即使与人对话，语言多数为单向交流，不能顾及对方的言语和情绪，难以轮流说话，言语内容与场景往往不相符，而与孤独症儿童自身兴趣有关，自我中心特征明显。

（2）狭隘的兴趣和重复刻板行为。

孤独症儿童身体运动刻板，对物件玩具有不同寻常的喜好和方式，有特定的仪式性行为，坚持同一性。孤独症儿童可能对多数儿童喜爱的活动、游戏和玩具不感兴趣，但却会对某些特别的物件或活动表现出超乎寻常的兴趣，并因此表现出重复刻板行为或刻板动作，如反复转圈、摇晃、敲打、看手、双手舞动、嗅味、转动玩具车轮等。他们特别依恋某一种东西，如纸盒、饮料罐、树枝；反复观看电视广告或天气预报、爱听某一首或几首特别的音乐、爱看某些固定的节目、坚持走某一条路线；重复问相同问题、重复说相同话语、近似强迫性地讲述自身感兴趣的话题。孤独症儿童往往在某一段时间有某几种特殊兴趣和刻板行为，随着时间的推移，狭隘兴趣和刻板行为也会发生变化，但总是维持着几种兴趣和刻板行为。通常，严重者会出现频繁的身体运动刻板行为，轻微者可能更多体现在思维的强迫性上。

不同时间对同样的沙具进行刻板的排序

与狭隘兴趣和重复刻板行为密切相关的是多数孤独症儿童存在感知觉异常，一些感官显得过度敏感，另外一些感官又显得过度迟钝。有些孤独症儿童对某些声音恐惧或喜好；有些表现为对某些视觉图像的恐惧或喜好；不喜欢被人拥抱；喜欢嗅、啃、咬物品；明显挑食；部分孤独症儿童痛觉迟钝；感觉方面也很特别，如喜欢长时间坐车或摇晃，特别喜欢或惧怕乘坐电梯等。这些异常表现与一些异常情绪可能存在密切关系。

（3）智力情况。

孤独症儿童的智力从显著低下到天才能力呈谱系分布。过去认为，多数孤独症儿童智力落后，近年来，随着孤独症谱系障碍概念的提出，众多轻度孤独症儿童被诊断发现。一些孤独症儿童智力落后，也有一些智力正常或超常。智力正常和超常的孤独症称为高功能孤独症。高功能孤独症较智力落后的孤独症发现得晚。应注意，在采用标准化智力测验测试孤独症儿童时，因其有社会交往障碍，测试时可能不合作，导致分数偏低，测试结果与实际能力有明显差距。

观察发现，无论是智力正常还是落后的孤独症儿童，无论测试中配合与否，多数在智力测验的“领悟能力”中得分很低。

尽管智力水平各异，但较多孤独症儿童有较好的机械记忆能力的表现，尤其是在记忆数字、时刻表、地图、国旗、车牌、标志以及日历计算等方面，往往给他人很深的印象。部分轻度孤独症或高功能孤独症儿童在音乐、美术等艺术领域或某一些科学（天文、地理、生物、数学等）知识方面显得能力较强甚至超强，值得关注。

（4）动作能力。

观察发现，多数经典孤独症儿童（Classical Autism）运动能力和身体协调平衡能力正常，说明这部分儿童负责运动的神经系统是正常的。多数症候群性孤独症（Syndromic Autism）儿童运动落后或显著落后，说明症候群性孤独症儿童的基因异常不仅影响了其社会交往和认知功能，也影响了其运动功能，二者在病因和发病机制方面尽管存在联系，但差异可能很大，需要今后通过研究加以区分。值得注意的是，在过去称为阿斯伯格综合征（在 DSM-5 诊断标准中属于轻度孤独症）的儿童中，有一部分存在运动笨拙和协调能力落后现象。其实这也是部分学者反对将阿斯伯格综合征归为孤独症的原因之一。同样是孤独症，他们在运动能力方面的差异提示我们，在孤独症儿童的教育训练过程中，需要针对他们不同的运动能力，开展个体化的运动训练。

（5）注意缺陷与多动。

注意缺陷和多动在大多数孤独症儿童中表现较为明显，常常是家长和医生关注的主要问题，也因此常常被误诊为儿童注意缺陷多动障碍，即多动症。事实上，很多孤独症儿童的注意缺陷和多动可能与单纯的多动症不同，其注意力往往过度集中与过度分散并存，与其对游戏、活动或学习内容的兴趣密切相关；也与孤独症儿童核心的社交障碍有不可分割的关联，即缺乏对社交规则的理解，缺乏荣辱意识。此外，注意缺陷与多动还可能与孤独症儿童独有的感知觉和学习方式有关，即这类儿童可能外显性学习能力较弱、内隐性学习能力较强，体现在部分孤独症儿童表现出的“一心二用”能力，即看似没有专注于所教导和学习的内容，但实际上也吸收了所教的内容。在教育过程中，幼儿教师应该对其注意分散和多动行为宽容一些，坚持干预和教育。少数孤独症儿童表现安静甚至过分安静，给人特别乖巧的感觉，总是一人在某个角落或场所玩耍，尤其是在婴儿时期，以至于被家长忽略，也需要注意。不过也有学者认为，孤独症儿童内隐性学习能力弱，这有待进一步研究。

（6）睡眠、进食和排泄问题。

孤独症儿童的睡眠障碍患病率较高，表现为睡眠时间偏少、入睡困难、夜间易醒、夜惊夜啼、昼睡夜醒等，这可能与其大脑中的下丘脑垂体分泌的褪黑素不足有关，睡眠障碍对其情绪和次日的注意力以及活动均有不良影响。不少孤独症儿童偏食严重，爱吃某一类食物或拒绝吃某一类食物的现象很常见，与其感知觉敏感或迟钝有密切关系，也与刻板行为有关。不过已有的研究未发现偏食对其营养和生长发育造成了严重的影响。对一些孤独症儿童排便习惯的培养十分困难，表现为只能在固定的场所以固定的方式排便，否则就会遗尿遗便，甚至便秘；但一些孤独症儿童初始大便形状并不坚硬，却常常拒绝排便，导致多日排便一次，也易致继发性便秘；少数孤独症儿童易患腹泻。

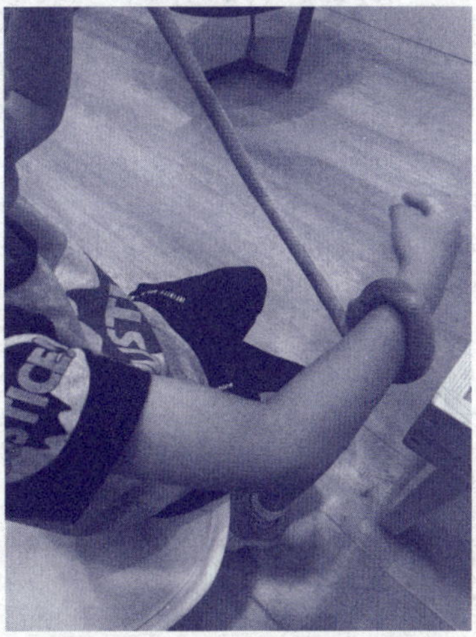

有情绪障碍的幼儿用“蛇”的意象表达自己的恐惧

（7）情绪障碍。

孤独症儿童表现出较严重的情绪紊乱，包括容易啼哭、尖叫、发脾气，甚至暴怒，出现攻击、破坏和自伤等行为，这类行为可能与儿童社交沟通有障碍、表达需求不易被理解有关，也与父母教育中要求过高或方法简单粗暴不当、较多使用打骂或惩罚有一定关系。

（8）其他。

由于社交障碍以及行为我行我素、不服从指令，因此多数家长感觉孤独症儿童生活自理能力差，家庭照料和看管难度很大。由于缺乏对危险的认识能力和安全意识，因此孤独症儿童走失和意外发生率高，需要引起家庭和社会的高度重视。

（二）身体功能障碍儿童的鉴别标准

身体功能障碍儿童指的是感觉或身体的其他功能存在显著障碍的儿童，具体包括视觉障碍儿童、听觉障碍儿童、肢体障碍儿童等。

1. 视觉障碍儿童的鉴别标准

视觉障碍儿童是指先天或后天原因导致双眼的视野缩小，造成部分或全部功能丧失，经治疗或矫正后视觉功能仍不能达到正常水平的儿童。

视觉是人类获取外界信息的一条非常重要的渠道，是儿童心理发展的基础。由于视力丧失或功能低下，因此视觉障碍儿童在心理发展的许多方面都存在一定的局限性。

（1）在感知觉方面。

视觉障碍儿童主要靠手的触觉来认识周围的世界。由于触觉需要直接接触所要观察的事物，因此他们对于无法直接触及的东西（如太阳、云彩、闪电等）、太大或太小的东西（如大海、电视发射塔、细菌等）、易损坏或危险的东西（如眼球、滚烫的开水等）的认识不准确、不完全。部分视觉障碍儿童还无法获得物体的色彩、明暗及动态变化的感觉。

（2）在思维方面。

视觉障碍儿童很难形成空间概念。许多概念的形成是建立在不完整、不准确的表象基础之上的。因此，概念不准确是他们的另一个特点。

（3）在个性和社会性方面。

一部分视觉障碍儿童性格内向，不易与别人相处；大部分视觉障碍儿童的自我概念都非常消极，容易产生自卑心理。

2. 听觉障碍儿童的鉴别标准

听觉障碍儿童是指先天或后天原因导致双耳不同程度损失听力，因而听不到或听不清周围的环境声音及言语声音的儿童。

听觉是人类获取外界信息的另一条重要渠道，听力损失也会使听觉障碍儿童表现出与普通儿童不同的心理特征。

（1）在记忆方面。

听觉障碍儿童比较容易记住直观形象的东西，保持和再现也比较好，而对抽象的文字材料的记忆就困难得多，并且很容易出错。

（2）在语言方面。

由于缺乏听觉经验和口语的支持，听觉障碍儿童往往不知道怎样才能把想表达的意思表达清楚，说出的话或写出的句子经常是不通顺、不完整的。

（3）在思维方面。

听觉障碍儿童的一个显著特点就是思维发展水平长时间地停留在前运算阶段或具体运算阶段。即使到了高中，听觉障碍儿童中也没有多少人能达到形式运算阶段。这个特点可能与听觉障碍儿童的语言发展比较迟缓、概念形成困难有关。

（4）在个性方面。

听觉障碍儿童之间存在很大的个体差异。有不少听觉障碍儿童性格乐观、开朗、积极主动、意志坚强。不过，也有研究显示，有些听觉障碍儿童自制力很差、脾气倔强、猜忌心强、容易对人怀有敌意、胆怯、退缩、自我封闭和自我中心现象严重。

3. 肢体障碍儿童的鉴别标准

肢体障碍儿童是指因肢体残缺、畸形或麻痹在身体运动方面有不同程度的功能丧失的儿童。

《中国残疾人实用评定标准》规定：以残疾者在无辅助器具帮助下，对日常生活活动的能力进行评价计分。日常生活活动分为八项，即端坐、站立、行走、穿衣、洗漱、进餐、入厕、写字。

虽然肢体障碍儿童肢体有残疾，但其平均智商与普通儿童并没有什么差异。由于活动范围受到比较大的限制，肢体障碍儿童的知识、经验不如普通儿童广博，如他们缺乏爬山、野炊、骑自行车到野外郊游的体验等。在性格方面，普通儿童所具有的性格特征，肢体障碍儿童基本都具有。不过，肢体障碍儿童在日常生活中遇到的困难一般都比较多，有时还受到歧视，更容易形成不良的性格。例如：肢体障碍儿童常常表现出缺乏自信、猜疑心重、抱负水平很低、消极自卑、内向害羞、情绪不稳、粗暴、过于敏感、神经质、挫折耐受力差等。这些不良的性格特征会直接影响肢体障碍儿童的社会适应。

（三）其他儿童的鉴别标准

此处我们主要讲述天才儿童的鉴别标准。天才儿童，又叫作“超常儿童”“英才儿童”“高天资儿童”“资优儿童”“神童”，指的是智力高度发展或具有某方面特殊才能的儿童。这类儿童在智能发展的正态分布中处于水平最高的一端，是特殊儿童中唯一一类具有优异智力和才能的儿童。

对天才儿童的鉴别，目前我国一般采取以下五项指标（刘玉华、朱源，2002）：

（1）认知（智力），主要包括感知、记忆和思维三方面的能力。

（2）创造力，包括创造性思维、创造性想象和创造性解决问题。

（3）学习能力，即掌握知识的速度、方式、深度及巩固性。

（4）特殊能力，包括数学能力、领导能力、绘画、书法、音乐及外语等才能。

（5）个性特征，包括求知欲、自信心、坚持性等。

一般来说，天才儿童在一般能力、学术能力、创造力、艺术才能、领导能力或某些特殊技能上会有杰出的表现。因此，按照天才儿童在各方面的非凡表现，可将天才儿童分为六种类型，每一类天才儿童分别有如下特征：

（1）一般能力优异的天才儿童在观察力、记忆力、理解力、分析、综合、推理、评价等方面比同龄儿童有更杰出的表现，在标准化的智力测验中能够获得很高的分数。

（2）学术能力优异的天才儿童在语文、数学、英语、物理或化学等科目的学习上比同龄儿童更易取得优异的成绩。

（3）创造力优异的天才儿童具有很强的发散性思维，能够产生大量新异、独特的想法，善于发明和创造，并产生有价值的成果。

（4）艺术才能优异的天才儿童在音乐、舞蹈、绘画、书法、雕塑、戏剧创作和表演等方面有杰出的表现。

（5）领导能力优异的天才儿童通常表现出很强的计划、组织、沟通、协调、决策能力和自信、可靠、坚持不懈等良好的品质，以及有很强的合作性和适应性。

（6）特殊技能优异的天才儿童在田径、球类、体操、机械操作技能、计算机程序设计或棋艺等方面有卓越的表现。

第二节　孤独症儿童行为观察与分析

孤独症儿童在外显行为中最显著的特征是出现刻板行为、问题行为、社交行为障碍。成人及早识别相应的行为、制定恰当的干预方案、采取适当的干预措施，有助于孤独症儿童身心健康发展，能够帮助他们更好地适应社会。

需要注意的是，孤独症儿童的行为不是通过一天或者几天的观察就能够很好识别的。如果需要对其做行为干预，就需要持续长久的观察，才能确定其行为特点与功能，并采取有针对性的阶段性干预措施。另外，孤独症儿童的特殊行为，一般会伴随终生，干预效果的个体差异较为明显，一些行为经过干预消退之后，如果遇到特定的刺激，会有复发的可能。

观察案例 5－1

观察目的：了解孤独症儿童的典型表现——刻板行为和社交障碍。

观察对象：旺旺（男孩，4 岁 6 个月）。

观察时间：2022 年 3 月 20 日。

观察地点：游乐场。

观察方法：轶事描述法。

观察记录：

妈妈带着旺旺和 3 岁的妹妹到游乐场玩，一进游乐场，妹妹就跑到海洋球那里玩了起来，还不时抓起不同颜色的球抛到空中。旺旺站在海洋球的场外，一直转圈圈，大约 3 分钟后，妹妹过来拉他，他还是自己转圈圈。妹妹大声喊叫："哥哥，来玩海洋球了。"旺旺没有看妹妹，也没有回应妹妹，还是在转圈圈……过了一会儿，妈妈过来对旺旺说："旺旺，你吃饼干吗？"同时，从包里拿出一包饼干。旺旺没有说话，用手拿起饼干就开始吃了起来，他一边吃饼干，还一边转圈圈。

分析与解释：

孤独症儿童主要表现：身体运动的刻板，对物件玩具不同寻常的喜好和方式，特定的仪式性行为，坚持同一性。孤独症儿童可能对多数儿童喜爱的活动、游戏和玩具不感兴趣，但却会对某些特别的物件或活动表现出超乎寻常的兴趣，并因此表现出这样或那样的重复刻板行为或刻板动作。

佐证记录：旺旺站在海洋球的场外，一直转圈圈，大约 3 分钟后，妹妹过来拉他，他还是自己转圈圈。

社会交往障碍是孤独症的核心症状，早期容易发现的表现为"叫不应、眼不看"，孤独症儿童通常喜欢独自玩耍，对父母的指令常常充耳不闻，但是父母通常清楚地知道孩子的听力是正常的，因为孩子会执行其所感兴趣的指令。

佐证记录：妹妹大声喊叫："哥哥，来玩海洋球了。"旺旺没有看妹妹，也没有回应妹妹，还是在转圈圈……过了一会儿，妈妈过来对旺旺说："旺旺，你吃饼干吗？"同时，从包里拿出一包饼干。旺旺没有说话，用手拿起饼干就开始吃了起来，他一边吃饼干，还一边转圈圈。

对策与建议：

当孤独症儿童的自我刺激行为正在发生的时候，只要不伤害到自身和他人的安全，不要进行干预，而是忽视这种行为。如呵斥他、制止他，这些都是不建议成人使用的策略。

适当满足孤独症儿童刻板行为的自我刺激，但要选择恰当的方式并适度。例如：成人可以引导孤独症儿童荡秋千、滑滑梯；同时，在他们接受的基础上，扩充一些其喜欢的转圈的玩具。

加强亲子互动，更有耐心地关心、陪伴孤独症儿童，引导其与他人建立眼神的交流；多带孤独症儿童亲近自然，参加小伙伴互动游戏等。

观察案例 5－2

观察目的：了解孤独症儿童的典型表现——自伤行为。

观察对象：点点（女孩，6 岁）。

观察时间：2022 年 4 月 19 日。

观察地点：某特教机构的教室。

观察方法：次数统计法＋轶事描述法。

观察记录：

这是点点的妈妈第一次带她到特教机构。点点在教室玩耍的时候，会没有征兆地跑到墙边，用额头撞墙，每次撞 2～3 下，一节课 45 分钟，她一共撞了 8 次；不过教室四周的墙面都有 3 厘米厚的软包，她并没有受伤，只是额头有点红。这节课，她没有用头撞过其他小朋友，也没有出现过其他攻击性行为（见表 5－2）。

表 5－2 儿童特殊行为记录表

时间	次数	总计	备注
2022 年 4 月 19 日 10:00—10:45	正 上	8 次	自伤行为：额头撞墙，每次撞 2～3 下
2022 年 4 月 19 日 10:00—10:45	——	——	攻击性行为：无

分析与解释：

孤独症儿童表现出较严重的情绪紊乱，包括容易啼哭、尖叫、发脾气，甚至暴怒，出现攻击、破坏和自伤等行为。这类行为可能与孤独症儿童社交沟通有障碍、表达需求不易被理解有关，也与父母教育中要求过高或方法简单粗暴不当、较多使用打骂或惩罚有一定关系。

佐证记录：点点在教室玩耍的时候，会没有征兆地跑到墙边，用额头撞墙，每次撞 2～3 下，一节课 45 分钟，她一共撞了 8 次。

对策与建议：

由于孤独症儿童的自伤行为会危害其身体健康，因此家长必须立即阻止他们的自伤行为，或者提前准备适当的护具，避免其受到严重的伤害。除此之外，家长要准确记录他们自伤行为的数据，并在行为分析专业人员的指导下分析行为功能，进而制定行为干预方案。

通常情况，孤独症儿童是希望以自伤的方式引起他人的关注，或是逃避自己所处的环境，或是寻求自我刺激。作为家长，应尽量创造轻松的家庭氛围，在与孤独症儿童相处时，方法不宜简单粗暴，避免打骂，多鼓励少惩罚；同时，积极参加孤独症儿童的各种活动，如亲子游戏、亲子阅读、户外旅游等，培养良好的亲子关系。

观察案例 5－3

观察目的：了解孤独症儿童的典型表现——刻板行为。

观察对象：肖肖（男孩，5.5 岁）。

观察时间：2022 年 6 月 19 日。

观察地点：家中。

观察方法：轶事描述法。

观察记录：

上午 9:30，我来到肖肖家里，看见肖肖跪在地毯上，他面前的玩具桌上有很多玩具。他把好几个水果蔬菜模型，整整齐齐地摆成一排，摆放完毕后，他围着桌子慢慢地转一圈，眼睛始终看着整齐的模型。过了一会儿，肖肖把水果蔬菜模型一股脑儿推进玩具筐，又从里面一个个拿出来，又整整齐齐地摆成一排，这次模型摆放的顺序，和上一次摆放的顺序一模一样。10:05，肖肖的妈妈试图把水果蔬菜模型换一下位置，肖肖显得很着急，几乎要哭出来；妈妈把模型递给肖肖，肖肖就恢复了平静，继续摆弄模型。10:55，我离开肖肖家的时候，肖肖还在摆弄水果蔬菜模型，跟我刚进家门看到的时候一样。

分析与解释：

孤独症儿童有一个比较突出的特征——刻板行为，他会不厌其烦地不断重复刻板行为。

佐证记录：上午 9:30 到 10:55，肖肖一直在摆弄水果蔬菜模型，摆放完毕后，他还要巡视一遍自己的“作品”。最后，他把模型推进玩具筐，重新开始同样的动作。

孤独症儿童在进行刻板行为时，不能接受被打断，一旦被打断，会表现出啼哭、尖叫、发脾气等行为。

佐证记录：10:05，肖肖的妈妈试图把水果蔬菜模型换一下位置，肖肖显得很着急，几乎要哭出来；妈妈把模型递给肖肖，肖肖就恢复了平静，继续摆弄模型。

对策与建议：

针对这种刻板行为，核心的干预策略是扩充他喜欢的物品。肖肖现在只喜欢水果蔬菜模型，而且只喜欢按顺序摆模型，建议家长以这些模型为出发点，首先给他增加模型的种类，丰富他对水果蔬菜的认识；其次，增加模型的玩法，从原来的单纯按顺序摆模型，尝试进行角色扮演；最后，引导其按照功能玩更加丰富的玩具。

家长不要用有色眼镜看待孩子的刻板行为，多关心、多研究孩子的玩具和游戏，丰富其刻板行为强化物的种类、方式，这样孩子的刻板行为会得到较好的改善。此外，建议家长安排更多的时间陪伴孩子，共同游戏，培养良好的家庭亲子关系。

本章小结

本章主要介绍了特殊儿童的概念及分类标准，并在特殊儿童发展性障碍、身体功能障碍及其他共三大类中选择了代表性的类型，介绍了行为特征及鉴别标准。观察案例选择了较为常见的孤独症儿童，有助于读者加深对其识别和理解，以最大限度地促进孤独症儿童发展。

实践中，特殊儿童的鉴别是较为复杂和专业的，要依赖一系列的技术（如测量技术、医学检查技术）或具体的方法。学前教育专业的学生，很难简单地根据儿童的外在表现去鉴别特殊儿童，因此不要戴任何“有色眼镜”去看待行为异常的儿童，更不要有心理和行为上的不平等对待。

党的二十大报告提出“强化学前教育、特殊教育普惠发展”。特殊教育是衡量社会文明进步的重要标志。在融合教育理念日益普及的今天，特殊儿童进入普通幼儿园的需求日益增多，我们要不断提升自己在特殊教育方面的知识技能，在实践中创造更适宜的物质和心理环境，给特殊儿童更多的关心与爱护。

同步练习

一、选择题

1. 下面关于特殊儿童的解释正确的是（　　）。(单选)

A. 是指学前有特殊教育需要的儿童

B. 是指学前期不正常的儿童

C. 是指 0 ～ 6 岁期间心理发展远离常态标准的儿童

D. 是指学前期出现某种疾病症状的儿童

2. 智力障碍的儿童的特征一般不包括（　　）。(单选)

A. 智力功能显著低下　　B. 有适应行为方面的缺损或障碍

C. 刻板行为　　D. 在 18 岁之前发病

3. 我们一般所说的“口吃”是指（　　）。(单选)

A. 构音障碍　　B. 语流障碍

C. 嗓音障碍　　D. 失语症

4. 孤独症儿童的显著特征不包括（　　）。(单选)

A. 社会交往 / 交流障碍

B. 刻板行为

C. 问题行为及感知觉异常

D. 智力超常

5. 在正常班级内，对特殊儿童进行个别化的语言矫治工作，幼儿教师的作用集中体现在（　　）。（单选）

A. 提供正确的语言范型　　B. 发现和诊断特殊儿童的问题

C. 制定和执行个别化教育方案　　D. 树立良好的态度

二、判断题

1. 听觉障碍儿童说出的话或写出的句子经常是不通顺、不完整的。（　　）
2. 肢体障碍儿童的平均智商与普通儿童存在显著差异。（　　）
3. 天才儿童应成为家长和幼儿教师进行教育的目标。（　　）
4. 孤独症儿童的行为特征比较显著，所以通过短期观察就能较好识别。（　　）

三、简答题

1. 简述特殊儿童与普通儿童的异同。
2. 简述特殊儿童的类型。
3. 简述学习障碍儿童的鉴别标准。

四、思考题

根据你所学的知识，试述如何通过观察与分析，辨别学前机构中的孤独症儿童。

延伸学习

幼儿行为有效观察“五步走”

在课程游戏化实施进程中，有效观察幼儿行为是了解和促进幼儿发展的基本前提，因而显得尤为重要。学前教育学者在实践中总结出了“五步走”模式，以期为教师进行幼儿行为观察提供新视角。

1. 明确观察目的，聚焦观察点

一个有效的观察，必定是一个科学的观察。而一个科学的观察，必定要建立在目的性之上。带有目的性的观察，包括观察相同或不同年龄层幼儿的行为，以及观察特殊环境下某一个或某几个幼儿的行为表现等。而通过对这些观察结果进行分析诊断，就能帮教师优化引导方向或引导方式，使幼儿获得有效发展。所以，有效观察应从明确观察目的开始。否则，观察只是“东碰西撞”式的无效记录。

案例一：

刘老师想要了解幼儿在建构游戏中的探究、合作等行为，所以每当幼儿进行建构游戏时，她便会认真进行全程观察，将幼儿的一言一行全部记录在册。可尽管如此，幼儿出现的建构行为问题却并没有得到实质性解决。

显而易见，案例中刘老师的观察点太过宽泛，没有聚焦于一个观察点，也就导致了观察目的不明确、不清晰。一个行为问题，往往需要经过连续观察之后才能发现其根源所在。所以，刘老师应在每一次观察中确定一个观察点、明确一个观察目的，方能解决幼儿在游戏中的某个行为问题，如同伴合作水平等。

2. 根据观察计划确定记录方式

如果说观察目的明确化是保证观察准确有效、科学合理的前提，那么确立观察计划就是实现目的的必经之路。所谓观察计划，是指对具体观察的对象及其行为的界定，对观察情境及次数的设置，以及对观察记录方式的选择等预先进行研究规划。然而，此环节在实际操作中却往往被忽视，导致观察结果出现偏差，影响教师判断，观察也成了“一时兴起”下的无效产物。

案例二：

沈老师最近发现多多在游戏中经常有乱扔玩具的行为，就决定使用跟踪式观察法，并通过实况详录法了解其行为意图。然而，多多乱扔玩具的频率并不具备规律性，所以沈老师常常在记录中顾此失彼，导致记录的次数与多多实际扔玩具的次数不符，进而无法对多多的行为进行真实客观的判断。

沈老师即使在明确观察目的之后，还是不能进行有效观察，究其原因，是她没有确立观察计划，致使观察记录方式选取不当。其实，要想观察幼儿行为发生的频率，适宜采用的方法是时间取样法。

3. 观察中兼顾严格度和灵活度

观察目的与观察计划这两个环节准备好后，就可以正式进入行为观察了。教师最先要关注的便是观察计划的履行情况，即在观察中需要兼顾计划履行的严格度和灵活度。严格度是指在实施观察中，需要严格履行观察计划，而不是将计划当成摆设，为了计划而计划。当然，这并不意味着一板一眼地执行观察计划。教师也须根据观察的实际情况，及时、灵活地调整、完善观察计划，以此推进观察进程，获得最佳实效。

与此同时，教师还须确保记录的客观性。换言之，观察者在操作中应避免夹杂个人主观情感，不能将个人主观臆断与客观事实混为一谈，由此才能为后续分析提供真实依据。

4. 灵活选用方法进行幼儿行为分析

幼儿行为观察的最终目的在于更好地理解幼儿，促进幼儿发展，而实现这一目的的途径便是幼儿行为分析。

最原始的幼儿行为资料，不但数量繁多，而且还会出现顺序颠倒、反复赘述及重点遗漏等情况。面对这些问题，教师常常会毫无头绪、无处下手，更不用说理解幼儿行为背后的意义了。而幼儿行为分析，意在了解幼儿行为的客观事实，帮助教师透过现象解读幼儿行为的本质。

幼儿行为分析方法可分为定性分析和定量分析两种。定性分析，是指教师在记录资料中确定与观察目的相联系的关键行为，同时以简明扼要的关键词句进行摘录，并基于此分析阐述幼儿的行为。例如：对幼儿同伴交往能力的观察就可采用定性分析。

相较而言，定量分析则略显简便。教师只需沿着主题脉络设计好观察记录表格，对记录数据进行统计测定，以此揭示幼儿的行为意义。例如：对幼儿某种行为及其发生频率的观察就适合采用定量分析。

在分析中，不管是定性还是定量的方法，教师都需要及时、适时地梳理分析资料，以便随时掌握幼儿的行为状况，作出相应的方案调整。行为分析并不存在万能公式，教师须灵活机动地进行分析方法的选择。

5. 观察结果评价须科学客观

在对观察结果进行评价时，既要融合价值判断和事实判断，也要综合形成性评价与终结性评价。在评价主体的选择上，要避免教师单向评价的倾向，尽量引导幼儿参与其中，以激发幼儿的学习动机和兴趣。也就是说，观察结果的评价必须遵循科学、客观这两个基本原则。

案例三：

在对某幼儿拼合“鲁班锁”进行观察记录之后，面对该幼儿多次拼合“鲁班锁”失败的现象，陈老师认为其动手能力不佳，就限制了该幼儿进行此类游戏的机会。久而久之，该幼儿每到游戏时间便坐在座位上，不愿参与游戏。

很显然，陈老师对观察结果的评价存在以下误区：过度关注终结性评价，忽视形成性评价。陈老师聚焦于幼儿拼合“鲁班锁”失败的结果，却忽视了幼儿在游戏中面对失败仍坚持尝试的品质，由此削弱了幼儿游戏的动机。其实，评价的本意并不在于证明幼儿的某种能力，而是为了关注幼儿的学习过程，改善幼儿的学习行为，激发幼儿的学习兴趣与动机。所以，在进行观察评价时，教师必须将形成性评价和终结性评价结合在一起。

参考文献

［1］施燕，韩春红．学前儿童行为观察［M］．2版．上海：华东师范大学出版社，2020.

［2］盖伊·格朗兰德，玛琳·詹姆斯．聚焦式观察：儿童观察、评价与课程设计［M］．梁慧娟，译．北京：教育科学出版社，2017.

［3］教育部基础教育司．游戏·学习·发展：全国幼儿园优秀游戏活动案例选编［M］．北京：人民教育出版社，2020.

［4］齐桂林，白丽辉．学前教育学［M］．南京：东南大学出版社，2015.

［5］王翠肖．幼儿行为观察与记录精选［M］．北京：北京交通大学出版社，2017.

［6］陈思．学前儿童行为观察与分析［M］．武汉：武汉大学出版社，2020.

［7］科恩，等．幼儿行为的观察与记录［M］．5版．马燕，马希武，译．北京：中国轻工业出版社，2013.

［8］刘春雷．学前儿童行为观察与评价［M］．沈阳：东北师范大学出版社，2015.

［9］李季湄，冯晓霞．《3～6岁儿童学习与发展指南》解读［M］．北京：人民教育出版社，2013.

［10］沃伦·R．本特森．观察儿童：儿童行为观察记录指南［M］．于开莲，王银玲，译．北京：人民教育出版社，2009.

［11］陈帼眉．学前儿童发展与教育评价手册［M］．北京：北京师范大学出版社，1994.

［12］韩映虹．婴幼儿行为观察与分析［M］．上海：上海科技教育出版社，2017.

［13］沈雪梅．关爱与方法：幼儿行为观察案例分析［M］．上海：复旦大学出版社，2014.

［14］蒙台梭利．蒙台梭利育儿全书：插图珍藏版［M］．林月照，译．北京：商务印书馆国际有限公司，2012.

［15］松田道雄．育儿百科［M］．王少丽，主译．北京：华夏出版社，2010.

［16］陈飒英．科学育儿全书［M］．北京：金盾出版社，2009.

［17］黄人颂．学前教育学［M］．3 版．北京：人民教育出版社，2015.

［18］张明红．学前儿童社会教育与活动指导［M］．上海：华东师范大学出版社，2014.

［19］张明红．学前儿童语言教育与活动指导［M］．上海：华东师范大学出版社，2014.

［20］周欣．儿童数概念的早期发展［M］．上海：华东师范大学出版社，2004.

［21］白运华．幼儿教育基本技能［M］．北京：北京理工大学出版社，2015.

［22］刘全礼．特殊教育导论［M］．北京：教育科学出版社，2003.

［23］朴永馨．特殊教育辞典［M］．2 版．北京：华夏出版社，2006.

［24］铃木昭平．脑发育障碍儿童的希望自闭症、多动症、智力发育障碍儿童改善的三维方法［M］．胡东旭，译．武汉：湖北科学技术出版社，2017.

［25］五彩鹿自闭症研究院．中国自闭症教育康复行业发展状况报告Ⅱ［M］．北京：华夏出版社，2017.

［26］韦小满．特殊儿童心理评估［M］．2 版．北京：华夏出版社，2016.

［27］王喜海，张露莎．幼儿生活自理能力现状、发展特点及培养建议［J］．教育导刊：下半月，2020（8）.

［28］李沛霖，王晖，丁小平，等．对发达地区 0-3 岁儿童托育服务市场的调查与思考：以南京市为例［J］．南方人口，2017，32（2）.

［29］李心洁．生育政策变革下托幼一体化发展的需求与实现［J］．教育导刊：下半月，2021（8）.

［30］丁海东．区域活动现场中幼儿行为的观察与评价［J］．教育导刊：下半月，2011（10）.

［31］刘巧茹．幼儿园区域活动中教师的观察与指导［J］．学前教育研究，2021（5）.

［32］韩甘甜．昆明市五华区 0—3 岁婴幼儿托育服务需求的研究［D］．昆明：云南师范大学，2021.

［33］李玟蒂．昆明市 Y 幼儿园大班学习性区域活动中教师支持幼儿主动学习的个案研究［D］．昆明：云南师范大学，2019.

［34］郭柯然．幼儿生活自理行为特点研究［D］．武汉：华中师范大学，2020.

［35］陈婷．幼儿园教育活动中教师观察行为的研究［D］．长春：东北师范大学，2013.